猪部分品种

大白猪

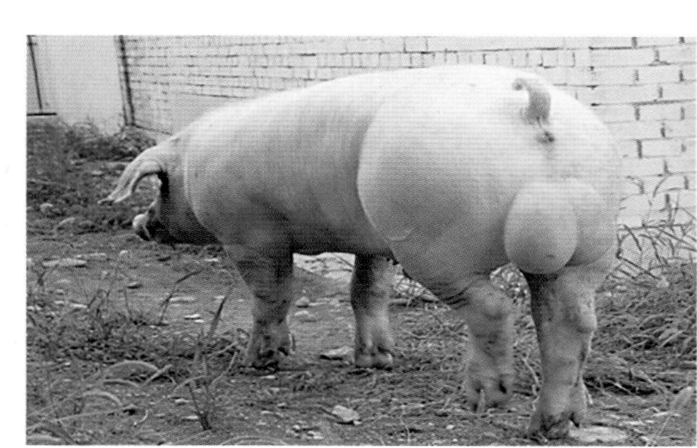

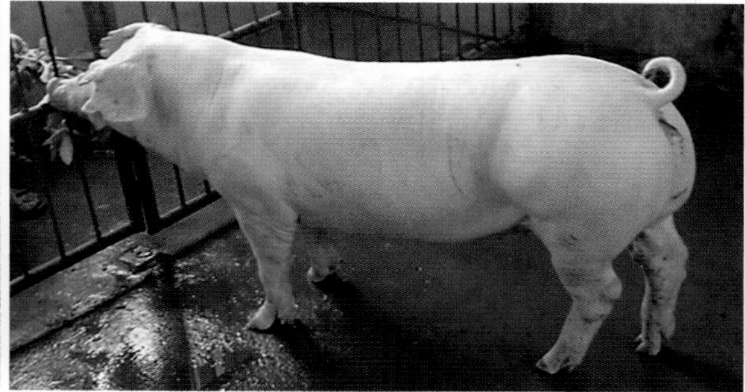

长白公猪

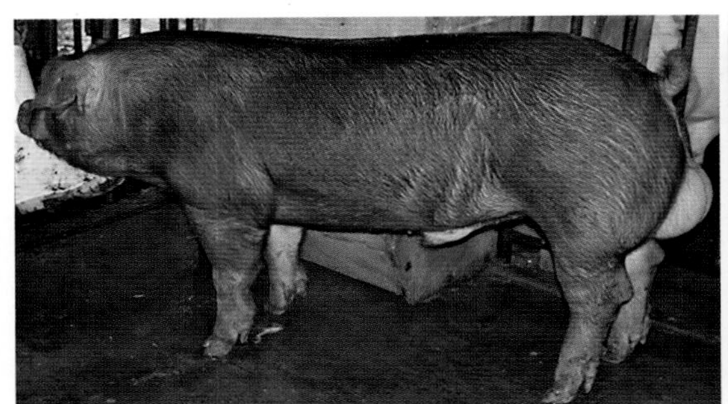

杜洛克猪

皮特兰猪

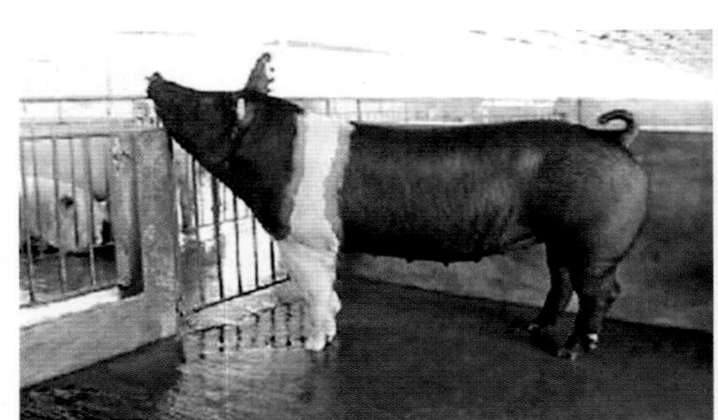
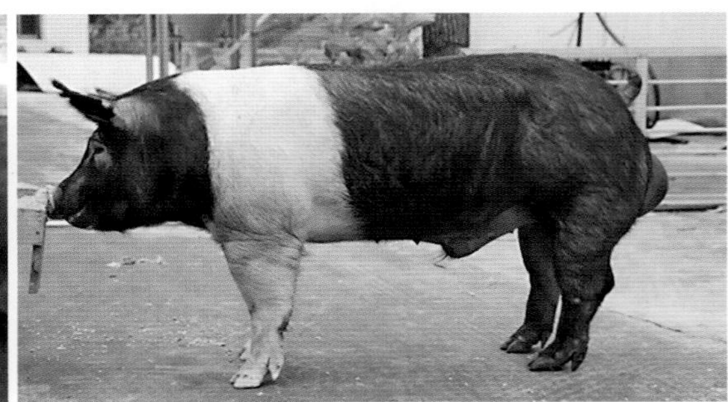

汉普夏猪

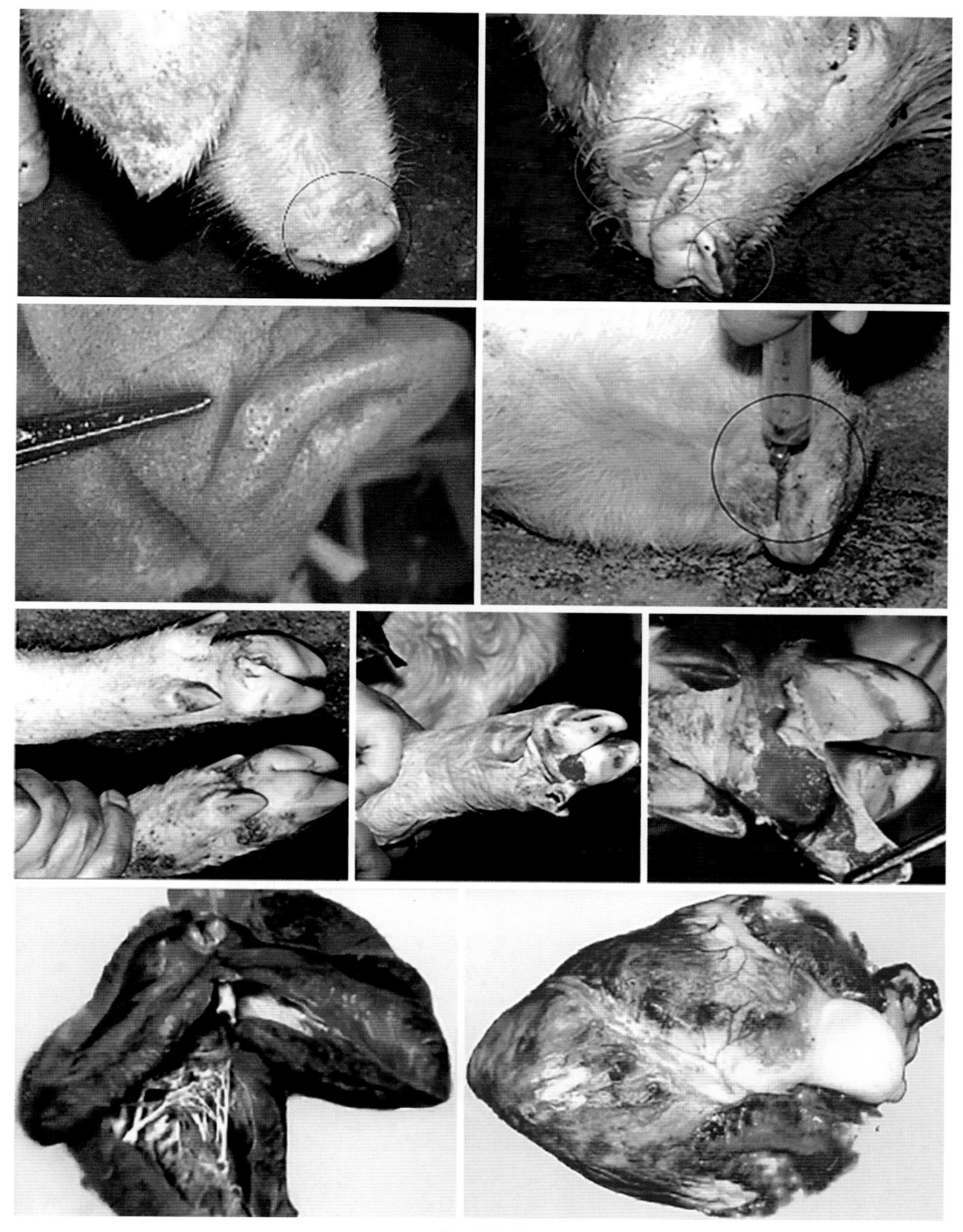

猪口蹄疫

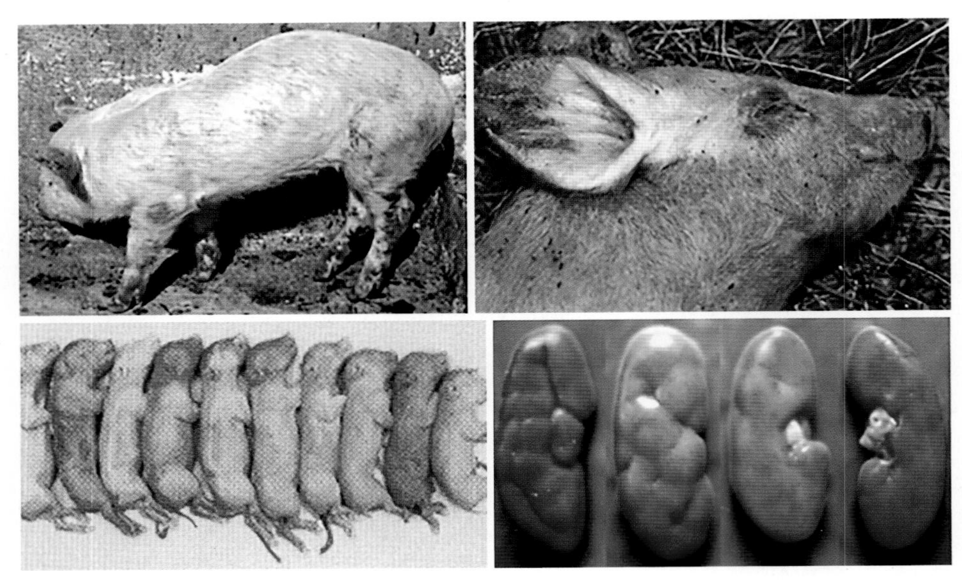

猪瘟

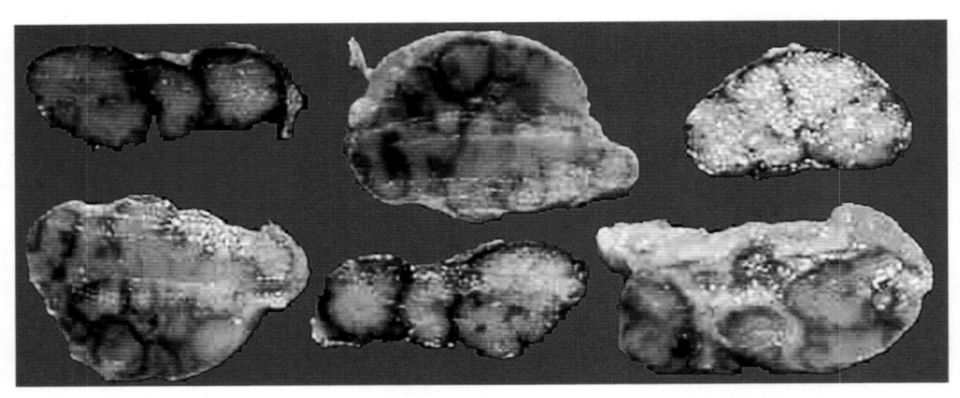

猪瘟（病猪的淋巴结肿大，周边出血，呈大理石外观）

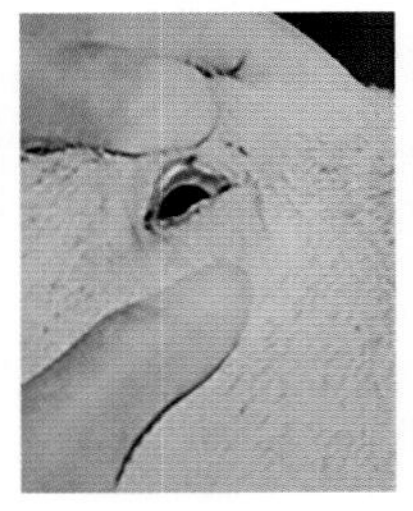

猪瘟（病猪眼结膜炎）

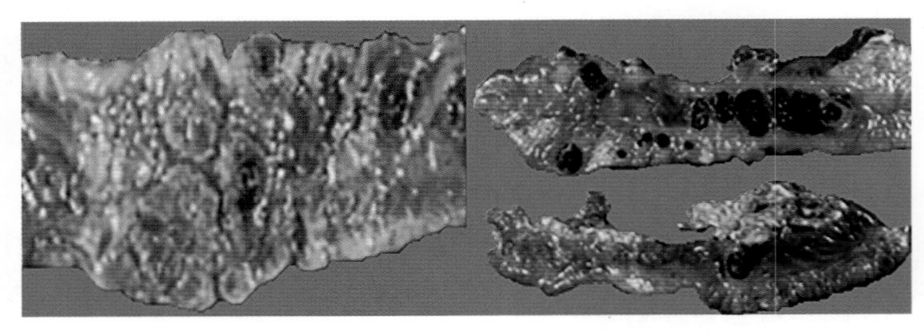

猪瘟（病猪盲肠扣状肿）

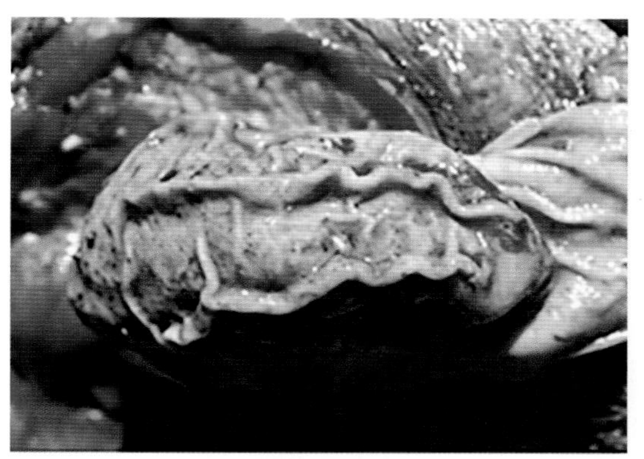

猪瘟（病猪胃黏膜出血）

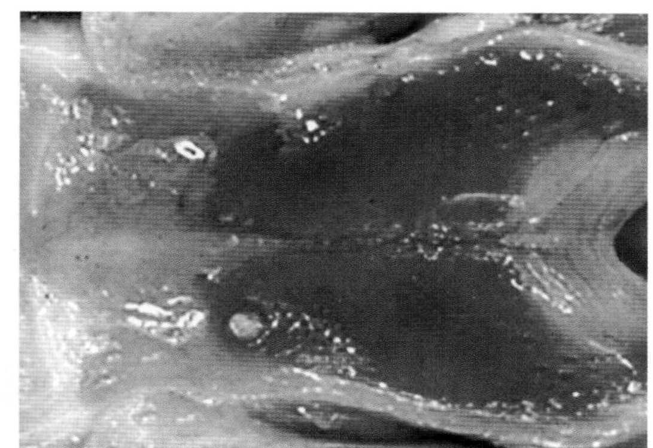

猪瘟（病猪扁桃体出血，有圆形化脓灶）

猪瘟（病猪会厌软骨有出血点）

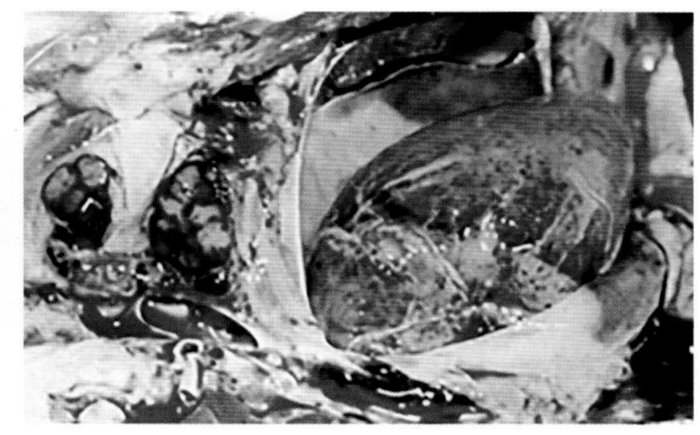

猪瘟（病猪心脏出血并散在大量出血点）

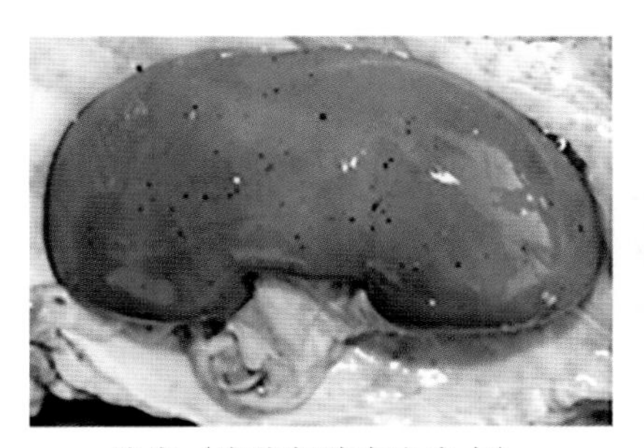

猪瘟（病猪肾脏有出血点）

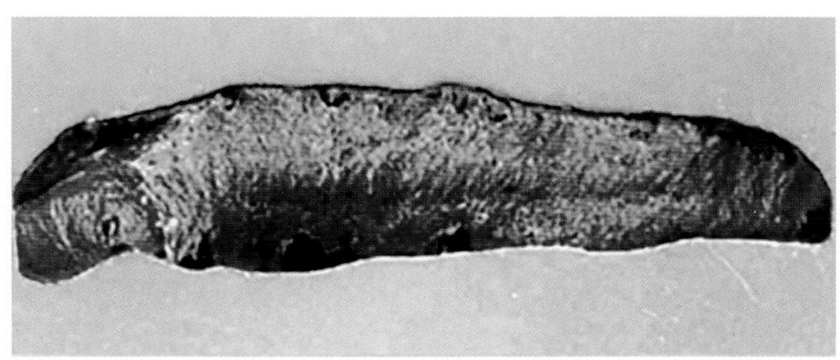

猪瘟（病猪脾脏边缘有出血性梗死灶）

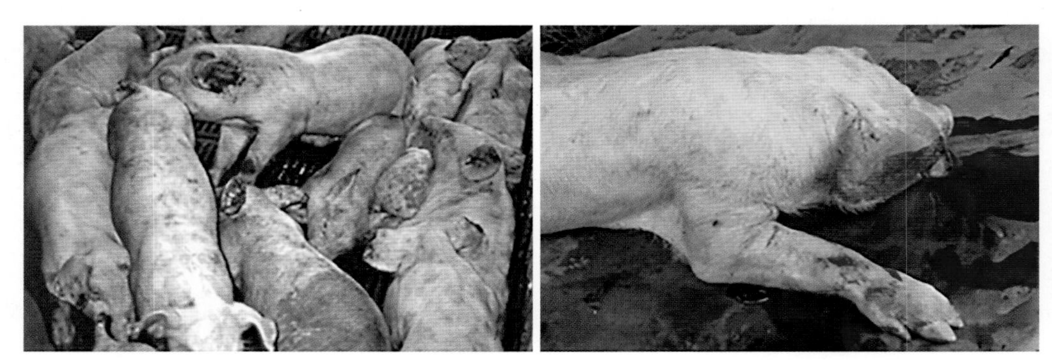

猪生殖与呼吸道综合征

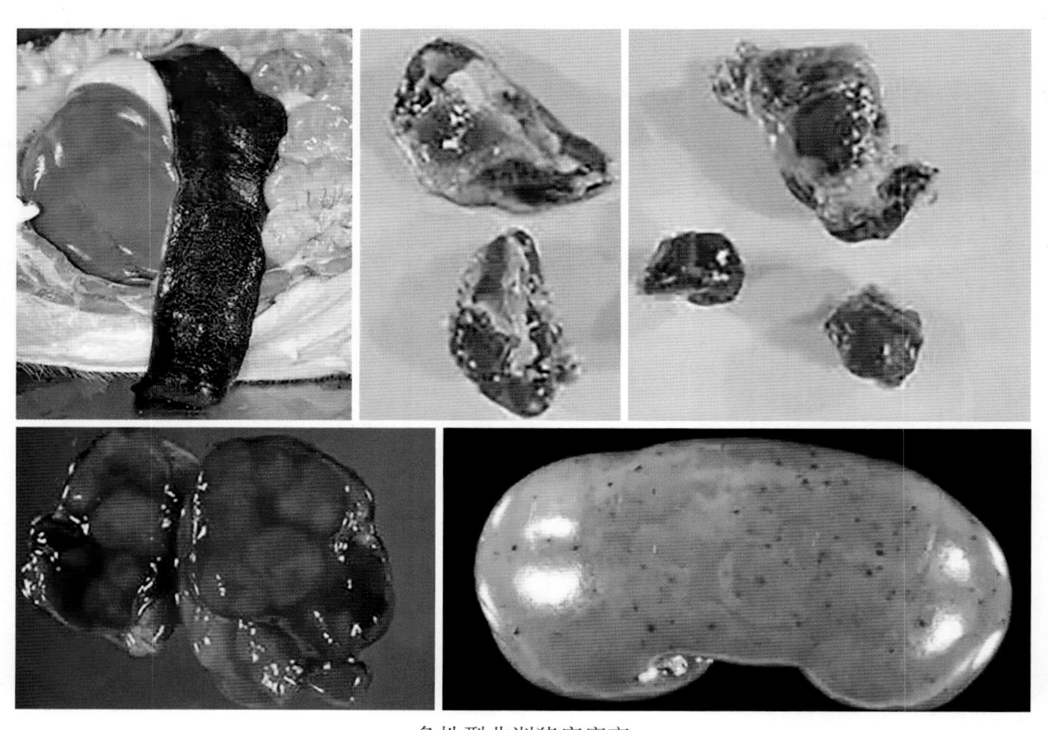

急性型非洲猪瘟病变

肉牛部分品种

秦川牛（公）

秦川牛（母）

南阳牛（公）

南阳（母）

鲁西牛（公）

鲁西牛（母）

渤海黑（公）

渤海黑牛（母）

郏县红（公）

郏县红牛（母）

延边牛（公）

延边牛（母）

蒙古牛（公）

蒙古牛（母）

贵州水牛（公）

贵州水牛（母）

滇东南水牛（公）

滇东南水牛（母）

滇东南水牛（公）

滇东南水牛（母）

德昌水牛（公）

德昌水牛（母）

青海高原牦牛（公）

青海高原牦牛（母）

西藏高山牦牛（公）

西藏高山牦牛（母）

甘南牦牛（公）

甘南牦牛（母）

麦洼牦牛（公）

麦洼牦牛（母）

天祝白牦牛（公）

天祝白牦牛（母）

夏洛莱牛（公）

夏洛莱牛（母）

利木赞牛（公）

利木赞牛（母）

红安格斯牛

黑安格斯牛

瑞士褐牛（公）

瑞士褐牛（母）

婆罗门牛（公）

婆罗门牛（母）

新疆褐牛（公）

新疆褐牛（母）

中国西门塔尔牛（种牛）

中国西门塔尔牛（犊牛）

夏南牛（公）

夏南牛（母）

延黄牛（公）

延黄牛（母）

辽育白牛（公）

辽育白牛（母）

蜀宣花牛（公）

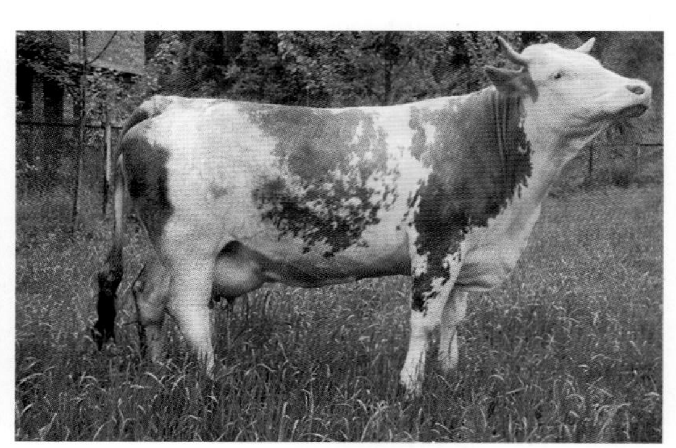

蜀宣花牛（母）

云岭牛（公）

云岭牛黑（母）

奶牛部分品种

爱尔夏奶牛

荷斯坦奶牛

娟姗奶牛

三河奶牛

西门塔尔奶牛

新疆褐奶牛

牛部分疾病

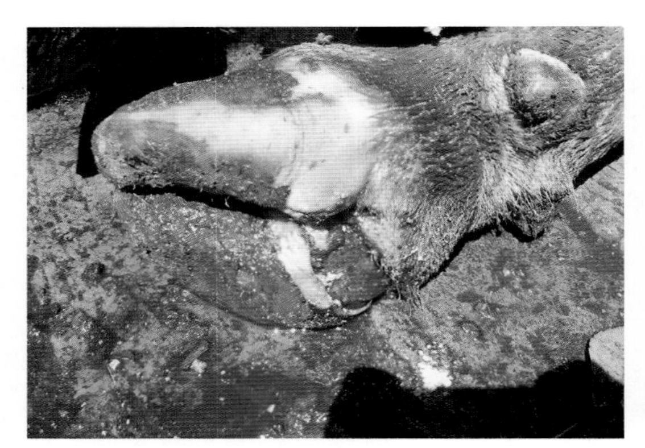

口蹄疫蹄损伤

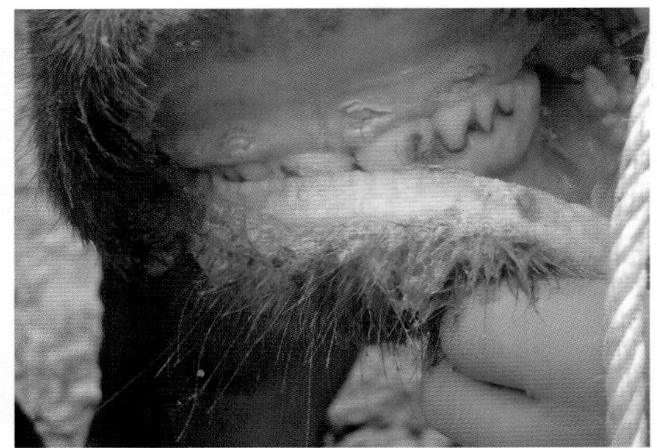

口蹄疫龈烂斑

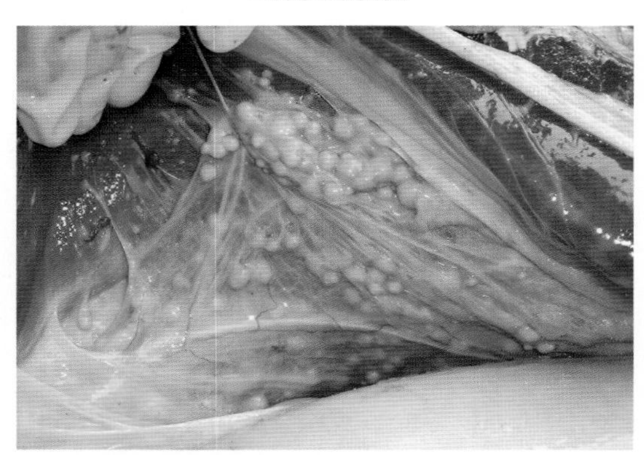

牛患结核病后胸膜有珍珠样结核结节

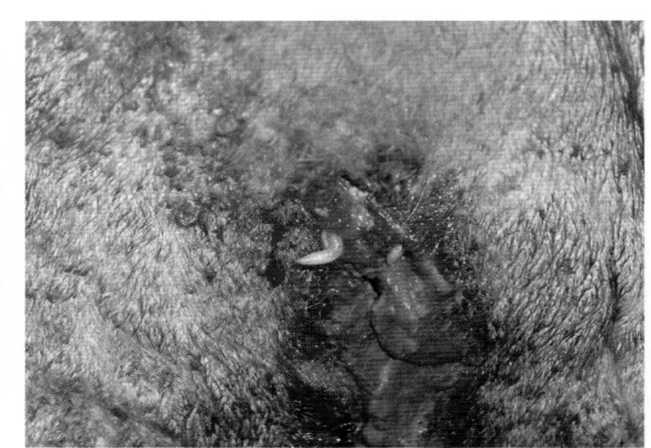

牛皮蝇咀病

牛疥癣病

结节性皮肤病1

结节性皮肤病2

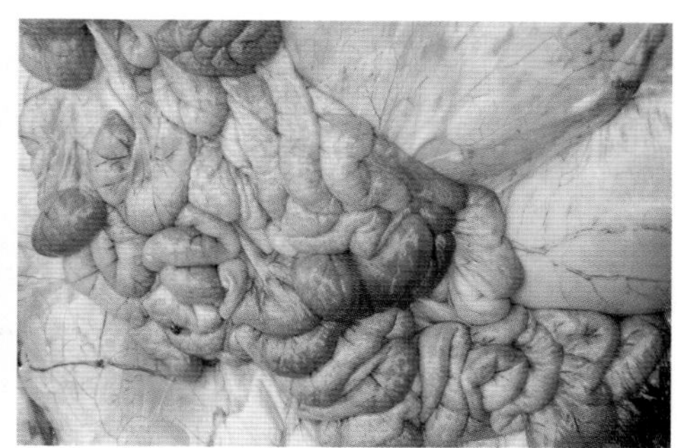

沙门氏菌感染致牛肠道出血（血痢）

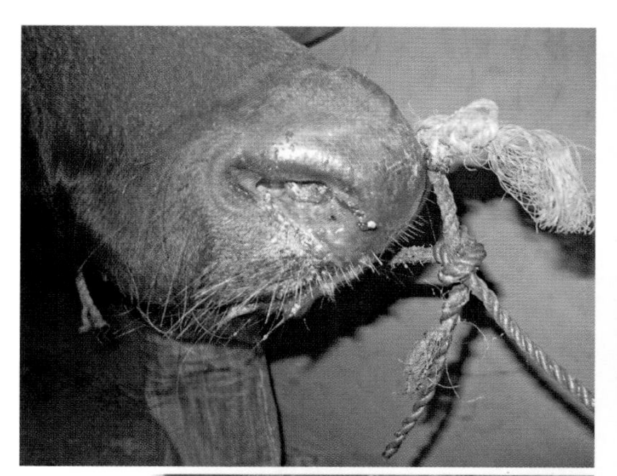

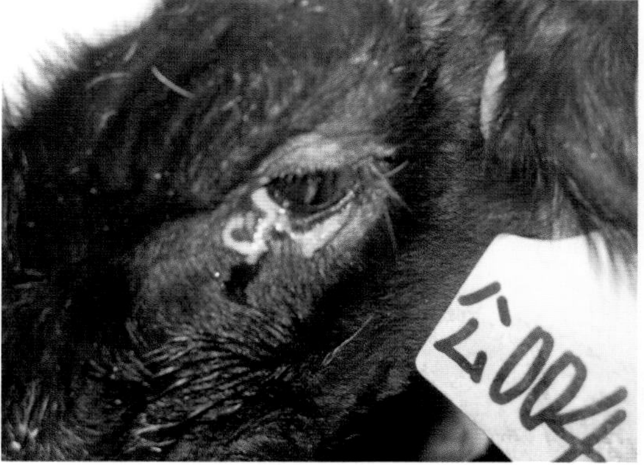

患牛传染性鼻气管炎牛鼻黏膜发红出血，流脓性鼻汁

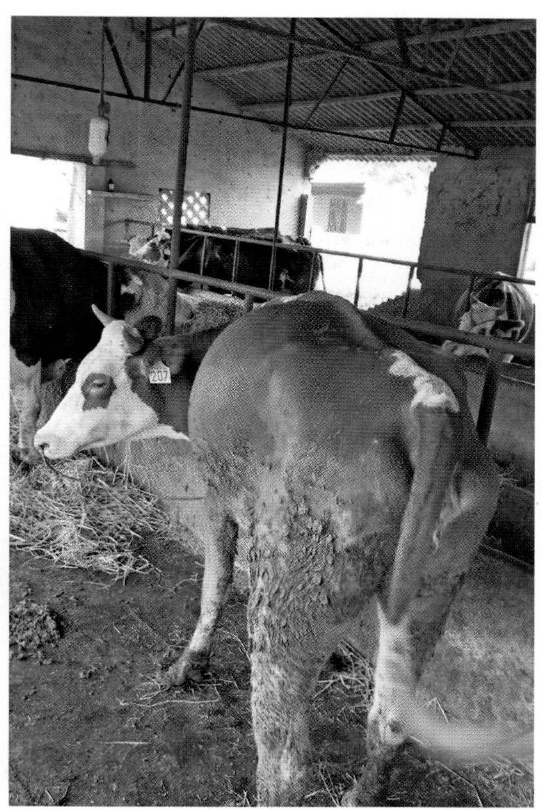

牛瘤胃臌气

感染的饱血雌蜱　　感染雌蜱产的卵　　感染的幼蜱

未感染蜱叮咬感染牛

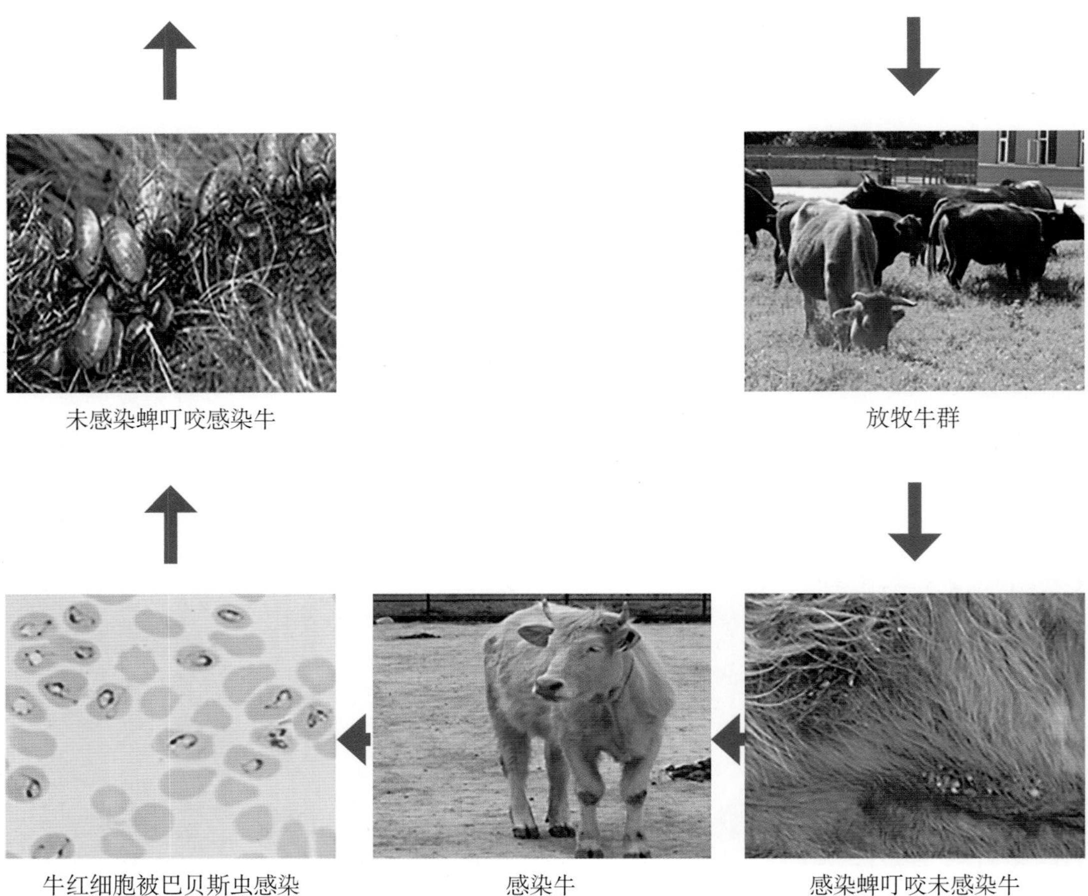

放牧牛群

牛红细胞被巴贝斯虫感染（血涂片染色涂片）　　感染牛　　感染蜱叮咬未感染牛

北京油鸡（公）

北京油鸡（母）

雪山鸡父母代（公）

雪山鸡父母代（母）

岭南黄鸡1号父母代（公）

岭南黄鸡1号父母代（母）

岭南黄鸡2号父母代（公）

岭南黄鸡2号父母代（母）

岭南黄鸡3号父母代（公）

岭南黄鸡3号父母代（母）

邵伯鸡（父系）

邵伯鸡（母系）

苏禽黄鸡2号（父本）

苏禽黄鸡2号（母本）

新兴黄鸡2号（父系）

新兴黄鸡2号（母系）

商品代群鸡

岭南黄鸡1号商品代群体

岭南黄鸡2号商品代公鸡群体

岭南黄鸡3号商品代母鸡群体

邵伯鸡商品代群体

苏禽黄鸡2号商品代群体

新兴黄鸡2号商品代公鸡群体

京红1号父母代

雏　鸡

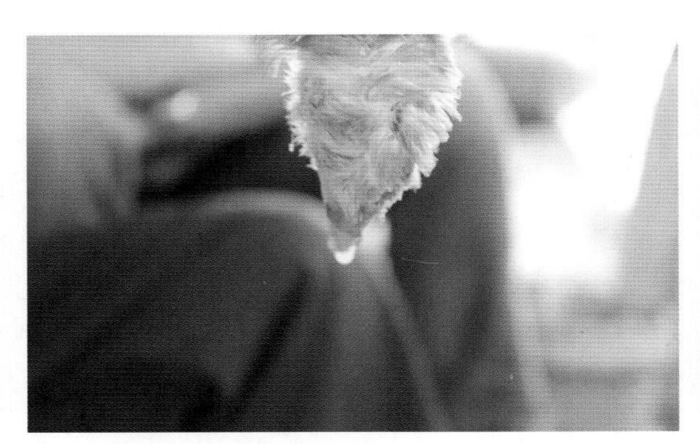
倒提患新城疫病鸡时，口中流出黏液

患新城疫的病鸡精神不振

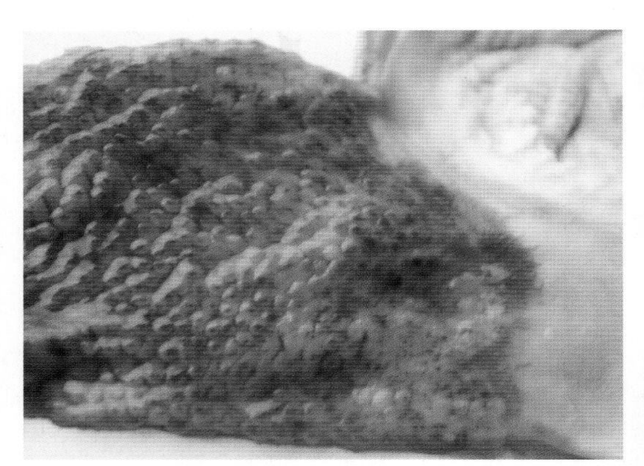
患新城疫病鸡腺胃乳头出血

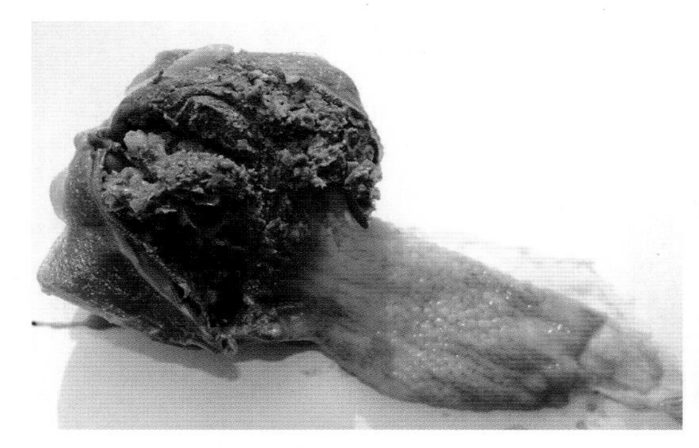
患新城疫病鸡肌胃内容物呈墨绿色

患新城疫病鸡肌胃角质膜下出血斑

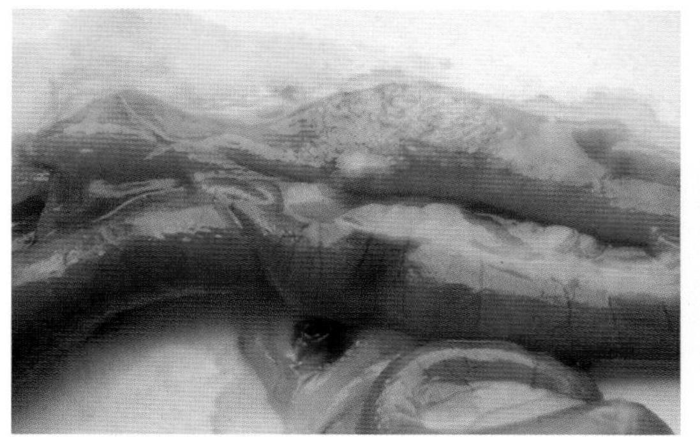

患新城疫病鸡肠出血，可见溃疡性结节

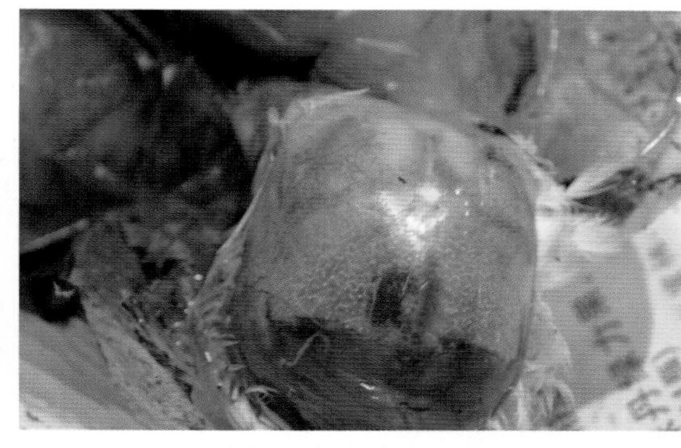

患新城疫病鸡脑出血

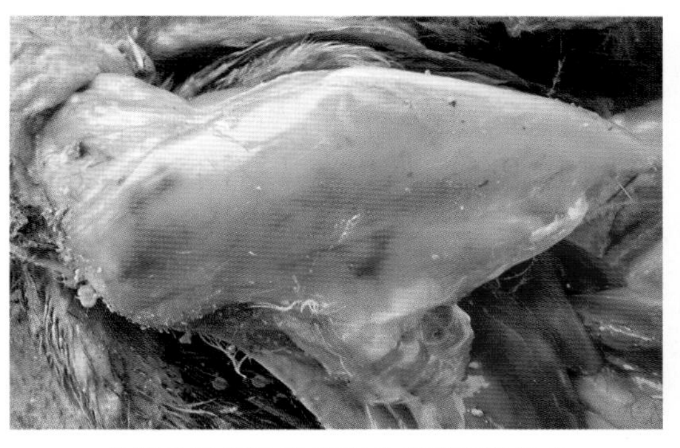

患传染性法氏囊炎病鸡表现胸肌出血

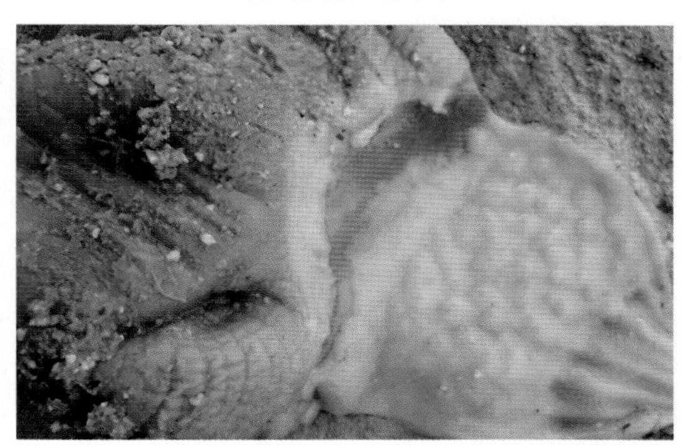

患传染性法氏囊炎病鸡腺胃和肌胃交界处有出血条带

患传染性法氏囊炎病鸡法氏囊水肿1

患传染性法氏囊炎病鸡法氏囊水肿2

患马立克氏病病鸡呈劈叉特征性姿态

患马立克氏病病鸡卵巢肿瘤

患马立克氏病病鸡肝脏肿瘤

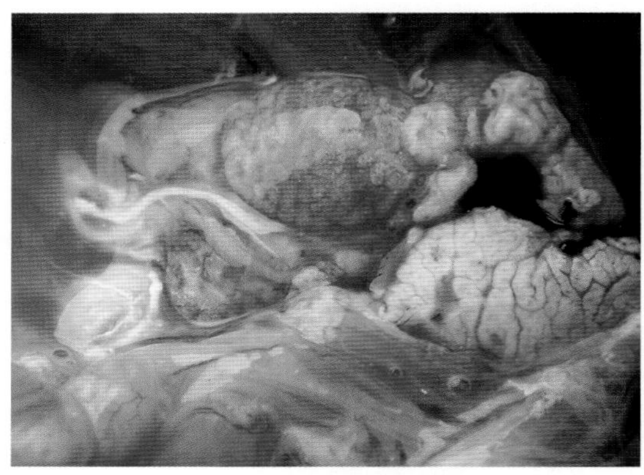

患马立克氏病病鸡肾脏肿瘤

患禽白血病病鸡腹部明显膨大

患传染性支气管炎病鸡腺胃异常肿大

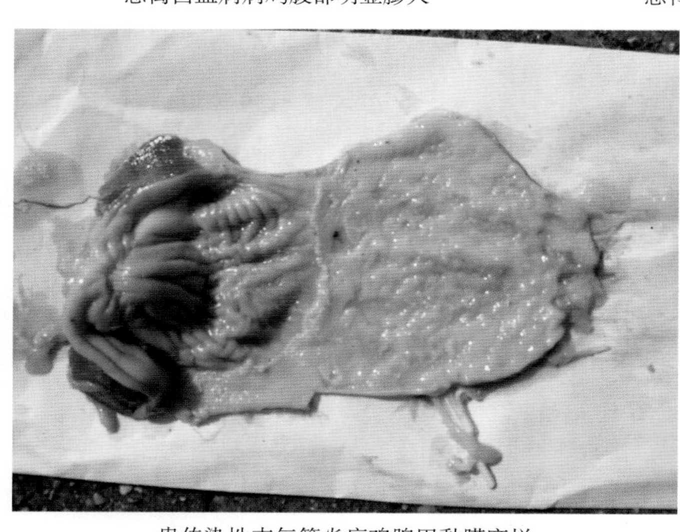

患传染性支气管炎病鸡腺胃黏膜糜烂

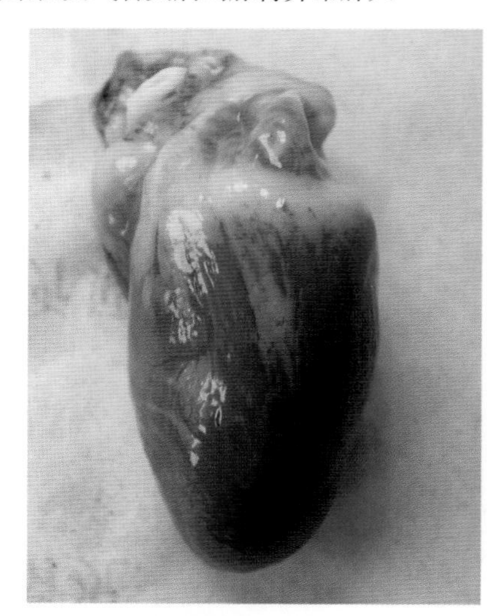

患禽流感病鸡心冠脂肪出血

鸭部分品种

白羽番鸭（公）

白羽番鸭（母）

黑羽番鸭（公）

黑羽番鸭（母）

高邮鸭（公）

高邮鸭（母）

鹅部分品种

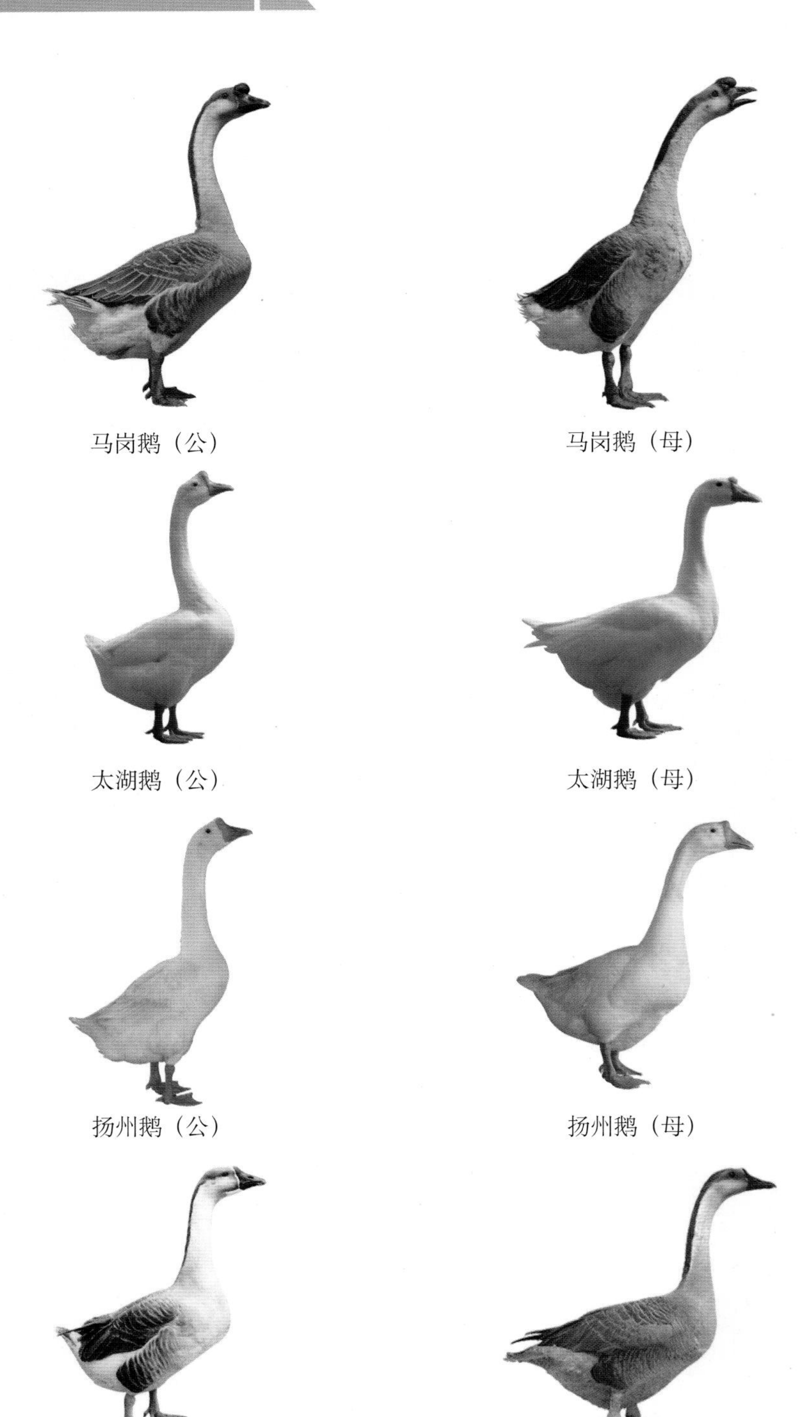

马岗鹅（公）　马岗鹅（母）

太湖鹅（公）　太湖鹅（母）

扬州鹅（公）　扬州鹅（母）

右江鹅（公）　右江鹅（母）

CHUQIN YANGZHI
JISHU YU BAOXIAN YEWU SHOUCE

畜禽养殖技术与保险业务手册

张海军　林长青　孙东晓　主编

中国农业出版社
北　京

图书在版编目（CIP）数据

畜禽养殖技术与保险业务手册 / 张海军，林长青，孙东晓主编．—北京：中国农业出版社，2021.5
ISBN 978-7-109-28303-9

Ⅰ.①畜… Ⅱ.①张… ②林… ③孙… Ⅲ.①畜禽—饲养管理—手册②养殖业—农业保险—中国—手册 Ⅳ.①S815-62②F842.66-62

中国版本图书馆 CIP 数据核字（2021）第 103402 号

中国农业出版社出版
地址：北京市朝阳区麦子店街 18 号楼
邮编：100125
责任编辑：李 夷　　文字编辑：闫 淳
版式设计：王 怡　　责任校对：赵 硕
印刷：北京通州皇家印刷厂
版次：2021 年 5 月第 1 版
印次：2021 年 5 月北京第 1 次印刷
发行：新华书店北京发行所
开本：700mm×1000mm 1/16
印张：16.75　　插页：16
字数：317 千字
定价：78.00 元

主　　编　张海军　林长青　孙东晓

副 主 编　刘　婧　袁　平　秦　宁　张　莉
赵振华　高　雪　苏雪梅

参编人员　吕　倩　王　熙　吴　昊　李慧芳
赵宝华　刘强德　赵桂苹　陈艳红
张　琪　樊义红　成黎明　赵淑芳
李秀敏　李昕昱　李　夷　晁海波
刘继军　胡长敏　王钱保　宋卫涛
章双杰　黄正洋　李春苗　刘宏祥
黄华云　徐文娟　朱春红　陶志云

为进一步促进我国养殖业保险高质量发展，推动各级养殖业保险管理人员和基层承保理赔工作人员更好地了解畜禽养殖基本知识，帮助其提高岗位技能与专业水平，提升业务风险识别和防范能力，进而强化保险公司养殖业保险产品开发和业务管理的科学性与合理性，中国人民财产保险股份有限公司联合中国农业大学、中国农业科学院等多位畜牧业专家，共同编写了《畜禽养殖技术与保险业务手册》，旨在为我国农业保险经营机构的养殖业保险产品开发人员与承保理赔工作人员提供工作参考与科学依据，同时也为大专院校养殖业保险专业培训和教材编写提供专业的知识查询和参考。

党的十九大报告提出实施乡村振兴战略，并将其作为七大战略之一写入党章，为今后农村发展和“三农”工作指明了方向与目标，为做好农村工作提供了强大动力。近年来的中央一号文件均对保险拓宽服务领域、创新服务方式、全面服务“三农”提出了明确要求。2019 年 10 月，财政部、农业农村部、中国银行保险监督管理委员会、国家林业和草原局联合印发了《关于加快农业保险高质量发展的指导意见》，从顶层设计上明确了加快农业保险高质量发展的指导思想、基本原则、主要目标、保障措施，清晰地绘制了未来我国农业保险的发展蓝图。

中国人民财产保险股份有限公司（以下简称“中国人保财险”）是与国家共同成长的大型国有控股保险企业，也是中国和亚洲最大的财产保险公司。70 多年来，中国人保财险始终秉承“人民保险，服务人民”的宗旨，积极履行社会责任，机构网络遍布城乡，为保障我国经济社会稳定发展、促进改革做出了积极贡献。近年来，中国人保财险认真贯彻落实党的十九大、十九届四中全会和五中全会精神，以服务“三农”为己任，以高度的使命感和责任感，加大“三农”保险服务体系建设，创新“三农”保险产品和服务，有力发挥了保险强农惠农的主渠道作用，取得了显著成效。

农业保险中的养殖业保险（以下简称“养殖险”）作为转移分散畜牧业生产风险的重要市场化手段，在保障国家农产品供给、促进农业产业现代化、推进农业绿色发展、提升农业风险管理水平、助力支农融资和脱贫攻坚等方面都发挥了积极且重要的作用。长期以来，中国人保财险积极为我国畜牧业生产保驾护航，养殖险业务实现了快速稳定发展，保险产品超 1 200 个，提供风险保障金额超万亿元，有力地促进了产业规模化、专业化、现代化发展。

养殖险保障的是养殖生产过程中的各类灾害和疫病风险。我国畜牧业发展区域差异大，各地区养殖险标的品类繁多、生产方式多样，面临的风险状况也各不相同，对养殖险产品开发、承保理赔和风险管控等工作都提出了很高的要求。所以养殖险业务经营必须要和养殖业产业链、供应链等生产端深度融合。从业人员了解畜牧业基础知识，掌握各类养殖标的生长规律和特点，才能更好地进行养殖险的产品开发和风险识别评估，更好地进行标的精细化管理，进而结合产业信息化、智能化养殖技术推动保险承保理赔服务的科技赋能，实现养殖险业务有效益地稳定发展。如养殖险产品设计与开发难度较大，需要对畜牧业生产规律有清晰的了解；基层承保理赔人员验标和查勘定损难度较大，判断承保标的是否满足承保条件、报案事故是否属于理赔责任等都需要畜禽养殖相关专业知识的支撑。

为进一步促进我国养殖险高质量发展，推动各级养殖险管理人员和基层承保理赔工作人员更好地了解畜禽养殖基本知识，帮助其提高岗位技能与专业水平，提升业务风险识别和防范能力，进而强化保险公司养殖险产品开发和业务管理的科学性与合理性，中国人民财产保险股份有限公司联合中国农业大学、中国农业科学院等单位的多位畜牧业专家，共同编写了《畜禽养殖技术与保险业务手册》，旨在为我国农业保险经营机构的养殖险产品开发人员与承保理赔工作人员提供工作参考与科学依据，持续提升我国养殖险业务管理的专业化和精细化水平。本书为丛书的第一册，由于篇幅和时间关系，内容不一定很完整、全面，后续我们还会继续编写第二册及其他册，逐步丰富完善，力争更好地满足养殖险实际工作的需要。

写作过程中，全体参编人员的用心付出使得全书得以顺利完成，在此表示感谢。本书可作为关注和从事养殖险工作的业内外人士的参考用书，我们相信，本手册的出版将会促进我国养殖险整个行业的专业技术和管理水平的提升，为进一步推动我国农业保险高质量发展做出积极贡献。

时间仓促，水平所限，如有错误与不妥，欢迎读者批评指正。

编　者

2021年6月

目 录
CONTENTS

第一章　生猪养殖技术与保险

猪的屠宰率高，肉质风味独特，是人类主要肉食品来源。我国是世界养猪大国，每年猪肉产量约占全球肉类总产量的50%。特别是在我国肉类总产量中，猪肉占60%以上。我国养猪的历史可追溯到商朝。唐朝农民有因养猪致富的，因此当时人们所饲养的黑猪被称为“乌金”。目前，生猪生产已经成为农业生产的重要组成部分，也是农民收入的重要来源。

根据农业农村部畜牧兽医局和全国畜牧总站《中国畜牧兽医统计（2019）》和《中国畜牧兽医统计摘要》（2019年度）数据显示，2017年，我国生猪出栏70 202.1万头，存栏44 158.9万头，其中能繁母猪存栏4 471.5万头。2018年下半年以来，受非洲猪瘟等因素影响，我国生猪养殖产能下滑。2018年底，我国生猪出栏69 382.4万头，存栏42 817.1万头，其中能繁母猪存栏4 261.0万头，3项指标均比2017年减少。2019年生猪出栏54 419.2万头，存栏31 040.7万头，其中能繁母猪存栏3 080.5万头，各项指标同比下降20%以上。2017—2019年全国生猪出栏、存栏比较见表1-1。

表1-1　2017—2019年全国生猪出栏、存栏比较

	2017年	2018年	同比增减	2019年	同比增减
生猪出栏	70 202.1万头	69 382.4万头	−1.17%	54 419.2万头	−21.57%
生猪存栏	44 158.9万头	42 817.1万头	−3.04%	31 040.7万头	−27.50%
能繁母猪存栏	4 471.5万头	4 261.0万头	−4.71%	3 080.5万头	−27.70%

资料来源：农业农村部畜牧兽医局和全国畜牧总站《中国畜牧兽医统计摘要》（2019年度）

第一节　生理特性、生长阶段及主要品种

一、生理特性

猪属于单胃杂食、偶蹄、常年发情、多胎生的哺乳动物。具有繁殖力强、适应范围广等特点。

（一）繁殖能力强，多胎高产

猪的繁殖能力明显高于牛、羊。主要体现在：性成熟早、多胎高产、世代间

隔短等。

1. 性成熟早 公猪一般6～10月龄达到性成熟，通过系谱档案筛选、体型外貌鉴定、遗传评定、育成和调教、测试、检查性欲和精液质量，即可择优选择公猪，进入繁殖生产。

母猪一般在4～8月龄达到性成熟，发情周期平均为21d，发情期48～72h，排卵10～40个。一般初次发情后2～3个月体重达到成年猪的70%即可初次配种。

母猪初情期、达到性成熟的时间和初配时间因品种不同而存在差异。一般引进品种猪的初情期、达到性成熟的时间和初配时间比地方品种猪晚。母猪初情期、达到性成熟的时间和初配时间的范围：初情期为3～6月龄；达到性成熟时间为4～8月龄；初次配种时间为7～10月龄。

猪的繁育不受季节的影响，在正常饲养管理下，母猪都能按期发情配种。

我国许多地方良种猪母猪的护仔能力特别强，不仅产仔数多，而且泌乳能力很好。

2. 多胎高产 母猪可常年发情，不受季节影响。按发情期21d计算，理论上可年产2.42胎［母猪繁殖周期＝怀孕期＋哺乳期＋空怀期，其中怀孕期平均114d；断乳期21～35d，平均30d；空怀期即断乳至再发情间隔7d左右；所以母猪年产仔胎数＝365d/（114d＋30d＋7d）≈2.42胎］。

母猪一般使用2～3年（6～7胎），此后产仔数、泌乳能力下降，经济效益下降，可根据个体情况和生产实际需要逐渐淘汰。

如实施早期断乳，母猪可年产2.57胎［（365/（114＋21＋7）≈2.57）］，胚胎移植可使年产胎次提高到4胎。

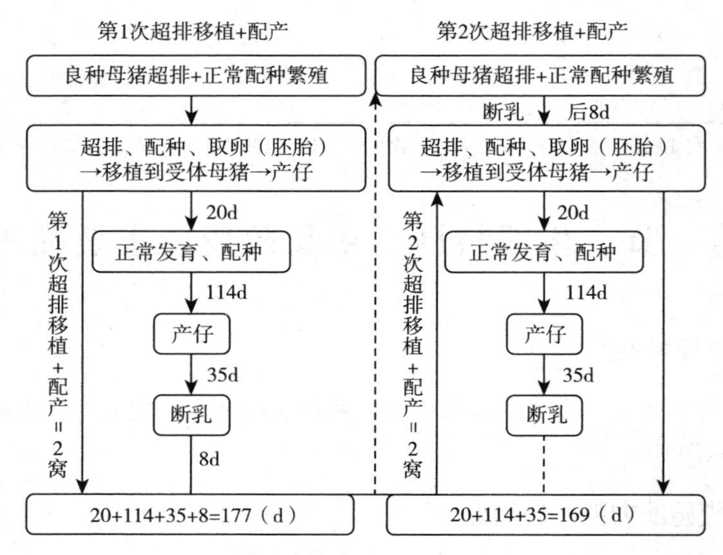

图1-1 胚胎移植与自然配种协同产仔周转流程

魏庆信等认为，用胚胎移植与自然配种怀孕相结合，可使1头良种母猪1年生产4窝仔猪（胚胎移植和正常配繁各2窝），全程需要346d（图1-1）（魏庆信等，2002）。

一般母猪每胎产仔10头左右，年均产仔20头左右，对于自繁自育猪场，每头能繁母猪1年可提供育肥猪18～24头。

3. 世代间隔较短，生长发育特征明显 猪的世代间隔1～1.5年。不同生长发育阶段特征明显，便于实施标准化流程饲养和批次化管理，按生产工艺流程配种、产仔，商品猪均衡上市。

（二）生长发育较快，饲料转化率较高

仔猪出生重1kg左右，21日龄体重4～5kg，30日龄断乳重6～9kg，80日龄体重50kg左右，150～200d体重可达90～110kg。育肥期因品种等原因存在差异。从经济效益考虑，一般体重达90～100kg出栏，目前猪体重达120～130kg出栏的情况也比较常见。

一般30～100kg猪只育肥期日增重在600～800g，料肉比为（2.3～3.2）∶1，有些地方品种料肉比可能会高些。早期（20世纪60—70年代）单一饲料（玉米）料肉比为4∶1。

因此，要合理配制饲料，按不同阶段猪群饲养标准饲喂。

（三）分布较广，主产区多在亚、欧、非3个洲

猪对各种自然地理环境、气候等条件有较强的适应能力。经过人工驯养和培育，在不同地域的物候条件下形成与之相适应的品种或类型，分布于世界各地。全球有100多个国家养猪，根据美国农业部统计数据，全球生猪年产量10亿头左右。全球生猪生产大国包括中国、美国、巴西、俄罗斯、加拿大、墨西哥、韩国、日本等国家。2019年中国猪肉产量为4 255万t，美国猪肉产量1 254万t，巴西398万t，俄罗斯332万t。这4个国家及欧盟合计猪肉产量占全球猪肉产量的84.7%，其他国家的猪肉产量占15.3%。

（四）适应性强，但不同猪群需不同的适温区

猪是恒温动物，在正常情况下，体温保持在38.0～39.8℃。当环境温度在一定范围内变化时，猪能通过自身调节来维持体温，保证正常生理生长及活动。但当遇到极端恶劣的环境或气候时，猪会产生应激反应，若机体不能抗衡这种极端环境，生理平衡就会遭到破坏，导致生长发育受阻，生命受到威胁，严重时患病或死亡。

猪通过自身调节来维持体温的环境温度区间称为猪的适宜温度范围或等热区。如果环境温度变化超出等热区范围，猪的生产力将会下降。猪对环境温度变

化的适应能力与猪的品种、年龄、体型有关。脂肪型猪皮下脂肪较厚，体热散发较慢，抗寒能力较强；瘦肉型猪皮下脂肪薄，体热易散发，抗热性较好；仔猪体温调节机能不完善，抗寒能力差。体型大的猪抗寒，体型小的猪耐热。

生猪只有在温度、湿度适宜的条件下，才能达到理想的生产水平和效益（表1－2）。

表1－2　不同猪群适宜温度

猪群（猪舍）	适宜温度范围（℃）
公猪、妊娠母猪舍	15～27
产仔母猪舍	18～25
仔猪培育舍	20～24
育肥猪前期	20
育肥猪后期	18

生猪养殖在控制适宜温度的同时，还应注意控制湿度。一般猪舍适宜的相对湿度（空气中的实际水汽压与同温度下的饱和水汽压的百分比）总体应控制在50%～80%。其中种猪舍和仔猪舍相对湿度为65%～75%，育肥猪舍相对湿度不超过80%。

湿度过低（40%以下）的情况下，猪易患呼吸道疾病和皮肤疾病。低温高湿（相对湿度90%）可导致生产性能下降。

（五）单胃杂食，饲料来源广泛

猪的牙齿很发达，可以咀嚼多种食物，能够很好地利用各种动物性饲料、植物性饲料以及各种加工副产品。各种杂粮、麸皮、油渣油饼、野草野菜等都可作为猪的饲料。猪的胃内没有分解粗纤维的微生物，利用粗纤维的能力弱，因此猪日粮中粗纤维含量不宜超过15%。

二、生长阶段

在生猪生产中，按生长发育阶段一般分为种猪、仔猪、仔培（保育）、育肥4个阶段。其中，种猪阶段又细分为后备母猪、待配母猪、妊娠母猪、产仔哺乳阶段（图1－2）。

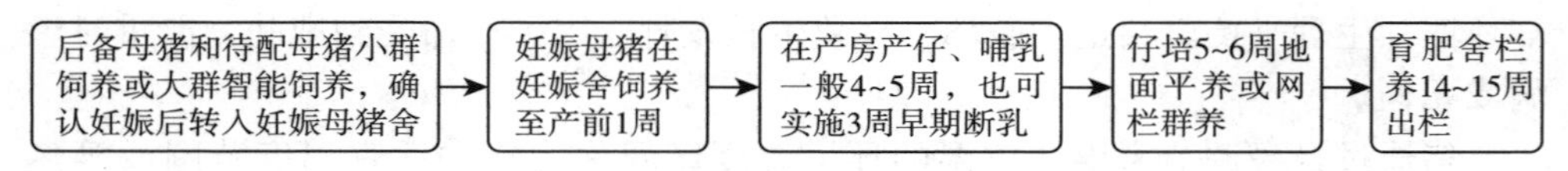

图1－2　生猪生长发育阶段

实际生产中，后备母猪、待配母猪为同区饲养，妊娠母猪单独饲养，产仔哺乳母猪与仔猪（图1－3）同舍，培育仔猪（图1－4）和育肥猪（图1－5）各自分舍分群饲养。

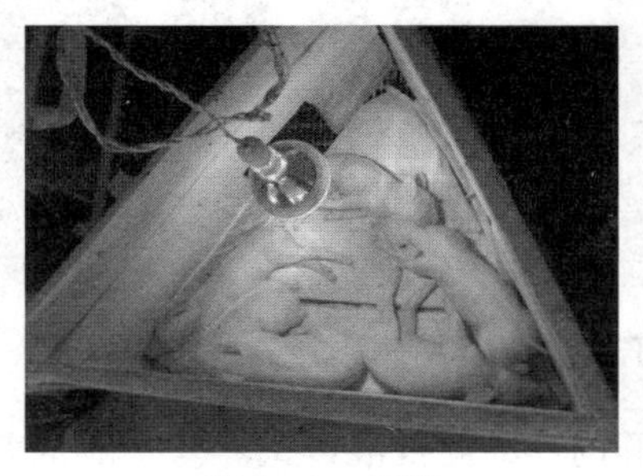
图1－3　仔猪

图1－4　保育猪

图1－5　育肥猪

（一）哺乳仔猪阶段

仔猪器官发育不完善，各项机能不健全，抗逆性差，因此，需要精细管理。特别是初生到断乳阶段，要“抓三食，过三关”，即抓乳食过好初生关、抓开食过好补料关、抓旺食过好断乳关。

在待产母猪预产前，饲养员对待产母猪加强看护，并将舍温和保温箱调控到适宜温度；仔猪出生后要立即进行断脐、剪牙、断尾、称重、标识、记录、固定乳头、辅助其吃好初乳等各项必要工作（图1－6），此后陆续完成补铁、开料、去势、防疫免疫等工作（图1－7）；温度调控循序降低，断乳前调至24～28℃。

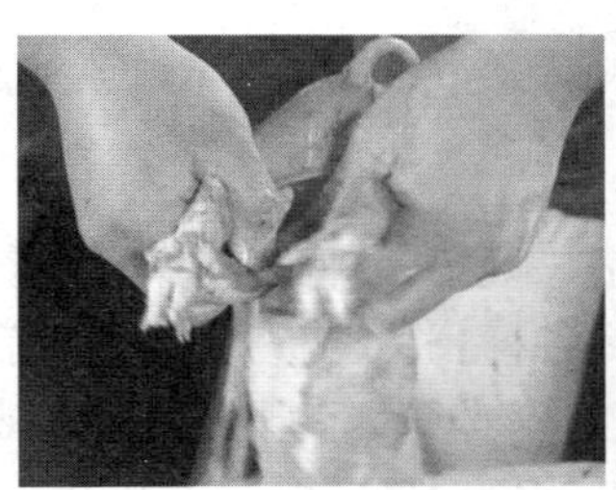
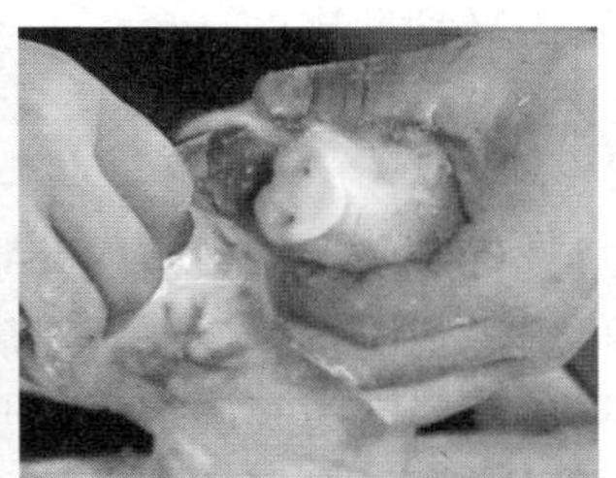
图1－6　仔猪断脐、断牙
（左为断脐操作，右为断牙操作）

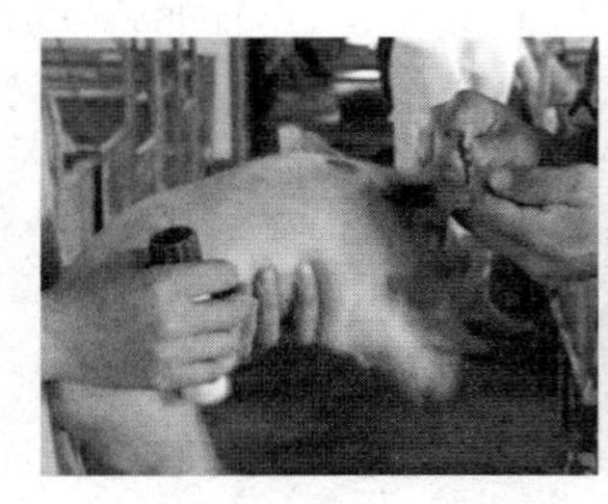  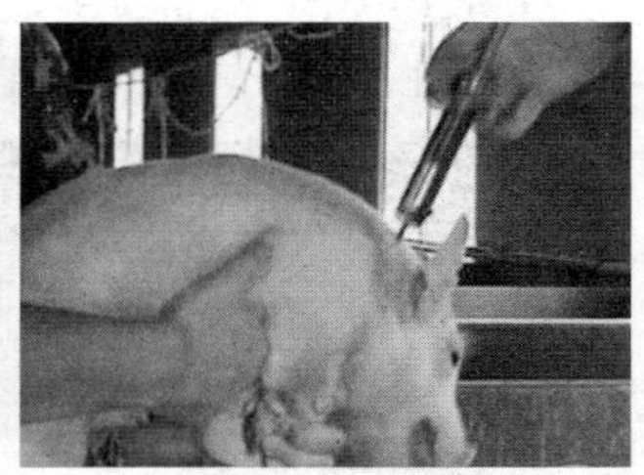

图 1－7　仔猪的补铁、辅助开食、免疫注射操作

仔猪断乳后同批转入仔猪培育舍同窝小群饲养或同批混群饲养。一般饲养期为 5～6 周，当仔猪平均体重达 20～25kg 时，转入育肥阶段饲养。

断乳转群时应注意控制环境温度、做好饲料过渡工作，避免仔猪产生突变应激。

（二）育肥猪阶段

育成仔猪转入育肥阶段，按育肥猪的饲养管理要求，一般每栏 8～10 头群养。饲养 15 周左右，达到 90～100kg 时同批出售。

计划留种的窝群，在 90～100kg 时进行性能测定、遗传评估和外貌鉴定。有条件的进行场内测定和鉴定，也可委托地区测定站测定。常规测定主要是达 100kg 体重日龄、饲料转化率、背膘厚、眼肌面积等（图 1－8）。

图 1－8　自动计料（左）、100kg 背膘厚测定（中）、外貌鉴定（右）

种猪选留一般按体型外貌、种猪遗传评估结果（按选择指数、估计育种值、性状测定值等）由高到低排序选择。

（三）种猪阶段

种猪是通过选择专门用于繁殖的公猪、母猪。种公猪单栏饲养，后备母猪群养，有条件的可引进智能饲养设备。对后备种公猪要进行采精训练，检查精液质量，根据采精量、精子活力等确定最终选留；对后备母猪要密切观察个体发育，有计划的实施配种。待后备母猪繁殖水平达标后确定为适繁母猪。

选留下来做种用的公猪、母猪，详细记录、测定、评估其繁殖水平，根据实际生产情况及时淘汰更新生产力低下的种猪。种公猪的使用年限一般控制在2年左右，年淘汰率在50%左右。

种母猪在传统栏舍饲养条件下一般利用7～8胎，年更新比例为25%；在限位饲养的条件下一般利用6～7胎，年更新比例为30%～35%。

三、主要品种

现有猪种按来源分，有地方品种、引进品种、培育品种；按经济类型分，有瘦肉型、脂肪型、兼用型。

吴显华等据联合国粮食及农业组织（FAO）家畜多样性信息系统（DAD-IS）所公布的畜禽品种资源资料综合统计分析，2005年世界养猪国家和地区有130个，生猪品种有1 271个，其中欧洲和亚洲生猪品种数量占63.73%。

我国目前饲养的生猪地方品种有76种（其中华北型8种、华南型18种、华中型26种、江海型13种、西南型10种、高原型1种）；引进品种有6种［巴克夏猪（Berkshire）、大白猪（Yorkshire）、长白猪（Landrace）、杜洛克猪（Duroc）、汉普夏猪（Hampshire）、皮特兰猪（Pietrain）］；引进配套系5个［迪卡（DeKalb）、皮埃西（PIC）、托佩克（Topigs）、施格（Sehgers）、伊比得］；培育品种（品系）有50多种，自主培育配套系20多个（光明猪配套系、深农猪配套系、华特猪配套系、冀合白猪配套系、天府肉猪配套系、中育猪配套系等）。以后还将不断有新培育的品种、品系、配套系产生。

（一）瘦肉型猪种

我国早期引入的巴克夏猪，前肩部位肉质为雪花状，肉味鲜美，但巴克夏猪的繁殖力、瘦肉率偏低，逐渐被瘦肉型猪种所取代。目前引入猪种主要有：大白猪、长白猪、杜洛克猪、汉普夏猪、皮特兰猪、迪卡配套系等。与我国地方品种比较，引进种猪体型大、增重快、饲料转化率高、胴体瘦肉率高，但繁殖力较低，肉质不如本土猪好。

1. 长白猪（Landrace）　长白猪又名兰德瑞斯猪（图1-9）。原产于丹麦，是世界上著名优良瘦肉型品种，也是丹麦的国宝。1887年，丹麦人用日德兰半岛当地母猪与英国大白猪杂交，经选育培育出长白猪，而后又经过90多年不断地科学选育，猪的背膘厚度逐渐降低，肌肉渐趋发达，终于培育成著名的瘦肉型品种猪。

（1）体型外貌。长白猪毛色全白，体型硕大，头小清秀，面颜平直，耳向前略倾、下搭，体躯呈流线型，后躯肌肉丰满。成年猪体长175cm左右，胸围150cm左右，体高90cm，比其他品种猪多1节脊椎骨、2根肋骨。

（2）生产性能。长白猪繁殖性能较好，初产母猪产仔10头左右，经产母猪产仔近12头；肥育性能突出，生长发育快，饲料转化率高，胴体瘦肉率高。丹麦长白猪 30～100kg 规格猪育肥期日增重 900g 以上，料肉比 2.5∶1，平均背膘厚 12mm 以下，屠宰率 72%以上，胴体瘦肉率 60%以上。我国长白猪在较好饲养管理条件下，160 日龄左右体重达 90kg，育肥期日增重 750～800g，料肉比不高于 3∶1。

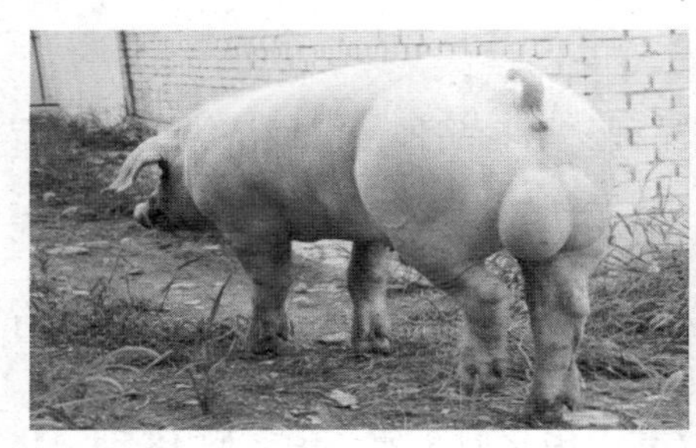
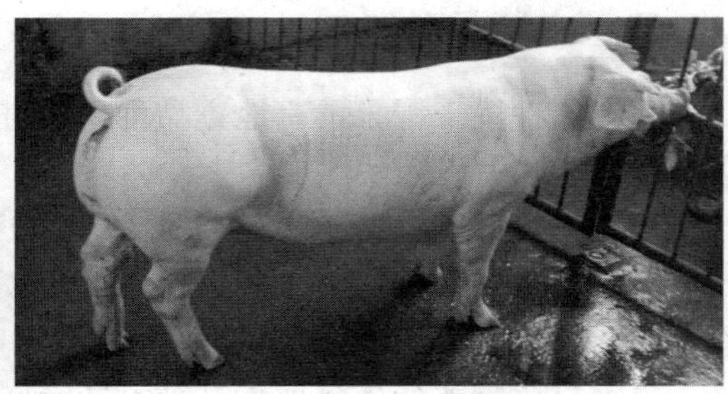

图 1-9　长白公猪（左）和长白母猪（右）

（3）应用。长白猪遗传性能稳定，改良地方品种效果显著。长白猪做终端父本与杂交一代母猪杂交所生产商品猪的效果较好。现有长白猪品系：丹系、法系、加系、比利时系等。我国在 20 世纪 60 年代从英国、荷兰、法国引进长白猪，20 世纪 80 年代又从丹麦、法国、加拿大、比利时等国引进长白猪，与地方品种杂交，对地方品种进行改良，提高瘦肉率。目前，国家级长白猪原种场有浙江大观山种猪场和天津宁河种猪场等。

2. 大约克夏猪（Yorkshire）　约克夏猪为世界著名培育猪种，分大、中、小 3 个型。大型约克夏猪又称大白猪（Large White）（图 1-10），18 世纪育成于英国，特点为体型大、增重快、饲料转化率高，被多国引用培育，形成多个品系，如美系大白猪、英系大白猪、法系大白猪、加系大白猪、丹系大白猪等。20 世纪 80 年代以来，我国先后从法国、加拿大、英国等国家引进大白猪，作为发展瘦肉猪的主要品种，目前在全国各地均有分布。

（1）体型外貌。毛色全白，头颈较长，脸面微凹，耳小直立，体躯长（成年猪体长 170cm 左右），胸宽深（成年猪胸围 150cm 左右），体高 90cm，背腰稍呈拱形，四肢结实，后躯较宽。具有典型瘦肉型品种猪的体型。

（2）生产性能。大白猪繁殖性能较好，初产母猪产仔 10 头左右，经产母猪产仔 11～12 头；育肥性能突出，生长发育快，饲料转化率高，胴体瘦肉率高。根据英国、法国、丹麦等国家资料显示，育肥期日增重 900～1 000g，料肉比 2.5∶1，体重达 100kg 时日龄少于 145d。我国大白猪在正常 150 日龄左右体重可达 90kg，育肥期日增重 750～850g，料肉比一般为（2.3～2.8）∶1，不高于 3∶1，平均背膘厚 13～15mm 左右，瘦肉率 58%～62%（图 1-10）。

（3）应用。大白猪做终端父本与杂交一代母猪杂交所生产商品猪的效果较好。

图 1-10　大白公猪（左）和大白母猪（右）

3. 杜洛克猪（Duroc）　杜洛克猪原产于美国，是由纽约红毛杜洛克猪、泽西红毛猪以及红毛巴克夏猪育成，有美系、匈牙利系、加系等多个品系。瘦肉率高，适应性强（图 1-11）。

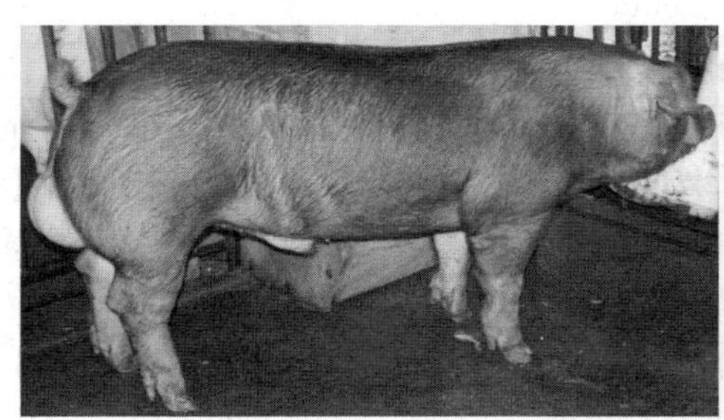
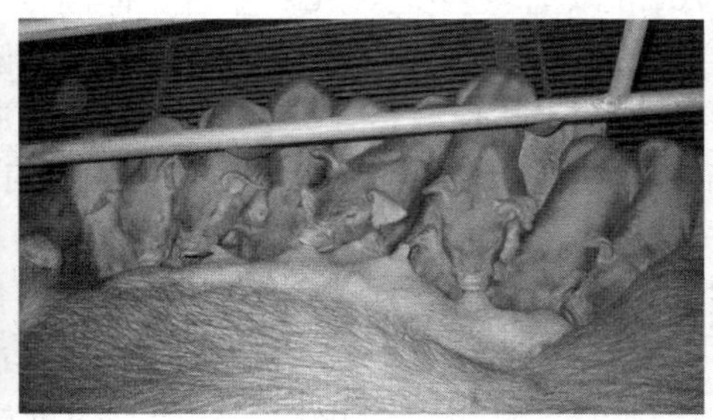

图 1-11　杜洛克公猪（左）与哺乳仔猪（右）

（1）体型外貌。杜洛克猪全身被毛深棕色或红棕色，嘴较平直，耳中等大小，稍向前倾，耳尖微下垂，背腰向上呈弓形隆起，体质强健，四肢粗壮，腿臀比例高、丰满，性情温驯。成年猪体长 170cm 左右，胸围大于 150cm，体高 80～90cm。

（2）生产性能。杜洛克猪繁殖性能偏低，初产母猪产仔 8～9 头，经产母猪产仔 9～10 头；育肥性能较好，生长发育快，成年公猪体重可达 380kg，成年母猪体重可达 300kg。我国杜洛克猪在正常饲养情况下 160～170 日龄体重达 90kg，育肥期日增重 750g，料肉比 3.2∶1，瘦肉率 60%以上。

（3）应用。杜洛克猪做终端父本与杂交一代母猪杂交生产商品猪最好。

4. 皮特兰猪（Pietrain）　皮特兰猪原产于比利时皮特兰镇，是由本地猪与法国的贝衣猪杂交改良后，又导入英国巴克夏猪血缘育成（图 1-12）。皮特兰猪肌肉发达，瘦肉率高，比常用瘦肉型品种大白猪、长白猪瘦肉率高 10%，但生长速度慢，适应性差，肉质差［应激反应后屠宰常产生 PSE 肉（Pale Soft Exvdative Meat)，即肉的颜色苍白、肉质松软、肌肉渗水，俗称灰白肉]。

图 1-12　皮特兰公猪（左）与皮特兰母猪（右）

（1）体型外貌。皮特兰猪全身被毛以黑白花色，头中等大小，面颜平直，耳中等大小且直立前倾，身躯长、粗壮，肌肉发达、紧凑、结实，背腰结合部好。从前肩到臀部脊背有明显背沟，呈双脊状，腿臀丰满，四肢粗壮。成年猪体长 170cm 以上，胸围 155cm 左右，体高 85～90cm。

（2）生产性能。皮特兰猪繁殖性能偏低，初产母猪产仔 7 头，经产母猪产仔 8 头左右；与长白猪、大白猪相比，育肥性能一般，但瘦肉率高。国外资料显示，170 日龄皮特兰猪体重为 100kg，日增重 750g。与大白猪、长白猪相比，生产速度低 20%，每增重 1kg，耗料增加 0.5kg 左右。屠宰率 75%左右，背膘厚低于 10mm，瘦肉率 70%以上。

（3）应用。皮特兰猪与无应激隐性基因猪的杂交后代，再与其他品种配套生产商品猪，能够解决皮特兰猪生长速度较慢、应激反应强、肉质差的缺陷。我国在 20 世纪 80 年代开始引入皮特兰猪。1997 年，北京市顺义区从比利时直接引进皮特兰种猪。

5. 汉普夏猪（Hampshire）　汉普夏猪又名“银带猪”。原产于美国肯塔基州，由白皮猪和白肩猪杂交选育而成（图 1-13）。适应性强，背膘薄，眼肌面积大，胴体品质好。

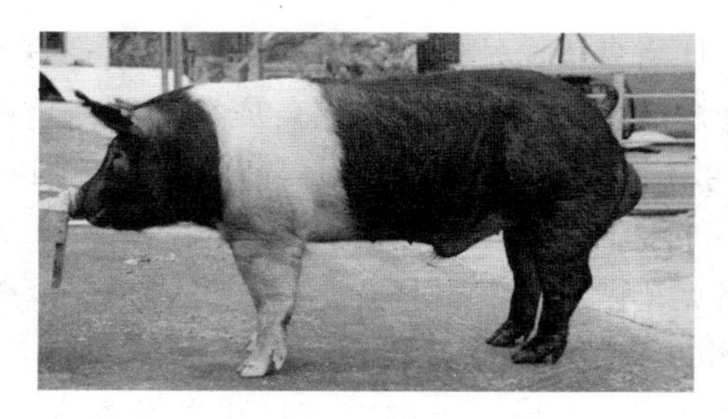

图 1-13　汉普夏猪

（1）体型外貌。汉普夏猪全身被毛以黑色为主，肩颈结合部和前腿为白色。

头较小，嘴长而直，耳中等大小且直立，身躯较长，四肢粗壮，肌肉发达。

（2）生产性能。汉普夏猪繁殖性能偏低，经产母猪产仔 8～10 头；育肥性能突出，丹麦 1998 年测定纯种猪平均日增重 847g，料肉比 2.39：1，瘦肉率 62%。我国测定商品猪 170 日龄体重达 90kg，育肥期日增重 700～800g，屠宰率 72%以上，胴体瘦肉率 58%以上。

（3）应用。汉普夏猪主要做父本杂交生产商品猪。

（二）中国地方猪种

我国养猪历史悠久，形成众多地方猪种，目前有近百种。1986 年出版的《中国猪品种志》将我国的地方猪种按地理区位分为华北型、华南型、华中型、西南型、江海型、高原型。

1. 华北型地方品种　主要分布在淮河、秦岭以北地区。华北型猪骨骼发达，体型较高大。代表品种有东北民猪、西北八眉猪、黄淮海黑猪、内蒙古河套大耳猪、山西马身猪、沂蒙黑猪等。

2. 华南型地方品种　主要分布在云南、广东、广西等地区。华南型猪为脂肪型猪种，外部特征为矮、短、宽、圆。主要品种有两广小花猪、陆川猪、粤东黑猪、滇南小耳猪、五指山猪、槐猪、桃园猪等。

3. 华中型地方品种　主要分布在长江和珠江之间的江西、湖南、湖北、浙江、福建、广东、广西等地区。主要品种有华中两头乌猪、宁乡猪、金华猪、南阳黑猪、湘西黑猪等。

4. 江海型地方品种　主要分布在华北、华中之间的过渡带，长江中下游及东南沿海地区，主要品种有太湖猪、姜曲海猪、虹桥猪、圩猪等。

5. 西南型地方品种　主要分布在云贵高原，四川盆地，湖北、四川、湖南、3 省的交界地区，主要品种有四川内江猪、四川荣昌猪、贵州关岭猪、湖川山地猪等。

6. 高原型地方品种　主要分布在青藏高原。代表品种为藏猪。

（三）中国培育猪种

据统计，我国已有培育品种 57 个，培育配套系 24 个（表 1-3、表 1-4）。

表 1-3　中国培育猪品种（系）

序号	培育品种品系	序号	培育品种品系	序号	培育品种品系
1	宁夏黑猪（1974）	4	新淮猪（1977）	7	浙江中白猪（1980）
2	哈尔滨白猪（1976）	5	上海白猪（1979）	8	温州白猪（1980）
3	东北花猪（1976—1980）	6	新金猪（1980）	9	赣州白猪（1982）

（续）

序号	培育品种品系	序号	培育品种品系	序号	培育品种品系
10	北京黑猪（1982）	26	湖北白猪（1986）	42	军牧1号白猪（1999）
11	伊犁白猪（1982）	27	皖北猪（1988）	43	苏钟猪（2001）
12	三江白猪（1983）	28	沽汉黑猪（1988）	44	大河乌猪（2003）
13	泛农花猪（1983）	29	内蒙古白猪（1988）	45	渝太Ⅰ系猪（2003）
14	内蒙古黑猪（1983）	30	昌潍白猪Ⅰ系（1989）	46	鲁莱黑猪（2006）
15	山西黑猪（1983）	31	新疆黑猪（1989）	47	鲁烟白猪（2007）
16	芦白猪（1983）	32	新疆白猪（1989）	48	豫南黑猪（2008）
17	北京花猪（1984—1994）	33	山西瘦肉型猪SD－Ⅰ系（1990）	49	滇陆猪（2009）
18	定县猪新品系（1984）	34	广花猪（1990）	50	苏淮猪（2011）
19	关中黑猪（1984）	35	新荣昌猪Ⅰ系（1995）	51	湘村黑猪（2012）
20	乌兰哈达猪（1985）	36	四川白猪Ⅰ系（1995）	52	苏姜猪（2013）
21	内蒙古黑猪品种群（1985）	37	豫农白猪（1995）	53	晋汾白猪（2014）
22	甘肃黑猪（1985）	38	南昌白猪（1996）	54	淮安黑猪（2014）
23	广西白猪（1985）	39	山西瘦肉型猪SD－Ⅱ系（1997）	55	吉神黑猪（2018）
24	沂蒙黑猪新品系（1986）	40	新疆瘦肉型白猪（1999）	56	苏山猪（2018）
25	甘肃白猪（1986）	41	苏太猪（1999）	57	宣和猪（2018）

表1-4　中国培育猪配套系

序号	猪配套系	序号	猪配套系	序号	猪配套系
1	罗牛山瘦肉猪配套系（1992）	6	秦台猪配套系（2002）	11	华农温氏Ⅰ号猪配套系（2006）
2	光明猪配套系（1998—1999）	7	中育猪配套系（2004—2005）	12	湘虹配套系（2006）
3	深农猪配套系（1998—1999）	8	白塔猪配套系（2004）	13	鲁农Ⅰ号猪配套系（2007）
4	华特猪配套系（1999）	9	罗牛山配套Ⅱ系猪（2005）	14	渝荣1号猪配套系（2007）
5	冀合白猪配套系（1998—2003）	10	滇撒猪杂交配套系（2006）	15	鲁农Ⅱ号猪配套系（2009）

（续）

序号	猪配套系	序号	猪配套系	序号	猪配套系
16	松辽黑猪配套系（2010）	19	罗牛山瘦肉型猪配套Ⅲ系（2013）	22	湘沙猪配套系（2019）
17	天府肉猪配套系（2011）	20	川藏黑猪配套系（2014）	23	邦农Ⅰ号（BNⅠ号）猪（2020）
18	龙宝1号猪配套系（2013）	21	江泉白猪配套系（2015）	24	欧得莱猪配套系（待确认）

第二节　养殖条件

一、猪舍

根据猪舍用途、屋顶结构造型、墙窗设置、猪栏排列等分类：①按猪舍的用途分类有配种妊娠猪舍、产仔母猪舍、仔猪培育舍、育肥猪舍；②按屋顶结构造型分类有单坡式猪舍、双坡式猪舍、平顶式猪舍、拱顶式猪舍、钟楼式猪舍等（图1－14）；③按猪舍墙和窗的设置分类有开放式猪舍、半开放式猪舍、有窗式猪舍和密闭式猪舍；④按猪舍内猪栏排列分类有单列式猪舍、双列式猪舍、多列式猪舍。

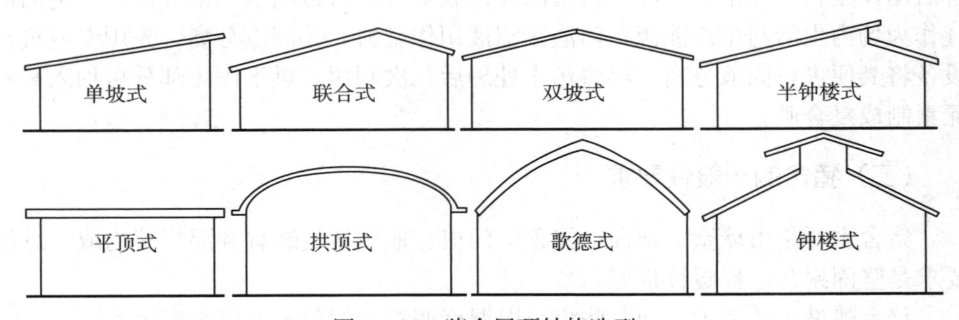

图1－14　猪舍屋顶结构造型

（一）场址选择及布局规划

猪场位置的好坏对猪舍内外环境有重大影响。现代化养猪企业生产规模越来越大。猪群体的增加，使排泄物随之增加，有害气体排放增加，所以，必须从生产安全食品和改善环境条件出发，本着利于生产、防疫、水电供应和综合利用的原则，依据有关法律法规和标准进行猪场选址。

1. 地势 采用现代化工艺的规模猪场，应选择在地势较高、平坦、背风向阳且地下水位低于建筑地基深度0.5m以下的地方（图1-15）。

图1-15 北京顺鑫农业茶棚原种猪场俯瞰图

2. 场地位置 场地位置选择尽量满足3个条件：①方便运输。②利于防疫。远离铁路、交通要道、畜禽产品加工厂、皮革厂、垃圾处理场、污水处理场和风景区等。③远离村镇。避免有害气体排放，防止人兽共患病的发生。

3. 水源条件 保证猪场水源供应充足、水质达标。

4. 供电保证 满足猪场机械化、自动化、智能化等电力需求。

5. 污染治理 猪场污染主要来源于粪污和有害气体。防止粪尿污染最有效的方法是实行农牧（种、养）结合，生态利用，将粪尿经加工后用作肥料，变废为宝。主要方法：①发酵施肥。将猪的粪便收集后经管道输送到贮粪池发酵，发酵后用作肥料。②沼气生能。将猪的粪便收集后经管道输送到沼气池，产生的沼气作为场内生活与生产能源，沼渣、沼液用作肥料。③固液分离。先用专业机械设备将粪便进行固液分离，再将污水处理后二次利用，烘干固体部分后加入某种元素制成复合肥。

（二）猪舍的一般性要求

猪舍主要是由墙壁、地面、屋顶、门窗、通风换气装置和隔栏等构成。总体要求是坚固耐久，保暖性良好。

猪舍建设主要考虑占地、防疫、温湿度调控、饲养密度等方面因素。

1. 节约占地，合理布局 猪场建设要根据当地区位优势和资源条件，本着节约用地、少占农田或不占农田的原则，尽量选择撂荒地等无农耕价值地段，不与农业争地。根据饲养方式、生产经营性质、生产规模、建筑面积标准，确定占地面积。一般生产区设在下风向或侧风向，建设面积占全场面积的80%～90%。猪舍跨度一般单列4～5m、双列7～9m、多列10m以上。猪舍间距7～9m，猪舍排列顺序为配种舍、妊娠猪舍、产仔舍、培育猪舍、育成猪舍和育肥舍。

2. 防疫优先，无害处理 猪场内生活管理区与生产区一般以墙相隔，净道和污道分设，兽医室和防疫设施完备，消毒措施完善，进门、进舍均消毒，进料、出猪线路为单行线；粪便进行无害化处理，化粪池、沼气池与种植区毗邻，方便粪水消纳。猪场净道和污道的设置如图 1－16 所示。

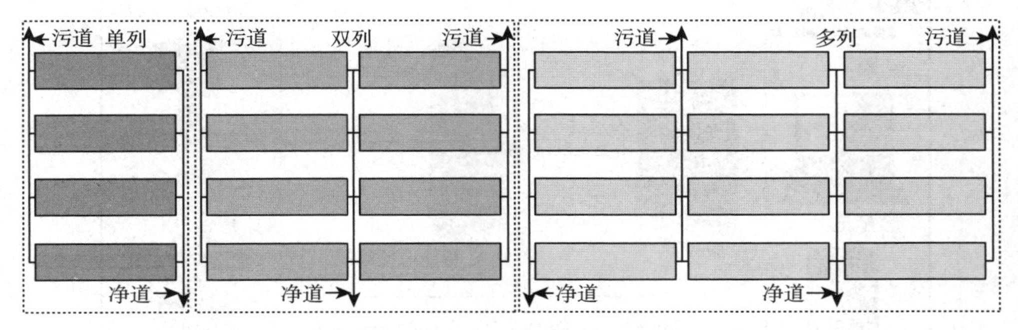

图 1－16　单列（左）、双列（中）、多列（右）净道污道设置示意

3. 环境适宜，保温防潮　墙厚地暖，并安装温湿控制设备，如取暖设备、降温水帘等，以维持各类猪群对温度及湿度的需求。

4. 通风透光，防止有害气体聚集　合理设置通风门窗、配置通风设备，保持舍内干燥卫生，避免有害气体如二氧化碳（CO_2）、氨气（NH_3）和硫化氢（H_2S）等聚集超标，影响人畜健康，造成呼吸道、消化道等炎症，生长发育受阻。

5. 工序自动化，管理智能化

（1）喂料自动化。一般种用公、母猪定时定量饲养，人工控制给料；其他猪群自由采食，料箱自动喂料，人工或机械给料箱加料，一般 5～7d 加 1 次。

（2）饮水自动化。各类猪群都采用饮水器自动引水。国内一般采用鸭嘴式饮水器。产仔母猪舍和定位饲养母猪舍，饮水器安装在饲槽旁边；其他猪舍的饮水器一律安装在排粪区一侧，以防止猪床潮湿。

（3）排粪自动化。猪舍排粪基本上有 3 种方式：一是水冲式清粪，这种方式粪便清洗干净，舍内环境清洁，但用水量大，污水处理区占地面积大、成本高；二是刮粪板清粪，这种方式设备容易损坏，维修困难；三是化粪沟化粪。

（4）管理智能化。通风、降温、排湿、舍内环境监控净化、对猪群的管理巡视等，尽量采用先进、适用设备，实现自动、智能化管理，节能减排。可采用环境智能化监测控制系统和舍内猪群监控系统。如河北星奥科技有限公司生产的猪舍环境监控系统（图 1－17），将物联网智能化感知、传输和控制技术与养殖业结合起来，通过对养殖舍内相关设备（除湿机、加热器、开窗机、红外灯、风机等）的控制，在线采集养殖场环境信息（二氧化碳、氨气、硫化氢、空气温湿度等），同时集成及改造现有的养殖场环境控制设备，实现畜禽养殖的智能生产与科学管理。

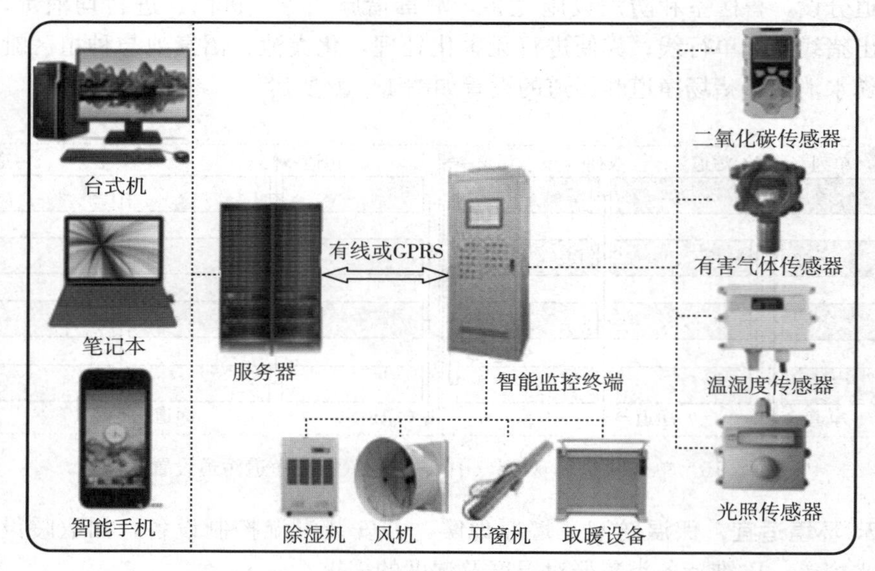

图 1-17　猪舍环境监控系统示意

此外，种猪登记和性能测定通过计算机数据库管理，实现地区或全国数据共享及联合育种。

6. 各类猪舍与基本设施

（1）公猪舍。每头公猪栏位面积约为 7.5m²（长为 3m，宽为 2.5m），另配备有操作间、走道、排粪沟等种公猪舍设施。栏高 1.2m（图 1-18）。

图 1-18　公猪舍

（2）后备母猪舍。后备母猪舍与育肥猪舍类同，采用小群饲养或大群智能饲养（图 1-19）。母猪智能化饲养流程：个体识别—自动饲喂—发情检测装置进行发情鉴定—对不同生理状态猪只进行标记并通过自动分离装置分离到相应区域，如配种、妊娠鉴定、转妊娠舍等。

（3）妊娠母猪舍。妊娠母猪一般单栏饲养。建筑面积＝头数×单栏

图 1－19　常规后备母猪舍（左）与智能母猪饲养舍（右）

（1.26m^2），另配备有操作间、走道、化粪沟等。

（4）哺乳母猪舍。哺乳母猪舍即母猪产仔及哺育仔猪的场所。要求保温、防潮、防污染。产仔母猪栏由围栏、母猪产仔扣笼、底网、仔猪保温箱共同组成。产仔母猪栏位约 4m^2。建筑面积＝头数×单栏面积，另配备有操作间、走道、化粪沟等。

（5）仔猪培育舍。仔猪培育阶段主要有地面小群饲养和网床饲养（图 1－20）。

图 1－20　仔培舍（左）与网上仔培（右）

（6）育肥猪舍。育肥猪舍一般采用地面小群栏养或大群栏养。常用育肥猪栏有实体墙、栏栅式、实体栏栅综合等（图 1－21）。

图 1－21　育肥猪舍

7. 各猪群猪栏参数（表 1－5）。

表 1－5　各类猪群每头应占猪栏面积和常用面积参数

猪群	每头猪应占面积（m^2）	常用猪栏	单个猪栏长（m）	单个猪栏宽（m）	单栏面积（m^2）	猪栏个数	猪栏总面积（m^2）
待配妊娠母猪	1.50	待配妊娠母猪栏	3.0	2.5	7.50	（待配妊娠母猪数－产仔母猪数）/4	猪栏数×7.50

（续）

猪群	每头猪应占面积（m^2）	常用猪栏	单个猪栏长（m）	单个猪栏宽（m）	单栏面积（m^2）	猪栏个数	猪栏总面积（m^2）
产仔母猪	4.00	产仔母猪栏	2.2	1.7	3.74	产仔母猪头数	产仔母猪数×3.74
育成仔猪	0.33	育成仔猪栏	1.8	1.7	3.06	每周应产仔母猪数×育成周数	育成仔猪栏数×3.06
育肥猪	0.75	育肥猪栏	3.0	2.4	7.20	每周应产仔母猪数×育肥周数	育肥猪栏数×7.2
种公猪	5.00	种公猪栏	3.0	2.5	7.50	母猪数×0.03	公猪栏数×7.5

二、饲料

饲料是指人类提供所养动物用于维持生长、发育、繁殖等生命活动的食物。

（一）饲料分类

按营养成分分类，可分为能量饲料、蛋白质饲料、微量元素添加剂等。猪的能量饲料主要来源于植物谷物籽实，如玉米、大麦、麸皮等；蛋白质饲料主要来源于油料加工副产品、饼粕类及动物性蛋白质饲料等；加工合成饲料是按照科学配方，专业加工合成的混合饲料、配合饲料。

按来源分类，可分为植物性饲料、动物性饲料（乳、鱼粉、肉骨粉等）、加工合成饲料。

1. 混合饲料　各种饲料原料经过简单加工混合而成的初级配合饲料，主要考虑能量、蛋白质、钙磷等营养指标，一般可自行配制。

2. 配合饲料　配合饲料是指在动物的不同生长阶段、不同生理要求、不同生产用途的营养需要，以及以饲料营养价值评定的实验和研究为基础，按科学配方把多种不同来源的饲料，依一定比例均匀混合，并按规定的工艺流程生产的饲料。

配合饲料按营养成分和用途分为全价配合饲料、浓缩饲料、精料混合料、添加剂预混料、超级浓缩料、混合饲料、人工乳或代乳料。按形状又分为粉料、颗粒料、膨化饲料、块状饲料等。

配合饲料中的浓缩饲料又称为蛋白质补充饲料，是由蛋白质饲料（鱼粉、豆饼等）、矿物质饲料（骨粉石粉等）及添加剂预混料配制而成的配合饲料半成品。再掺入一定比例的能量饲料（玉米、高粱、大麦等）配成全价饲料，具有蛋白质含量高（一般在30％～50％）、营养成分全面、使用方便等优点。浓缩饲料一般在全价配合饲料中所占的比例为20％～40％。

配合饲料中的预混饲料指由一种或多种的添加剂原料（或单体）与载体或稀释剂搅拌均匀的混合物，又称添加剂预混料或预混料。预混料利于微量的原料均匀分散于大量的配合饲料中。预混料不能直接饲喂。预混料为配合饲料的核心，因其含有的微量活性组分常是配合饲料饲用效果的决定因素。

（二）饲养标准

饲养标准是根据动物类群不同的性别、年龄、生理状态、生产水平等，对各种营养物质的实际需要量，所制定的日粮营养水平，是配合饲料配制的基础。

饲料配制时，应在满足不同猪群对不同营养物质需要的基础上，确保饲料质量相对稳定。不同猪群饲料营养水平可参考表 1－6。

表 1－6　不同猪群饲料参考营养水平

营养成分	仔猪	母猪	20～60kg 生长猪饲料	60～90kg 育肥猪饲料
消化能（MJ/kg）	13.37	13.27	13.47	13.38
粗蛋白（%）	18.70	14.00	15.90	14.00
钙（%）	0.71	0.83	0.75	0.73
磷（%）	0.57	0.61	0.54	0.52
有效磷（%）	0.33	0.40	0.34	0.33
赖氨酸（%）	1.00	0.65	0.77	0.63
蛋＋胱氨酸（%）	0.71	0.61	0.65	0.60
苏氨酸（%）	0.76	0.54	0.63	0.53

此外，还应在饲料中添加足量的各种维生素和铁、铜、锌、锰等微量元素。

维生素、矿物质、微量元素、抗生素等参考 NRC 新标准添加（适当高于 NRC 标准为好），并注意氨基酸的平衡。

（三）饲料加工

一般猪场会直接购买不同阶段猪群配合饲料或购买浓缩饲料、预混饲料后再加入能量饲料等配制成不同阶段猪群配合饲料；有条件的养猪企业有饲料加工车间或饲料厂，自行配制全价配合饲料，质量安全可靠。

（四）饲喂方法

采用自动给料技术饲养的猪舍，饲料以干粉料、颗粒料为主，人工控制饲喂的公猪、母猪可喂湿拌料，绝对禁止饲喂稀料。

仔猪和育肥猪采用料箱喂料，自由采食。公母猪喂料要定时定量。各类猪群喂料量参考表1-7。

表1-7　各类猪群喂料量

猪群类别	每头每日饲喂量（kg）	猪群类别	每头每日饲喂量（kg）
待配母猪	2.52～3	种公猪	2.2～3
妊娠母猪妊娠前期（80d）	2.52～3	仔猪	自由采食
妊娠后期（34d）	2.72～3	育肥猪	自由采食
哺乳母猪	5～6		

三、管理要点

本着防疫优先、技术适用、多产多活、安全快速、增产高效等原则，在生产过程中应加强种猪的优选、能繁母猪的繁殖管理、仔猪的管护、育肥猪的管理。

（一）种公猪的优选

每头成年公猪每年可配母猪数十头（本交）至数百头（人工授精），每头母猪年产仔20头左右，可见“公猪好，好一坡”的道理。因此种公猪的选留与引进举足轻重。

猪场要从非疫区引进品种纯正、系谱档案齐全、个体发育良好的公猪作种猪，引进后要经过隔离（15～30d）、检疫、观察，确认健康、无遗传疾病的种猪再转入生产群备用。

本场内选留种公猪要优中选优，且选留工作要从出生就开始进行。首先了解其亲属信息，然后了解其自身情况，对亲属成绩好、自身无遗传疾病、各阶段测定成绩达标、选择指数超过100%以上、性欲旺盛的公猪择优留种。

采用人工授精，可显著提高优秀种公猪的利用效率。

（二）能繁母猪的繁殖管理

能繁母猪也称适繁母猪，是指到生殖年龄而专门留作繁殖用的母猪。一般在初产1～2胎后确认。第1胎繁殖力低下、哺乳能力差且第2胎仍未提升的母猪必须淘汰；筛选出能够继续正常繁殖特别是繁殖力强的母猪进入适繁母猪群。

能繁（适繁）母猪阶段是母猪繁殖能力最旺盛、经济效益最好的生理阶段，因此要加倍呵护，以维持其良好体况及种用膘情，促使其正常发情、排卵，提高受胎率，发挥生产潜能，提供更多更好的后代。

空怀阶段应适当补饲，保证母猪在断乳后7d左右能正常发情排卵；配种后做好妊娠鉴定，如有未妊娠的母猪要及时补配；母猪妊娠后单栏或单圈饲养，防止打斗造成流产死胎；做好各项产前准备，根据产前母猪食欲情况适当减少日粮，分娩前做好产房清扫消毒、母猪清洗等工作，提前1周进产房；做好产中断脐、剪牙、称重、施加耳标、辅助初乳等工作，产后日粮适时增减；断乳时防止乳腺炎，断乳后补饲恢复体况，争取尽快发情配种。

当母猪产仔减少，繁殖力下降或发生疾病时，及时淘汰更新。一般每年更新30%左右。

（三）仔猪的管护

从出生、哺乳、断乳到保育期的猪只称为仔猪。仔猪生长发育很快，但调节体温能力差，消化器官不发达，免疫力低。不但自身器官发育与生理机能不完善，抗逆性差，还要经历脱离母体、脱离母乳和母子分离等重大转变。为获得预期的仔猪成活率，需要从饲养环境、饲料饲养、疫病防控等多方面加强管理（图1-22）。

图1-22　产房中的母猪与哺乳仔猪（北京六马养猪科技有限公司猪场）

哺乳仔猪阶段保温和护理仔猪吃乳（保证在出生后2h以内吃上初乳）、吃料（饲料粗蛋白含量为18%，注意适口性）、补铁、防疫等按相关规程精准操作。

哺乳仔猪阶段温度控制：0～3日龄30～35℃；4～7日龄28～30℃；1～2周龄26～28℃；3～5周龄22～26℃。

保育仔猪即断乳仔猪，它对环境的适应能力比新生仔猪明显增强，但较成年猪仍有很大差距。因此在这个时期，主要工作是控制猪舍环境，减少应激，控制疾病（图1-23）。

仔猪培育舍温度控制在20～24℃，日粮中粗蛋白水平为16%左右。仔猪断乳后经过数周保育，当体重达25kg时，转入育肥（育成）阶段饲养。

图 1-23　保育猪转群前对保育舍进行清理、消毒

（四）育肥猪的管理

育肥猪一般指仔猪保育结束到出栏上市的猪。保育猪转群前进行圈舍消毒、保温防寒（防暑降温）、饲料贮存、保健防疫等工作。

转入育肥阶段的猪只快速增长，日增重数百克，高的可达上千克。当体重50～110kg 时，脂肪组织沉积，因而饲料中蛋白质和赖氨酸占比可适当降低，分别为 14%和 0.65%。在这个阶段通常采用自由采食方式饲喂。当体重达 100kg 左右时，育肥猪作为商品猪出栏。

第三节　产业发展情况

一、整体情况

1949 年全国出栏肉猪 4 924 万头。新中国成立以后，养猪业得到快速发展，1965 年，肉猪出栏达到 1.2 亿头。1975 年，肉猪出栏达到 1.6 亿头。20 世纪 70 年代中后期以来，饲养技术和饲养模式发生重大变革，养猪业发展速度加快，养猪技术与国际接轨，全面向现代化迈进。20 世纪末，全国肉猪年出栏 5 亿多头，3 000 头以上大型养猪企业达到 3 000 家，养猪配套技术基本形成，生产水平得到有效提升。

目前，一般每头成年（适繁）母猪每年可繁殖 2 窝，产仔猪 20 多头（但品种差异显著），年出栏商品猪 16～20 头。猪是国民主要动物食品来源，也是农民经济收入重要来源。

2005 年全国生猪出栏达到 6 亿头，2010 年全国生猪出栏达 6.67 亿头，2014 年全国生猪出栏达 7.49 亿头。此后，由于结构调整、环保要求等多种原因影响，2019 年全国生猪出栏量明显减少（图 1-24）。

尽管我国猪肉产量占全球的 40%～50%，但目前，我国仍是猪肉进口大国。2017 年我国进口猪肉 120 多万 t，大约占全球猪肉进口量的 10%；2019 年我国进口猪肉 210.8 万 t。

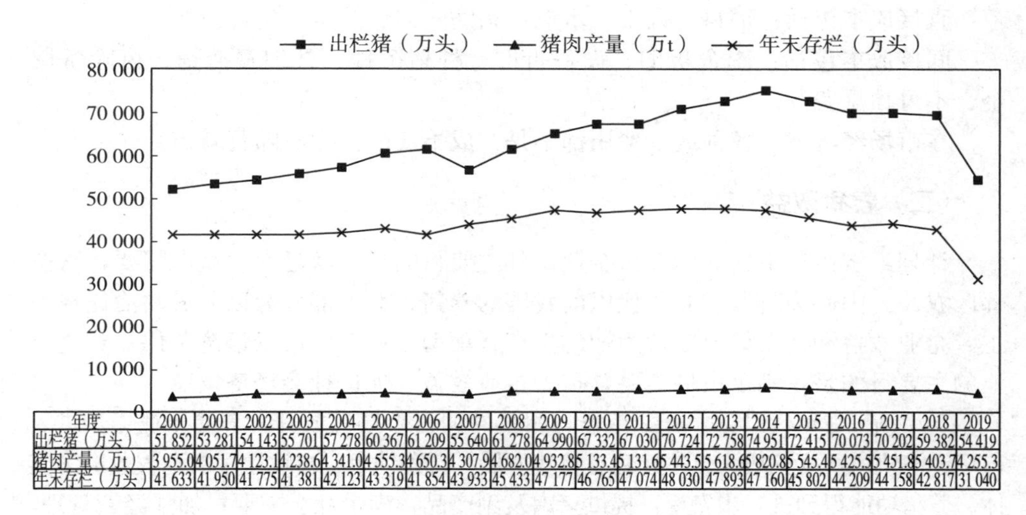

年度	2000	2001	2002	2003	2004	2005	2006	2007	2008	2009	2010	2011	2012	2013	2014	2015	2016	2017	2018	2019
出栏猪（万头）	51 852	53 281	54 143	55 701	57 278	60 367	61 209	55 640	61 278	64 990	67 332	67 030	70 724	72 758	74 951	72 415	70 073	70 202	59 382	54 419
猪肉产量（万t）	3 955.0	4 051.7	4 123.1	4 238.6	4 341.0	4 555.3	4 650.3	4 307.9	4 682.0	4 932.8	5 133.4	5 131.6	5 443.5	5 618.6	5 820.8	5 545.4	5 425.5	5 451.8	5 403.7	4 255.3
年末存栏（万头）	41 633	41 950	41 775	41 381	42 123	43 319	41 854	43 933	45 433	47 177	46 765	47 074	48 030	47 893	47 160	45 802	44 209	44 158	42 817	31 040

图 1 - 24　我国 2000—2019 年生猪出栏、猪肉产量、生猪存栏数据

注：数据来源于农业农村部全国畜牧总站《中国畜牧兽医统计》（2019）和《中国畜牧兽医统计摘要》（2019 年度）

二、养殖区划与布局

以生猪出栏量为例，我国生猪主产区为四川、湖南、河南、山东等。

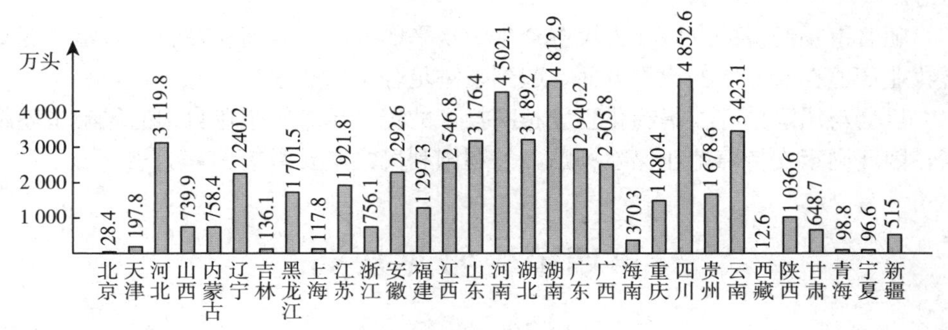

图 1 - 25　2020 年各省肉猪出栏数（万头）（引自《中国统计年鉴》）

从图 1 - 25 可看出，我国生猪年出栏达 3 000 万头的省（市、自治区）有 7 个，年出栏 1 000 万～3 000 万头的省（市、自治区）有 11 个。

三、养殖成本及收益

（一）饲养成本

以商品猪为例，饲养成本主要有直接成本和间接成本。

直接成本包括：饲料、人工、水电、猪病防治、技术实施耗材等。

间接成本包括：圈舍折旧、设备折旧、种猪摊提、管理费摊销、风险备用金、不可预见费等。

在市场经济下，各种成本费用都不是一成不变的，均应随行就市。

（二）养猪效益

计划经济条件下建立的养猪企业，其主要目的是：满足大中城市需要，富裕郊区农民。因此20世纪90年代以前我国的养猪企业大部分为以完成政治任务为主、企业效益和社会综合效益为辅的生产管理型企业。而市场经济条件下养猪企业的主要目的是：满足市场需要，扩大企业效益，促进社会经济发展。

20世纪90年代以后，养猪市场与相关的饲料市场等放开，养猪企业逐步进入市场经济轨道，真正成为自主经营、自我发展，自我约束、自负盈亏的畜牧业经济实体。养猪功能得到进一步发挥：提供猪肉及副产品，满足社会需要；加强经营管理，增加企业效益，促进企业发展；控制生产环境和改善周边环境，促进社会经济发展。

进入21世纪，我国的养猪企业全面转变为经营管理型企业。为保证养猪业的功能得到最大限度发挥，必须从经营合理化方面来考虑养猪技术的发展，主要从提高技术性能和改善资源利用两方面进行。技术性能的改善，包括猪个体生产能力的提高和改善，投入要素（劳动力素质、资金回报等）生产效率的提高等；资源利用主要从生产规模扩大或生产方式的进步（如采用先进的生产工艺与设备）等来考虑。

随着市场经济的发展和人民群众生活水平的提高，养猪业在农民致富、提高畜牧业产值在农业中的比重方面，起到了举足轻重的作用。

机会与风险共存。集约化程度越高投入的资金越多，企业自担的风险也就越高，因此国家支持养殖业保险补贴，是利国利民的重要举措。

第四节　常见疾病

猪病的种类很多，包括传染性和非传染性（普通）疾病，其中危害最严重的是传染病（infectious diseases）。

传染病是由各种病原引起的能在人与人、动物与动物、人与动物之间相互传播的一类疾病，流行性的传染病称为疫病。

根据传播方式、速度及对人类危害程度的不同，世界卫生组织将各种动物传染病分为A、B两大类；《中华人民共和国传染病防治法》将传染病分为甲、乙、丙三类；《中华人民共和国动物防疫法》将动物疫病分一类、二类和三类。

一类疫病：是指对人与动物危害严重，需要采取紧急、严厉的强制预防、控制、扑灭等措施的疫病。

二类疫病：是指可能造成重大经济损失，需要采取严格控制、扑灭等措施，防止扩散的疫病。

三类疫病：是指常见多发、可能造成重大经济损失，需要控制和净化的疫病。

一、一类疫病

（一）猪口蹄疫

口蹄疫是由小 RNA 病毒科口蹄疫病毒属的口蹄疫病毒所引起偶蹄动物的急性、热性高度接触性、毁灭性的烈性传染病，被世界动物卫生组织（OIE）列为 A 类首位动物疫病，我国也将其列为一类动物疫病。

1. 临床症状　猪口蹄疫在自然感染情况下一般 18～20h 就可以发病。病猪主要表现为鼻镜、口唇形成水疱或突起，水疱破溃后出血，如图 1－26。病猪体温升高，在蹄部有毛处与无毛处交界处发生水疱，母猪乳房上也会形成水疱。多数病例蹄部病变起于蹄叉侧面的趾枕前部，而后发展到蹄叉后下端或蹄后跟附近，发生水疱处红肿、有深红斑块，水疱破溃后形成烂斑，如图 1－27，病猪体温上升到41～42℃，表现为拒食，沉郁，卧地，蹄不敢着地，用腕关节爬行，严

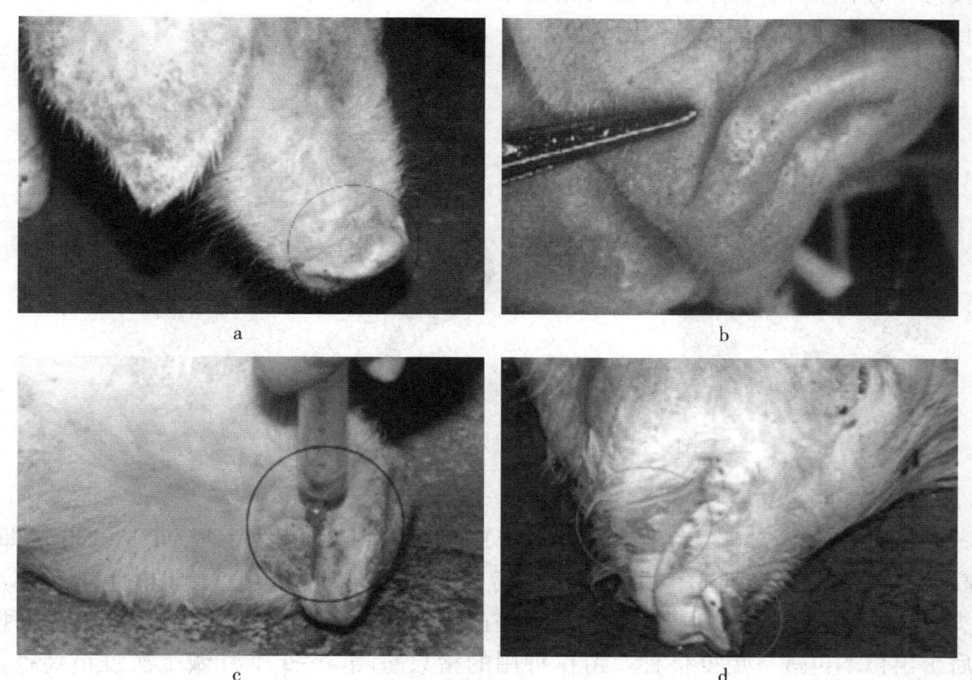

图 1－26　猪口蹄疫口鼻部症状

a、b. 鼻镜、口唇形成水疱或突起　c. 鼻镜部水疱可抽出棕色水疱液　d. 水疱破裂形成溃疡

重时腕部磨破鲜血直流，个别猪因患部被其他细菌污染而导致蹄部烂掉。水疱破后体温会下降，一般 4～7d 转入康复期。如妊娠后期母猪患病，除有以上症状外，还会导致流产、死胎，产下的仔猪迅速死亡。如断乳仔猪患病，常因病毒侵入心脏，引起急性心肌炎造成死亡。

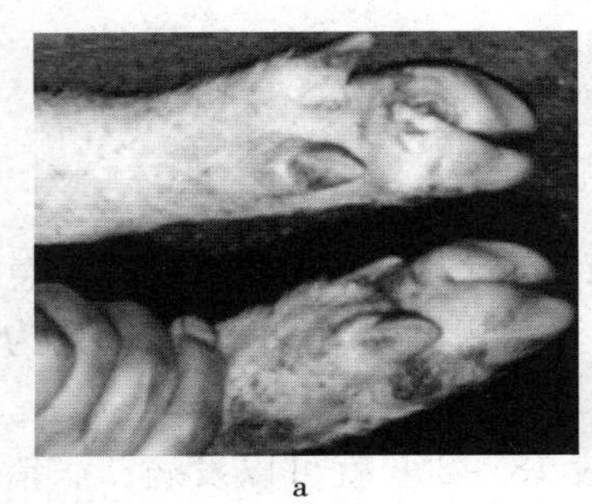
a

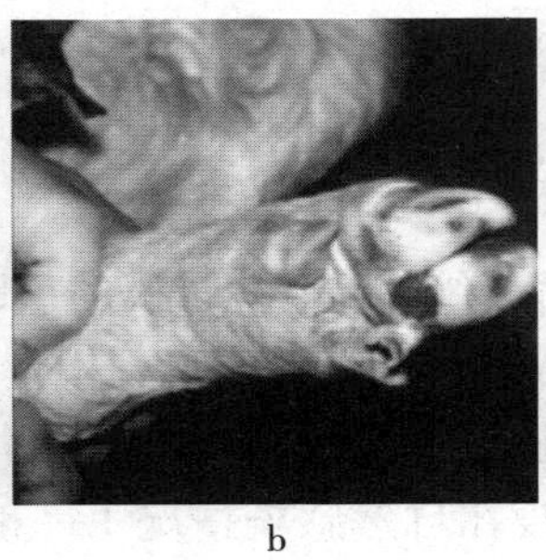
b

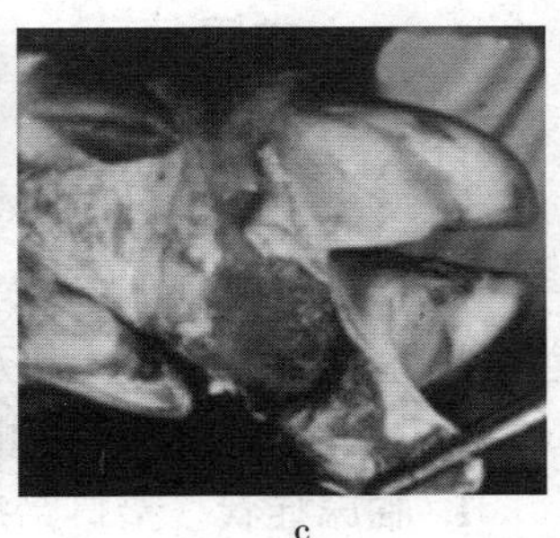
c

图 1－27　猪口蹄疫蹄踵部症状

a. 蹄叉部红肿　b. c. 水疱破裂

2. 病变　主要病变特征为皮肤、舌面、口腔黏膜处发生水疱，破溃后形成烂斑，流出泡沫状口涎，鼻镜、唇边、乳头、蹄部皮肤也形成水疱，造成烂斑及跛行。恶性口蹄疫病毒侵害幼猪的心脏引发心肌炎，出现虎斑心症状（图 1－28），其他脏器均无特征性病变。

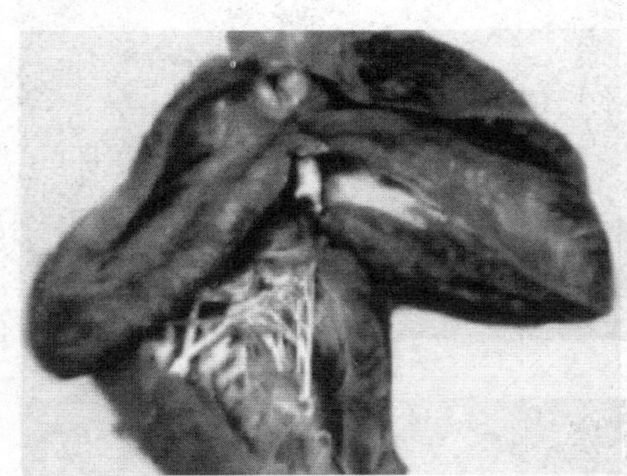

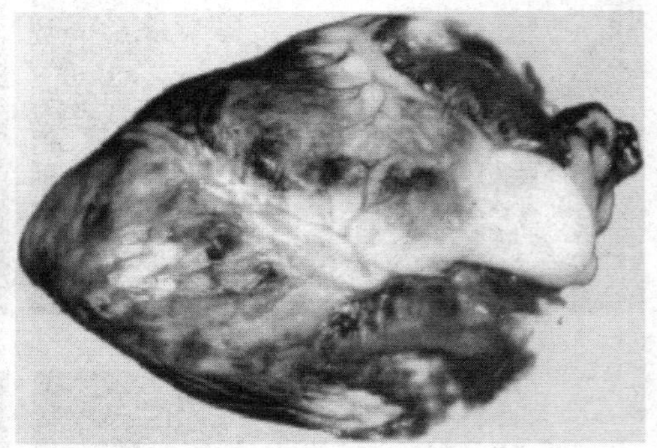

图 1－28　恶性口蹄疫病变致幼猪虎斑心

3. 防制

（1）按程序免疫。商品猪（育肥猪）使用猪 O 型五号病灭活疫苗－Ⅱ（即高效疫苗）或 O 型加亚 1 联苗：出生后 30～40 日龄首次免疫，肌内注射 1mL/头，60～70 日龄二次免疫，肌内注射疫苗 2mL/头。作为商品猪，二次免疫接种后至出栏不再进行免疫接种，留作种用的猪只每隔 5～6 个月做 1 次疫苗免疫，每次肌内注射疫苗 2mL/头。使用猪 O 型五号病灭活疫苗（即普通疫苗）：商品猪的免疫接种方式与高效疫苗相同，留作种用的每隔 3 个月做 1 次疫苗免疫，每次肌内注射疫苗 3mL/头。另外，各地区也可根据本地疫情的实际情况选择疫苗，在免疫接种时严格参照疫苗的使用说明进行免疫接种。

（2）日常防疫消毒。最好的消毒药是 0.3%过氧乙酸和 2%氢氧化钠（火碱）。病毒在低温下十分稳定，对高温敏感。在 4～7℃时可活数月，在－20℃以下，特别是在－70℃～－50℃可存活数年，在 26℃时能生存 3 周，37℃时可存活 2d，60℃时可存活 15min，70℃时可存活 10min，85℃时 1min 可杀灭病毒。在自然条件下，温度和紫外线共同作用可使口蹄疫病毒失活。

在疫情处理上必须坚持“早发现、早报告、早封锁隔离、早监控、早消毒、早扑灭、早免疫”的原则。要严格执行《中华人民共和国动物防疫法》及相关的法律法规，配合当地政府和防疫、检疫部门做好防疫检疫和监督管理工作，早日扑灭疫情，将损失降到最小的范围内。

（二）猪传染性水疱病

猪传染性水疱病是由水疱病病毒引起的一种急性传染病。以蹄部皮肤发生水疱为主要特征。临床上很难与口蹄疫、水疱性口炎以及水疱疹相区别。

1. 临床症状 自然感染情况下潜伏期为 2～5d，有时可达 7～8d 或更长。人工感染情况下潜伏期为 36h。病猪患病初期表现为突发跛行，体温升高，蹄部、口腔、齿龈等部位有明显水疱。

2. 病变 主要在病猪的口、鼻镜、蹄叉、蹄冠部出现大小不等的水疱，皮肤有溃疡并常常扩散到掌部及趾部，并伴有脚垫变软，有时蹄叉会脱落。

3. 防制

主要抓好环境卫生，定期消毒等生物安全防控措施。消毒药可用 5%氨水或 2%次氯酸钠。禁止从疫区、疫场引进猪种，必要引种时要从非疫区猪场引种，同时要做好隔离检疫工作，确认无病方可进场。

此病暂无有效治疗方法。对症治疗可缓解症状，但不利于病毒的消灭。要严格执行《中华人民共和国动物防疫法》和相关的动物防疫法律法规，发生疫情后要及时采取相应的措施，迅速扑灭疫情，将损失控制在最小的范围内。

（三）猪瘟

猪瘟是由黄病毒科猪瘟病毒属的猪瘟病毒引起的一种急性、热性、高度接触性传染病。临床特征为高热稽留、精神沉郁，呈败血性病理变化。

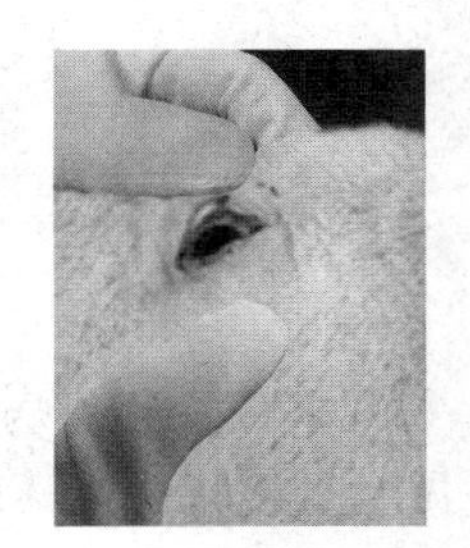

图 1－29 患猪瘟所致眼结膜炎

1. 临床症状 猪瘟病潜伏期 5～7d。病猪体温达 42℃，呈稽留热。病猪寒战、积堆压落，发生眼结膜炎，眼角有眼眦（图 1－29）。肠道感染导致先便秘后腹泻。病猪耳、四肢、胸腹、臀部及会阴部皮肤有许多小点出血，指压不褪色（图 1－30）。

妊娠母猪感染病毒后，发生流产，产死胎、木乃伊胎（图 1－31），即使产下活仔，也会因体质虚弱很难成活。

温和型猪瘟，主要表现消瘦、贫血、衰弱、皮肤末梢部位发绀，便秘与腹泻交替出现，病情缓慢，成年猪发病，病死率很低或不死，常不引起人们重视，但长期带毒排毒。

目前，猪瘟发生还有些新特点：

①免疫猪群呈散发，发病率多在 10%～25%，病死淘汰率达 100%。

②35 日龄断乳前后的仔猪多发。15 日龄以前乳猪和育肥猪（60kg 左右）偶有发病。

③种公猪发病一般无明显临床症状，但能繁母猪发病则表现繁殖障碍，以空怀，早产，产死胎、木乃伊胎、畸形胎、独子胎最为常见；病毒还可以通过胎盘传给胎儿，造成乳猪猪瘟，一般 1～3d 死亡。若仔猪耐过，则长期带毒排毒，造成猪场猪瘟持续感染。

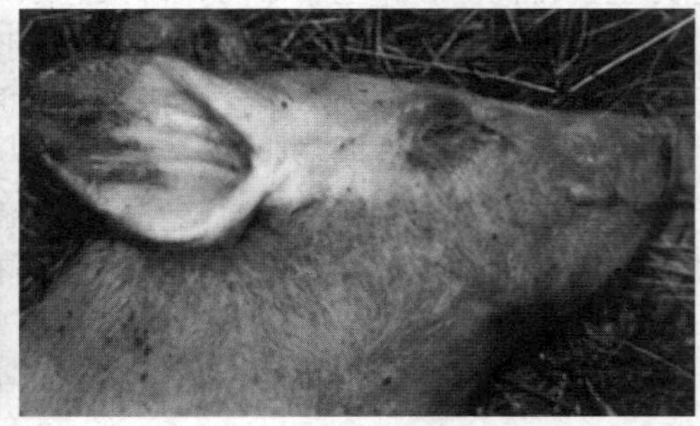

图 1－30　患猪瘟病猪耳、四肢、臀部等皮肤处小点出血

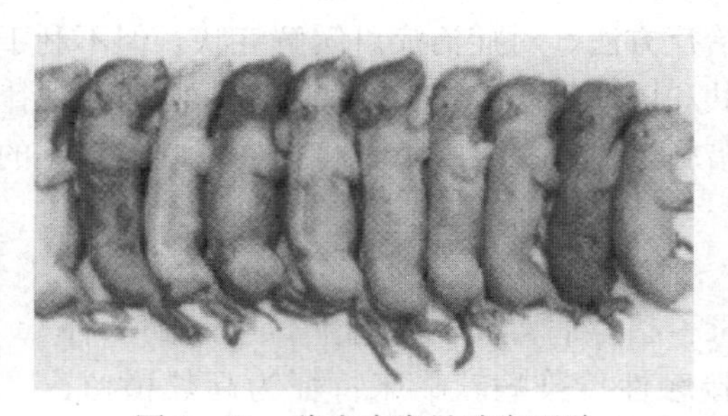

图 1－31　猪瘟病毒导致产死胎

2. 病变　猪瘟病毒主要损伤小血管内皮组织，引起各器官组织出血，外观可见全身皮肤，尤其是胸腹、臀部、耳尖和四肢皮肤出血。剖检可见，病猪扁桃体出血有圆形化脓灶（图 1－32），会厌软骨有出血点（图 1－33），全身淋巴结肿大且周边出血，呈大理石外观（图 1－34），尤其是颈部颌下和肺门、肝门、

肾门、股前、鼠蹊及肠系膜淋巴结有弥漫性或周边性出血。心外膜、心耳部弥漫性出血。心冠脂肪有针尖大小的出血点（图1-35），肾呈土黄色且有圆形出血点（图1-36），切开肾可见皮质、髓质、肾盂部有出血。脾边缘部有呈楔状出血梗死灶（图1-37）。膀胱积尿，内膜有出血点，胃、肠黏膜有出血（图1-38）。慢性病例在盲、结肠黏膜部位（回盲口）有扣状肿（图1-39）。唇内侧，齿龈有溃疡。猪瘟病毒还可以引起带毒母猪综合征产下仔猪肾脏发育不良（图1-40）。

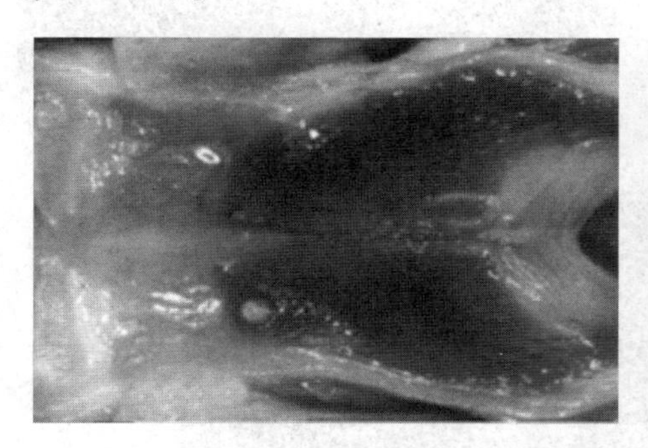

图1-32　患猪瘟病猪扁桃体出血

图1-33　患猪瘟病猪会厌软骨出血点

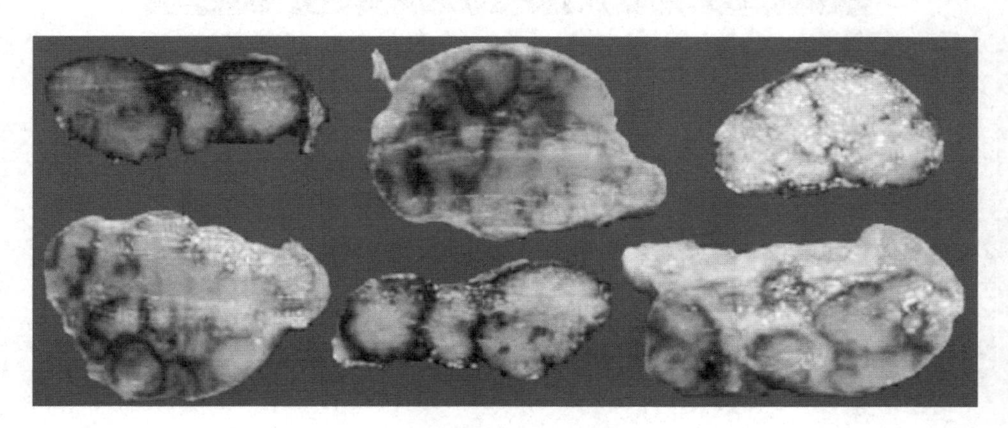

图1-34　患猪瘟病猪淋巴结症状

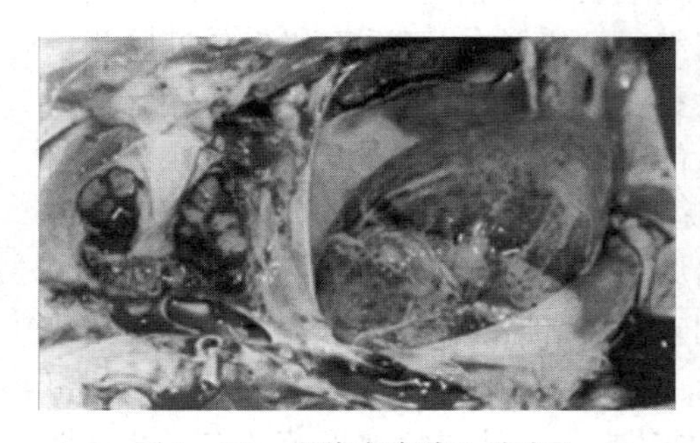

图1-35　患猪瘟病猪心脏出血

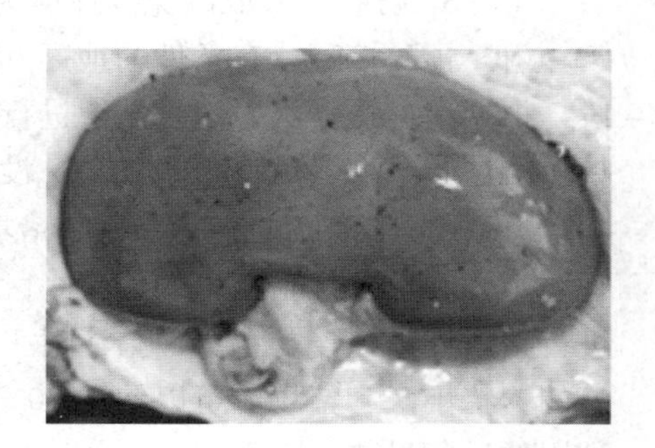

图1-36　患猪瘟病猪肾出血点

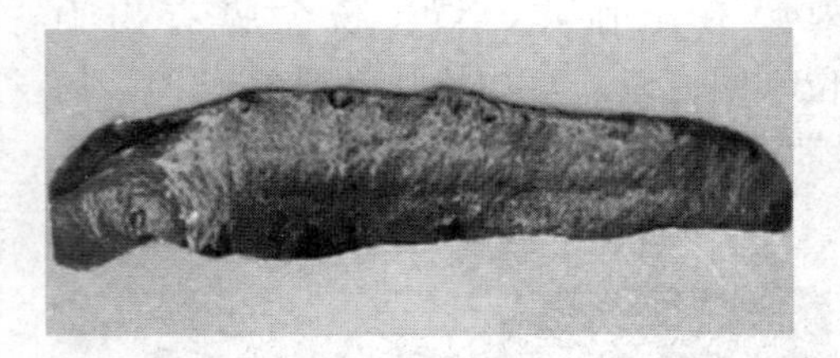

图1－37　患猪瘟病猪脾边缘有出血性梗死灶

图1－38　患猪瘟病猪胃黏膜出血

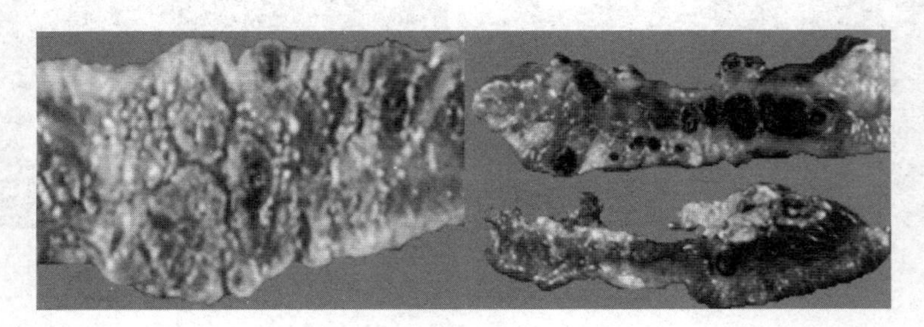

图1－39　患猪瘟病猪盲肠扣状肿

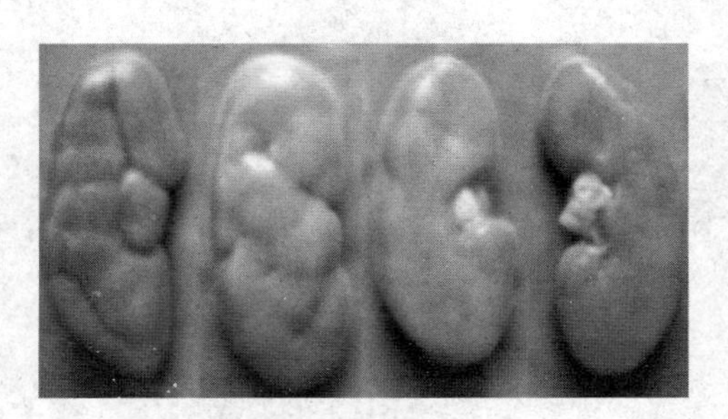

图1－40　患猪瘟母猪所产仔猪肾脏发育不良

3. 防制　采取以免疫注射为主的综合性防制措施。

（1）预防接种。有条件的地区（养猪小区、猪场），可采用猪瘟免疫监测手段，根据猪瘟抗体水平消长规律进行适时免疫。免疫效价监测方法可采用猪瘟间接血凝试验或酶联免疫吸附试验。没有条件进行抗体监测的地区（养猪小区、猪场），可根据本地区的养猪小区、猪场有无散发仔猪猪瘟发生，可采取两种免疫程序：①有散发仔猪猪瘟的养猪小区、猪场采用乳前免疫方法，仔猪在吃初乳前进行猪瘟疫苗免疫，每头仔猪注射1头剂。②在猪瘟防制工作较好无散发仔猪猪瘟的养猪小区、猪场，可以使用20日龄、60日龄分别免疫1次的免疫程序，留种用的后备母猪，6月龄时再注射1次。种猪群每年注射猪瘟疫苗2次（北京地区常在春、秋两季分别注射1次）。在免疫接种过程中，疫苗剂量要足、针头长短合适，不打“飞针”，确保免疫效果。

（2）检疫净化。养猪小区、猪场要定期对繁殖猪群采血监测，把带有猪瘟强毒抗体的猪和多次免疫抑制的猪淘汰，净化猪群，消除猪瘟发生的隐患。

（3）加强疫苗管理。要做到从主渠道购进疫苗。疫苗现稀释现用，注射免疫时要做到疫苗不离冰桶，桶不离冰，保证疫苗有效，严禁使用过期疫苗和失真空疫苗。

（4）避免传播。加强免疫时用的针头、针管及注射部位的消毒，减少人为造成疫病传播的因素。

（5）保证防疫密度。及时做好查漏补针，增加防疫密度，减少易感猪。

（6）紧急接种。发病养猪小区、猪场要采取紧急接种，并适当加大疫苗剂量，减少发病率，防止疫情继续扩大蔓延。

（7）加强养猪小区、猪场内外环境卫生消毒。每个月或每半个月全场环境大消毒1次，每半个月或每周对猪舍带猪消毒1次。养猪小区、猪场内消毒池应经常更换药液，保持消毒药液有效。消毒药选择：大环境消毒及消毒池可选用2%氢氧化钠溶液或0.3%过氧乙酸、次氯酸钠，带猪消毒则最好用次氯酸钠喷雾。

（8）加强饲养管理，提高猪只个体抗病能力。喂给猪只营养全价饲料，有条件的可在饲料中添加中草药。猪舍湿度恒定，保持舍内空气新鲜，卫生良好。

（9）坚持自繁自养，严控种猪引进。养猪小区、猪场要坚持自繁自养，严禁外购商品猪。必要引进种猪时，要进行隔离检疫观察1个月以上，猪瘟强毒抗体，呈阴性，猪瘟疫苗免疫接种后方可进场。

猪瘟目前无可靠有效治疗方法，发生疫情后应及时上报疫情，一经确诊，要严格执行《中华人民共和国动物防疫法》等相关规定进行无害化处理，防止疫病扩散。

（四）非洲猪瘟

非洲猪瘟是由非洲猪瘟病毒引起猪的一种急性、热性、高度接触性传染病。非洲猪瘟和普通猪瘟发病情况、临床症状基本相似，需要通过病原学鉴别诊断，被世界动物卫生组织（OIE）列为法定报告动物疫病，我国将其列为一类动物疫病，是重点防范的外来动物疫病。

1. 临床症状　非洲猪瘟病毒（ASFV）分为强毒力、中等毒力和低毒力等3种类型。强毒力毒株可引起最急性型和急性型，中等毒力毒株可引起亚急性型，低毒力毒株可引起慢性型。

潜伏期5～15d，病猪体温升高至40.5～42℃或更高。当体温下降时出现典型临床表现：皮肤黄染有大块的出血斑，从鼻孔里流出白色泡沫或出血，先腹泻后便秘，有时粪便带血。死亡率高达100%。

2. 病变 以实质器官出血为主要特点：脾肿大充血，切面外翻，淋巴结严重出血，肾表面有弥漫性的出血点，皮肤大面积充血（尤其是耳部），伴有肿胀。其中最急性型发病猪急性死亡，其内脏组织器官的肉眼病变不明显。急性型主要变化在血管和淋巴器官。脾充血性肿大，体积为正常的3～6倍，边缘为圆形，质地易碎，为黑紫色（图1-41a）；胃、肝和肾等部位的淋巴结出血、肿大，质地变脆（图1-41b），肾呈现大理石花斑（图1-41c）；肾皮质和肾盂通常出现瘀血点（图1-41d）。

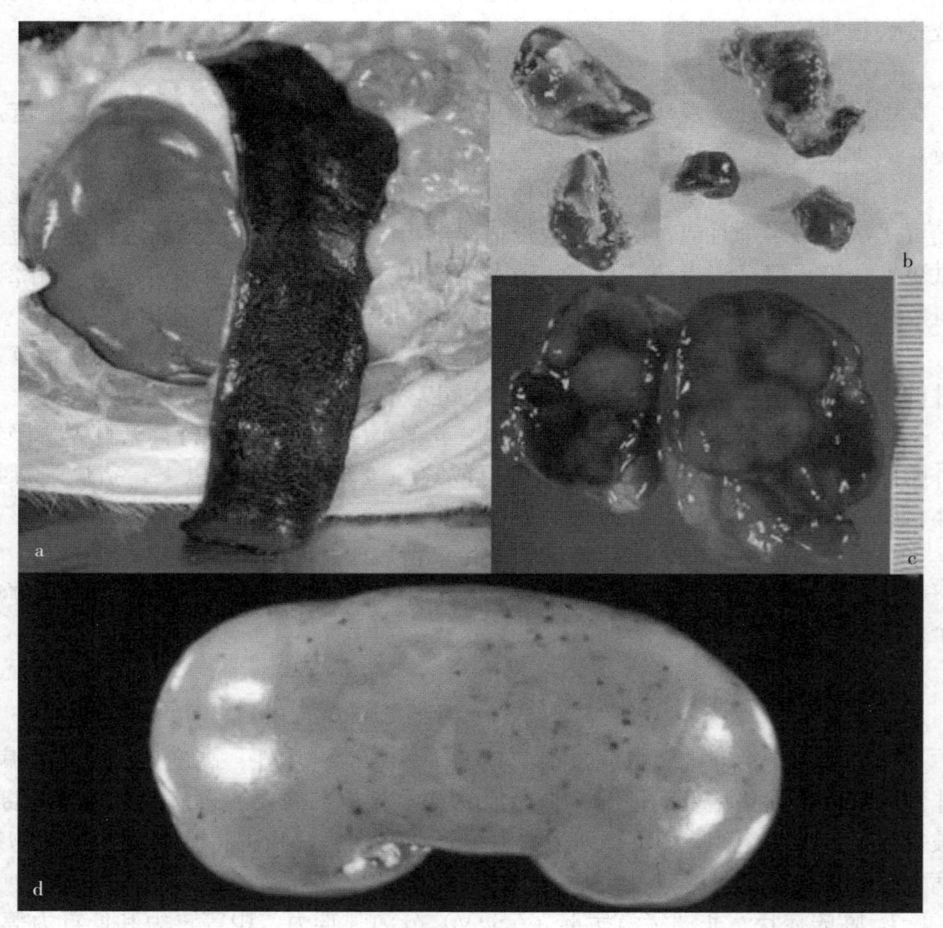

图1-41 急性型非洲猪瘟病理变化

a. 脾呈黑紫色 b. 淋巴结出血、肿大 c. 肾呈大理石花斑 d. 肾皮质、肾盂出现瘀血点

3. 防制 主要采取以预防为主的综合性防制措施。

猪场必须具备合理的猪舍布局，适宜的生物安全环境，猪优良品种，科学的饲养管理，全价营养的饲料，有条件可以在饲料中添加一些中草药从而提高猪只的抗病能力，做好环境卫生，定期消毒。消毒药可用2%氢氧化钠溶液、0.3%过氧乙酸或2%次氯酸钠等。

在吸血昆虫活动猖獗季节到来之前要及时进行灭蚊、灭钝缘软蜱虫等传播媒介，及时消灭传染源，切断传播途径，减少疫病的发生。

养猪场提倡自繁自养，禁止从疫区、疫场引进猪只，必要引种时要从非疫区、疫场引进，并要做好隔离检疫，经检验合格确实无本病方可进场。

目前暂无可靠有效治疗方法。发生疫情后应及时上报疫情，一经确诊，要严格执行《中华人民共和国动物防疫法》和《非洲猪瘟疫情应急实施方案（2020版）》等法律法规要求，进行扑杀，隔离、封锁无害化处理。迅速扑灭疫情，将损失降到最低。

二、二类疫病

（一）猪繁殖与呼吸综合征（高致病性蓝耳病）

猪繁殖与呼吸综合征（PRRS）是由病毒引起，导致妊娠母猪发生流产，仔猪、育肥猪发生间质性肺炎的一种高度接触性传染病。

1. 临床症状 本病与年龄、用途、饲养管理条件、猪只本身的抵抗力、病毒毒力强弱以及有无继发感染有关，初次暴发为急性型，暴发过后临床发病慢性化，出现亚临床和临床症状多样化的趋势。主要表现为妊娠后期母猪发生流产、早产，产死胎、弱胎、木乃伊胎；仔猪、育肥猪发生呼吸道症状。

潜伏期：自然感染2周以后出现症状；人工感染6日龄SPF仔猪，潜伏期为2d；人工感染妊娠母猪，潜伏期4～7d。

自然感染的猪群以妊娠后期母猪和哺乳仔猪症状最严重。妊娠母猪感染症状表现为精神沉郁、厌食、呼吸困难、体温升高（40～41℃）、昏睡，常在妊娠105～115d发生早产、流产、产死胎、产木乃伊胎、产弱胎。少数母猪无乳，胎衣不下，产下弱仔短时间内死亡。

新初生仔猪发病后，出现呼吸困难，运动障碍，1周以内死亡率35%以上。正产或早产的仔猪体弱、个小，有的四肢外展呈八字脚，有的腹泻、脱水，皮肤发红，脐带发紫，眼周围及臀部水肿，有1%～2%的病猪可出现蓝耳，幸存者抗应激能力差，生长慢，发病严重猪群仔猪断乳前死亡率可达50%～100%。

其他阶段育肥猪发病后，体温短暂升高，皮肤发绀，尤其在耳尖、胸腹下、腿内侧（图1-42）。一过性厌食和呼吸道症状，如无继发感染很快可以恢复。

种公猪发病后，一般体温不高，食欲稍减少，消瘦、性欲降低，精液品质下降。

后备母猪群发病后精神不好，食欲不振有轻微呼吸道症状，配不上种。

2. 病变 无特征性病变，主要是间质性肺炎的病理变化，肺间质增宽。部

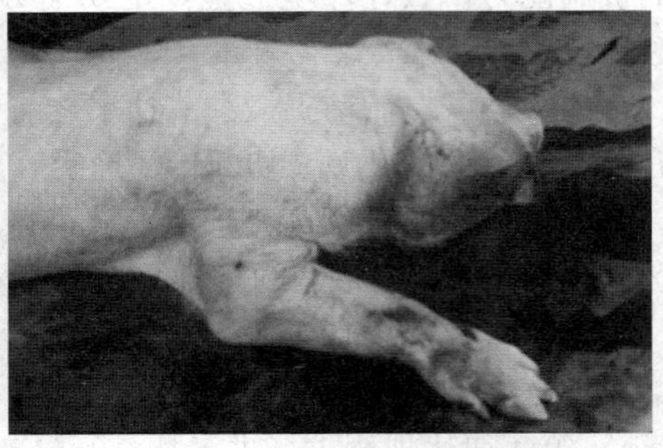

图 1-42　猪繁殖与呼吸综合征导致耳尖、耳边发绀

分病猪肺、腹腔内有大量黄色积液和纤维性渗出物，呈现多发性浆液纤维素性胸膜炎和腹膜炎；肺水肿，呈现斑驳状至褐色状大理石样病变。仔猪和育成猪常见有眼睑水肿、皮下水肿，体表淋巴结肿大，心包积液，肾皮质部点状出血，脾肿大且色泽为蓝紫色，肝轻微淤血，肠炎，母猪及仔猪有时肉眼可见四肢末端、耳尖、耳边不同程度发绀等病变。

3. 防制　目前本病暂无特效疗法，一般对症治疗可以防止继发感染（因该病是一种免疫抑制性疾病，病毒感染后可导致猪的免疫功能下降，容易继发细菌性疾病）。防制多采用综合性防制措施（加强饲养管理，搞好卫生消毒，做好疫苗免疫和药物预防等）。

（1）加强饲养管理，调整饲料配方，增加矿物质、维生素，做好能量及各种营养物质的平衡。

（2）改善猪舍内的通风和采光，减少猪群密度，实行仔猪早期断乳，减少母猪对仔猪感染传播。

（3）不同阶段的猪群要全进全出，圈舍内彻底清扫消毒，消毒药可选用0.3%～0.5%过氧乙酸或2%氢氧化钠等。

（4）在疫情期严禁引种，必要引种时也要到非疫区，并且隔离，检疫2～3个月确认无病毒感染时方可以进场。

（5）免疫接种采用高致病性蓝耳病（NVDC-JXA1株）灭活疫苗。

推荐免疫程序如下：

商品猪：3周龄及3周龄以上仔猪免疫接种，2mL/次（流行区在免疫接种3～4周后再接种1次，2mL/次）。

种母猪：配种前免疫接种，4mL/次。

种公猪：每6个月免疫接种1次，4mL/次。也可以根据当地的实际情况及疫苗的使用说明进行程序化免疫接种。

在做好高致病性蓝耳病免疫接种的同时，还要加强其他疫病的合理免疫，如猪瘟、伪狂犬病等疫苗免疫接种，做好猪瘟、伪狂犬病等主要疫病防控，防止并发和继发感染。

（6）发病的养猪小区、猪场，应严格进行封锁、隔离，对病死猪及时进行无害化处理。妊娠母猪分娩前可喂给小剂量阿司匹林，每头猪每天 8g 拌料连喂 1 周（小剂量的阿司匹林可稀释血液，能防止因出现血栓而造成的母猪流产）。

（二）猪细小病毒感染病

猪细小病毒病（PPI）是由猪细小病毒引起猪的繁殖障碍病。

1. 临床症状 初产母猪患病症状明显。根据感染时期不同，分别表现为不孕，流产，产死胎、木乃伊胎、弱胎等，幸存仔猪生长缓慢，长期带毒排毒。成年猪和其他不同阶段猪感染后，没有明显临床症状，但其体内很多组织与器官均有病毒存在。

2. 病变 妊娠母猪感染后未见明显病变，仅子宫内膜有轻微炎症。但流产胎儿可见全身充血、出血、水肿、畸形、木乃伊胎等病变。对胎儿进行组织学检查，可见大脑灰质、白质和软脑膜有增生后的外膜细胞、组织细胞和浆细胞浸润形成血管套，呈典型脑膜脑炎特征，并可见神经胶质细胞增生和变性。

3. 防制 目前尚无有效的药物治疗方法，主要靠综合性防制措施加以控制。

（1）养猪小区、猪场严格执行自繁自养，必要引种时要进行隔离检疫，严防将病猪购入。

（2）初产母猪于配种前一个月和半个月分别进行 1 次猪细小病毒弱毒疫苗免疫接种。

（3）猪细小病毒感染病流行地区将后备母猪配种时间严格控制在 10 月龄后。

（4）加强养猪小区、猪场内外环境消毒，2%氢氧化钠溶液和 0.5%漂白粉溶液消毒的效果最好。

（5）流产胎儿及污染物应做无害化处理。

（三）狂犬病

狂犬病（rabies）是由狂犬病病毒引起的人兽共患的急性传染病，《中华人民共和国动物防疫法》将其列为二类传染病，《中华人民共和国传染病防治法》规定其为乙类传染病。狂犬病病毒主要侵害中枢神经系统。

1. 临床症状 初期病猪表现为兴奋状态，追人咬物，四肢运动失调，无意识地咬牙、流涎、肌肉阵挛，尾巴下垂不能摇摆，食欲废绝，叫声嘶哑，反复用鼻掘地面。在发作间歇期间，常钻入垫草中，稍有声响一跃而起，无目的乱跑，最后因发生麻痹或因呼吸系统、循环系统衰竭死亡，病程 2～4d。

2. 病变 尸体无特异性变化，病猪尸体消瘦，有咬伤，裂伤。口腔黏膜充血，胃空或有异物。

经组织学检查，见有非化脓性脑炎变化（脑血管周围呈典型炎性细胞浸润，形成血管套）。在小脑和延脑的神经细胞的细胞质内出现嗜酸性包涵体（内基氏小体）。

3. 防制 本病目前暂无有效治疗方法。为防止猪感染狂犬病，养猪小区、猪场内禁止养狗，必要养狗时必须给狗定期接种狂犬病疫苗。另外，当发现场区外面游走的疯狗或流浪狗时，要及时进行扑杀。

被狗咬伤的猪，应保定好局部伤口，用生理盐水反复冲洗，尽量挤掉局部血液，再用生理盐水彻底冲洗干净，然后涂抹5%碘酊或碘伏溶液。最后，应注射狂犬病疫苗，连续7d每天注射1次，可以防止发病。

（四）猪伪狂犬病

猪伪狂犬病是由疱疹病毒科、阿尔发疱疹病毒亚科、猪疱疹病毒Ⅰ型引起多种动物共患的一种急性病毒性传染病。在临床上以中枢神经系统障碍为主要特征，常引起皮肤剧烈瘙痒，但发病猪只此项特征不明显。

1. 临床症状 哺乳仔猪和断乳猪症状最严重，体温升高，呼吸困难，流涎，呕吐，下痢，食欲不振，精神沉郁，肌肉震颤，步态不稳，四肢运动不协调，常做转圈和前、后运动，有时伴有癫痫及昏睡现象，在这些神经症状出现后1～2d内死亡，病死率100%。若发病后1周才出现神经症状，则有恢复希望，但会导致永久性失明，发育障碍等缺陷。

架子猪感染症状常为便秘，一般临床症状和神经症状较轻，病死率低，病程4～8d。

成年猪呈隐性感染，无明显临床症状，妊娠母猪发生死胎或流产，产下干胎（木乃伊胎）、发育不全胎、无毛或无脑畸形胎。

2. 病变 病死猪脑膜充血，水肿，鼻咽部充血；扁桃体、咽喉部淋巴结有坏死灶，肝、脾有灰白色坏死点。经组织学检查，发现有非化脓性脑膜炎及神经节炎。

3. 防制

（1）本病没有治疗价值。养猪小区、猪场发生可疑病猪，应马上送兽医诊室进行确诊，一经确诊立即扑杀病猪，并做好消毒灭源等综合性防制措施，防止疫情扩大。

（2）饲养种猪小区、猪场要定期搞好检疫净化工作。血清学检查呈阳性的猪应及时淘汰。建立无猪伪狂犬病的健康猪群。

（3）商品猪养殖小区、猪场原则上进行自繁自养。当必要引种时，要严格进行隔离检疫，猪伪狂犬病血清学检查阴性的猪，也应隔离1个月以上才可进场。

（4）养猪小区、猪场要定期灭鼠，防止鼠类传播伪狂犬病。另外应严禁在养猪小区和猪场养狗、养猫，并应防止野生动物侵入。

（5）有发病史的商品猪养猪小区、猪场，应对仔猪、母猪、种公猪进行猪伪狂犬病基因缺失疫苗免疫接种。种猪每 5～6 个月免疫注射 1 次，2mL/次；后备母猪、成年母猪配种前 1 个月和产前 1 个月接种 1 次，2mL/次。以后按种猪的免疫程序进行免疫。

（6）养猪小区、猪场应进行检疫净化工作。每半年抽血样做 1 次血清学鉴别检查，如发现伪狂犬病野毒感染猪群应及时淘汰处理。

（五）猪流行性感冒

猪流行性感冒（SI），又称猪流感，是猪的一种由正黏液病毒科 A 型流感病毒引起的特异性、急性呼吸道传染病。此病以突发咳嗽、呼吸困难、发热、衰竭及迅速康复为主要特征，除少数病例因严重病毒性肺炎死亡外，一般呼吸道的损伤发展快，转归也快。

1. 临床症状　潜伏期 1 周以内，病猪突然发病，体温升高到 40～41.5℃，食欲减退或不食，病猪咳嗽、呼吸困难，眼、鼻有分泌物排出，1 周左右即可以恢复。当猪群饲养管理不良时，常并发嗜血杆菌性胸膜肺炎，使病程延长并造成猪只死亡。

2. 病变　病猪主要表现为鼻、喉、气管、支气管黏膜充血，管腔内有多量泡沫状黏液，有时会混有少量血液，肺部病变严重时大面积充血、淤血，呈紫红色。病区肺膨胀不全，凹陷，其周围组织气肿，苍白。颈部、纵隔、肺门淋巴结水肿，充血，切面外翻多汁。胃肠呈卡他性炎症。

3. 防制

（1）疫苗免疫。目前已有猪流行性感冒免疫用的疫苗，疫苗免疫需要选择与当地流行株相符的疫苗给猪只注射。

（2）加强饲养管理。尤其在晚秋至来年初春季节，要注意天气变化，猪舍内要在防寒保暖的基础上，做好通风换气，保持猪舍内空气新鲜。坚持舍内外环境卫生消毒。在猪流行性感冒流行季节，猪舍内每 2 周用过氧乙酸带猪消毒 1 次（浓度 0.2%），也可用食醋消毒。

（3）做好外部生物安全措施。对人员、动物、鸟类和车辆进出猪场的情况进行控制。猪只购进的来源应选择有检验证明不携带病毒的猪群。应该在距离场区以及其他猪只 0.6km 以外的下风口处对新购入猪只进行隔离观察，确定其不携带猪流感病毒方可进场。

本病暂无特效疗法，对症治疗可以缓轻症状，防止继发感染。在饲料当中添加 2%～3%生姜也有一定预防作用。

（六）猪流行性乙型脑炎

流行性乙型脑炎（简称乙脑）是由日本脑炎病毒（JEV）引起的急性人兽共

患传染病。

1. 临床症状 该病人工感染潜伏期为3～4d。常突然发病，病初体温升至40～41℃，持续几天或十几天。病猪沉郁、昏睡、食欲不振、口渴、结膜充血、便秘，个别猪只后肢轻度麻痹，跛行，也有少数猪只会出现神经症状。妊娠母猪表现为流产，产死胎、畸形胎和木乃伊胎。公猪发生睾丸炎，睾丸肿大或萎缩，严重可造成性机能丧失。

2. 病变 流产胎儿的脑、脊髓腔内液体增加，脑血管充血，脑、脊髓膜充血；全身皮下水肿，胸腔、腹腔和心包积液，实质器官有小点出血。繁殖母猪子宫黏膜充血、出血，表面有黏稠的分泌物。公猪睾丸肿大，实质内充血、出血，有坏死灶。

3. 防制

（1）预防。①在蚊虫多的季节做好灭蚊工作，切断传播途径。药物可选择2.5%溴氰菊酯或氯氰菊酯，百倍稀释，用喷雾方法灭蚊（可以带猪喷洒但需要注意不可对猪直喷），滋生地、沟渠、粪池也可以用敌敌畏喷杀。②接种疫苗，在蚊蝇多的季节到来之前（一般为4—5月）接种乙型脑炎疫苗。

（2）治疗。发病后马上隔离病猪，做好护理。目前暂无特效疗法，对症治疗有一定的效果。

（七）猪链球菌病

猪链球菌病是一种人兽共患的急性、热性传染病，是由C、D、E及L群链球菌引起的猪的多种疾病的总称。

1. 临床症状 表现为急性出血性败血症、心内膜炎、脑膜炎、关节炎、哺乳仔猪下痢和孕猪流产等。猪链球菌感染不仅可以导致猪出现败血症肺炎、脑膜炎、关节炎及心内膜炎，而且可感染特定人群，并可致死亡，40日龄以前的仔猪常发生脑膜炎、败血症和关节炎，病猪体温升高，皮肤发红，共济失调、倒卧，四肢出现划水动作，全身肌肉震颤或强直，有时可见跛行；20日龄以前仔猪发病多因母猪带菌，通过母乳、阴道分泌物或破损皮肤和脐带感染，病猪关节肿大，跛行，发生心瓣膜炎，皮肤黏膜发绀。淋巴结炎多发生于断乳后育成猪和成年猪，临床可见颈部、颌下淋巴结肿大、坏死、化脓。如猪链球菌进入血液还可以引起其他部位或内脏脓肿。

2. 病变 由猪链球菌引起的急性败血型病猪病变表现为全身皮肤充血、出血，鼻黏膜呈紫红色，喉头、气管充血且常见大量泡沫，肺充血肿胀，全身淋巴结不同程度肿大、充血和出血，实质器官充血、出血；脑膜脑类型病猪病变表现为脑膜充血、出血，严重者溢血，少数脑膜下有积液，脑切面有明显的小点出血；关节炎型病猪病变表现为关节肿大，关节囊内有黄色胶冻样液体，关节周围组织纤维性增生，肥厚。

3. 防治

（1）预防。①加强饲养管理。全进全出，注意平时的卫生消毒，猪群密度合理，去除猪舍内一切易造成猪只外伤的尖锐物和凸起；注意临产母猪的体表卫生消毒，新生仔猪断脐、断犬齿、断尾以及仔猪去势等手术也要严格进行消毒。②疫苗免疫。受威胁猪群可以使用灭活疫苗和猪败血性链球菌病活疫苗免疫接种（方法与用量参照疫苗使用说明）。③药物预防。受威胁猪群可以用头孢菌素、青霉素等抗生素进行药物预防。

（2）治疗。发现病猪及早诊断并隔离治疗，选用高敏药物头孢菌素、青霉素G，每头猪按每1kg体重需2万～4万IU肌内注射，每天2次，连续注射5d。另外，也可以用万古霉素进行治疗（治疗剂量参照药物使用说明）。

（3）病死猪无害化处理。做好污染地的消毒工作，病死猪要做无害化处理，切勿食用，更不能卖给不法商贩，也不能到处乱扔，防止人为造成传播，危害社会。

（八）猪炭疽病

炭疽是由炭疽杆菌引起的人兽共患的急性、热性、败血性传染病。猪炭疽多为咽喉型，临床上病猪咽喉肿胀，呼吸困难。

1. 临床症状　患猪炭疽病的典型症状为咽喉型炭疽，咽喉部及其邻近淋巴组织显著肿胀，体温升高，精神沉郁，食欲减退，症状严重时，黏膜发绀，呼吸困难，最后窒息死亡；炭疽病转为慢性时，呈出血性、坏死性淋巴结炎。肠型炭疽，病猪发生便秘及腹泻，甚至粪中带血，病情重者死亡，病情轻者可以恢复。败血型炭疽极为少见。

2. 病变　炭疽病猪血液和各脏器组织内含有大量炭疽杆菌，暴露在空气中则形成芽孢，抵抗力很强，不易彻底消灭。因此，在一般情况下，对病畜禁止剖检；必要进行剖检时，需在专业剖检室内进行，剖检现场应做好消毒和人员防护工作。

炭疽病猪的血液凝固不良，天然孔出血，血液呈煤焦油样，脾高度肿大、切面外翻。咽部淋巴结肿胀、出血、坏死，切面发硬、发脆。病变肠管呈暗红色，肠内黏膜有坏死和溃疡。

3. 防制

在炭疽常发地区，应保持养猪小区、猪场内干燥，场内不积污水，平时加强对猪炭疽病的屠宰检疫。发病后要封锁疫点、病死猪和污染物一律火烧处理。被污染地面用20%漂白粉溶液或4%碘液消毒，饮用器具用10%热氢氧化钠水洗。养猪小区、猪场内假定健康猪和周围受威胁猪群均需注射Ⅱ号炭疽杆菌芽孢苗，每头猪皮下注射1mL，截至发病养猪场最后1头猪死亡或治愈后1个月，未发现新的病猪，经再次彻底消毒后方可以解除封锁，以后每年定期注射疫苗。

原则上不治疗，一经发现病猪按照相关的法律法规，做无害化处理。

（九）魏氏梭菌病（仔猪红痢）

仔猪红痢，亦称猪梭菌性肠炎，是由C型魏氏梭菌引起的急性传染病。临床特征多发生于1～3日龄乳猪，排红色粪便，肠黏膜坏死，病程短，死亡率高。

1. 临床症状 本病潜伏期很短，仔猪出生几小时就可发病。病猪精神沉郁，不会吃乳，走路摇晃，排红色黏液性粪便，很快死亡。有的未见“掉水膘”就死亡。病程一般不超过3d。病初体温上升至40～40.5℃，死亡前全身震颤、抽搐。

2. 病变 病死仔猪被毛干燥无光，膘情无明显减退，肛门被红色或红黑色粪便污染，腹腔有樱桃红色积液，空肠内、外肠壁都呈深红色，肠内容物是暗红色液体，肠黏膜与黏膜下层广泛出血，肠系膜淋巴结出血。病程稍长，以坏死性炎症为主，肠黏膜上附有灰黄色坏死性假膜，易剥离。肠浆膜面有小米粒大小的气泡。实质器官也有小点出血现象。

3. 防治

（1）预防。①加强环境卫生消毒工作，对妊娠临产母猪体表和产床做彻底消毒。②有本病发生史的养猪小区、猪场或地区，可以用菌苗免疫接种。方法：妊娠母猪于产前1个月和半个月分别接种注射仔猪红痢疫苗，每次剂量为5～10mL，仔猪通过初乳获得被动免疫。③仔猪在吃初乳前口服6万IU青霉素也有一定预防作用。

（2）治疗。对早期发病拉血便的仔猪，用青霉素、链霉素治疗有一定效果。

（十）猪布鲁氏菌病

猪布鲁氏菌病是由布鲁氏菌引起的人兽共患传染病。该病特征是侵害生殖器官，可引起母猪流产、不孕和公猪睾丸炎。

1. 临床症状 患本病的母猪多在妊娠3个月时发生流产、死胎、产后胎衣不下，乳房水肿，有的发生阴道炎、子宫炎造成不孕；公猪常发生双侧或单侧睾丸炎，睾丸肿大、疼痛，长期不愈可以造成睾丸萎缩，丧失配种能力；病猪也有发生后肢麻痹及跛行和短暂体温升高的症状，病猪很少死亡。

2. 病变 患病母猪产后子宫黏膜呈脓性卡他性炎症，并有大小不等米粒状的灰黄色结节。公猪最常见病变为睾丸附睾、前列腺等处脓肿。

3. 防制

（1）养猪小区、猪场提倡自繁自养，必要引种时做好布鲁氏菌病检疫，检疫阴性猪隔离1个月方可进场。

（2）养猪小区、猪场的繁殖猪群，每年定期进行布鲁氏菌病检疫，阳性猪一律淘汰。种公猪在配种前还要检疫1次，阴性猪才可以参加配种。

（3）布鲁氏菌病阴性种猪群，每年定期口服布鲁氏菌病猪型二号冻干菌2次进行预防，间隔 30～45d，每次剂量为 200 亿活菌。

（4）加强环境卫生消毒，减少病原菌感染的机会。消毒药可选用 1%～3%来苏儿水、2%甲醛、0.1%升汞等药物。

本病无治疗意义，发病后的病猪马上淘汰，并且要做好污染场舍、环境的消毒等工作。

第五节　生产面临的主要非疾病风险

一、自然灾害与意外事故风险

我国是自然灾害频发的国家。生猪生产可能面临的自然灾害有台风、龙卷风、暴雨、雷击、地震、洪水（政府行蓄洪除外）、冰雹等；意外事故有泥石流、山体滑坡、火灾、爆炸、建筑物倒塌、空中运行物体坠落等。如遇各类自然灾害或意外事故，轻者引起生猪应激不适，影响生产的发挥；严重时可损毁饲养设施设备，造成人畜安全隐患。

为此，应因地制宜，从猪舍建设、设备购维、饲料配制、生产管理等各环节创造有利条件，降低不良环境与极端气候等对生猪的影响，使之发挥出应有的生产潜力。

二、市场风险

市场风险是指因未来猪肉市场价格的不确定性对养殖户或养殖企业生产经营的不利影响。生猪价格围绕价值上下波动，供不应求时价格上涨，供过于求时价格下降。21 世纪以来，2000 年、2003 年、2006 年、2010 年、2014 年、2018 年均为生猪价格波动的周期低谷点。生猪市场价格的频繁波动，不但对居民日常生活产生影响，也影响了整个生猪产业的健康稳定发展。2013 年，在政府有关部门的大力推动和支持下，我国首次进行了生猪价格指数保险产品试办和制度实践。2014 年，中央一号文件明确提出“探索粮食、生猪等农产品目标价格保险试点”要求，中国生猪养殖保险逐渐形成由对自然风险的保障扩大到积极应对市场风险的新态势。

生猪价格受多种因素控制。

（一）生产因素

生产相对过剩和绝对过剩都可能对生猪价格造成影响。当生猪产品总量超出市场需求时可能产生产品相对过剩；生产结构不合理或者价格等因素也可能造成产品相对过剩；产品结构合理、价格适中，但因为消费需求得到满足，可能导致产品绝对过剩。

（二）市场因素

市场供大于求或供不应求，都会引起价格波动，进而反作用于养殖积极性。商家囤积，会造成价格上涨，为养殖者提供错误信号，补栏增加而导致下一年度的价格跳水，养殖者亏损。

（三）饲料价格及其他因素

饲料来源不稳定或饲料价格的不确定性是影响生猪价格风险的主要原因之一。市场经济优胜劣汰，为保障养猪业可持续发展，猪肉供应相对充足，企业需要计划严谨可行，管理到位，还应尽可能选用适用的技术、设备，如人工授精、隔离式早期断乳等，提高种猪繁殖力、仔猪成活率、商品猪出栏率等，增产降耗，提高抵御市场风险的能力。

采用人工授精，减少公猪饲养，减少猪病发生，实现增产增效。在自然交配的情况下，1头公猪配种负荷为1∶（25～30），每年母猪繁殖仔猪600～800头；而采用人工授精技术，1头公猪可负担150～300头母猪的配种任务，繁殖仔猪可达3 000～6 000头。对于优良的公猪，通过人工授精技术，减少公猪的饲养数量，从而减少养猪成本。

隔离式早期断乳是指在母猪初乳中的母源抗体逐渐消失、仔猪从初乳中获得的被动免疫力逐渐降低时给仔猪断乳，一般在仔猪10～18日龄，最晚21日龄时进行断乳；并把断乳仔猪转移到远离分娩舍的清净区（3km）——保育舍隔离饲养。因为实现1场2点（繁殖场、保育和育肥场）或3点（繁殖场、保育场、育肥场）异地隔离饲养，从一定程度上切断病原传播，减少疾病对仔猪的侵袭，提高仔猪成活率和生长速度，降低感染风险和用药量，提高养猪效益。

此外，养殖户应随时关注市场动向，准确判断市场预期，盈利时提留必要资金，以备亏损补歉。

另一方面，市场稳定需要政府宏观调控、政策扶持、技术服务支持等。

第六节　生猪保险相关技术要点

一、生猪保险概述

养猪业是关乎国计民生的重要产业，做好生猪保险是积极落实党中央、国务院稳定生猪生产，促进转型升级的重要金融举措。生猪生产是农业生产的重要组成部分，是农民收入的重要来源，猪肉也是我国城乡居民的主要副食品。发展生猪保险，是稳定生猪生产、妥善解决生猪问题诸多措施中的重要一环。

生猪保险以人工饲养的能繁母猪或育肥猪为保险标的，按照保险责任划分，主要包括传统生猪死亡保险和创新型生猪保险。传统生猪死亡保险主要保障生猪养殖的死亡损失风险；创新型生猪保险主要保障生猪养殖的市场风险，包括生猪价格保险、生猪养殖收入（收益）保险、生猪养殖饲料期货保险等。

2007年，《国务院关于促进生猪生产发展稳定市场供应的意见》明确“今后要在总结能繁母猪保险工作的基础上，逐步开展生猪保险，并建立保险与补贴相结合的制度”。同年，财政部印发《能繁母猪保险保费补贴管理暂行办法》，首次明确对省级财政部门组织有关农业保险经营机构开展的能繁母猪保险业务，按照保费的一定比例，为投保的养猪户提供直接补贴。目前，按照2016年《中央财政农业保险保险费补贴管理办法》，财政部对中央财政补贴型能繁母猪保险、中央财政补贴型育肥猪保险均提供保费补贴，补贴比例为在省级及省级以下财政至少补贴30%的基础上，中央财政对中西部地区补贴50%，对东部地区补贴40%，对中央单位补贴80%。

2019年，我国生猪保险保费收入112.79亿元，承保生猪4.12亿头，提供风险保障2 547亿元，为约790万户次农户支付保险赔款144亿元。生猪保险的开展，降低了生猪养殖者损失，提高了其养殖积极性，促进了生猪生产发展，对稳定猪肉市场供应作出了积极贡献，得到了各级政府、广大养殖户和社会各界的认同和赞誉。

二、生猪保险主要产品简介

按照补贴类型划分，生猪保险主要包括中央财政补贴型保险、地方财政补贴型生猪保险和商业型生猪保险。按照保险责任划分，生猪保险主要包括传统生猪死亡保险和创新型生猪保险。

（一）传统生猪死亡保险

传统生猪死亡保险主要保障生猪养殖的死亡损失风险，如中央财政补贴型能繁母猪养殖保险和中央财政补贴型育肥猪养殖保险。2015年，中国保险监督管理委员会、财政部、农业部联合下发《关于进一步完善中央财政保费补贴型农业保险产品条款拟订工作的通知》（保监发〔2015〕25号）中明确，中央财政保费补贴型养殖业保险主险的保险责任包括（但不限于）主要疾病和疫病、自然灾害［暴雨、洪水（政府行蓄洪除外）、风灾、雷击、地震、冰雹、冻灾］、意外事故（泥石流、山体滑坡、火灾、爆炸、建筑物倒塌、空中运行物体坠落）、政府扑杀等。当发生高传染性疫病政府实施强制扑杀时，保险公司应对投保农户进行赔偿，并可从赔偿金额中扣减政府扑杀专项补贴金额。

（二）创新型生猪保险

创新型生猪保险主要保障生猪养殖的市场风险，包括生猪价格保险、生猪养殖收入（收益）保险、生猪养殖饲料期货保险等。从产品保障内容来看，生猪价格保险是以生猪作为保险保障客体，以生猪价格波动带来养殖收入损失为保险责任，重点保障养殖户因生猪市场价格下跌遭遇市场风险的损失，是相较于传统生猪死亡保险的一种创新型保险产品。目前，主要包括以“猪粮比”为赔付触发条件的生猪价格指数保险、以出栏价格为赔付触发条件的出栏价格保险、以养殖收入（收益）损失为赔付触发条件的生猪收入（收益）保险产品等，同时还创新开发了猪饲料期货价格保险。

1. 生猪价格指数保险 2013年我国第一款生猪价格指数保险诞生，并在全国试点推广实施。与美国生猪价格保险不同，由于国内没有生猪期货交易市场，生猪价格指数保险开办之初国内多以“猪粮比”替代生猪期货价格作为赔偿触发条件，制定产品保险责任和赔偿办法。“猪粮比”是生猪价格和作为生猪主要饲料的玉米价格的比值。一般来说，“猪粮比”不低于5.5∶1（生猪养殖盈亏平衡点），为提高对养殖户的保障，市场保险产品“猪粮比”多以6∶1为赔付触发点。生猪价格指数保险以国家发展改革委公布的全国“猪粮比”为参照系。根据保险合同，该产品的保险期间一般为12个月，通常以“猪粮比”6∶1为赔付触发点，当保险期间结束后，如果保单年度平均“猪粮比”低于6∶1时，保险公司按照差额进行赔偿，其中保单年度猪粮比平均值＝保险期间内发布的猪粮比之和/发布次数。

2. 生猪出栏价格保险 由于“猪粮比”概念相对晦涩，对普通养殖户宣传解释较难，且“猪粮比”波动幅度较大，尤其当生猪价格攀升时，较难事前约定合适的赔付触发猪粮比值。为此，市场也逐步开发了以“出栏价格”为赔付触发条件的生猪价格保险，并进行了试办。该产品保险责任主要为：在保险期间，当市场价格波动造成保险育肥猪的约定期间平均出栏价格低于保险价格时，视为保险事故发生，保险人按照保险合同约定负责赔偿。保险出栏价格一般参照当地前3年育肥猪出栏价格平均值确定。在进行赔偿处理时，保险人将保险价格和约定期间平均出栏价格的差值乘以保险重量后进行赔付。

3. 生猪收入（收益）保险 除了通过“猪粮比”和“出栏价格”为赔付触发条件对生猪价格进行保障外，在生猪价格保险试办中，越来越多的区域还建立价格和生猪出栏重量之间的关系，通过生猪收入（收益）保险为养殖户生猪养殖收入（收益）损失进行赔付。该产品保险责任主要为：在保险期间内，由于市场价格波动或保险育肥猪死亡造成保险育肥猪的销售收入低于约定的预期收益（保险金额）时，视为保险事故发生，保险人按照本合同约定负责赔偿。在进行赔偿处理时，与生猪出栏价格类似，保险人将保险价格和约定期间平均出栏价格的差值乘以保险重量后进行赔付。

4. 生猪饲料期货价格保险 玉米、豆粕是生猪饲料的主要原料。近两年，由于非洲猪瘟、贸易摩擦、天气灾害等多空因素交织，猪饲料的主要成分玉米、豆粕期货价格波动剧烈，一定程度上导致了养殖户难以控制饲料成本，经营风险较大。为此，市场也试办了以玉米、豆粕为标的的生猪饲料期货价格保险。当保险期间内猪饲料价格上涨，玉米、豆粕期货合约约定收盘价高于目标成本价时，保险公司按照约定赔付养殖户，保障养殖户实现饲料成本“涨价不减收”，为养殖户提供了全方位的生产收益保障。

三、生猪保险承保理赔技术要点

（一）能繁母猪保险

1. 承保条件　在设计保险条款和承保能繁母猪时，应从以下几个方面考虑养殖场是否具备投保条件：

（1）规模化养殖场条件。能繁母猪存栏量50头以上（含）；管理制度健全，饲养圈舍卫生，能够保证饲养质量；饲养场所在当地洪水水位线以上的非蓄洪、行洪区。

（2）品种的稳定性。一般规定投保的能繁母猪品种必须在当地饲养1年以上（含）。

（3）畜龄。根据能繁母猪的生产规律，一般规定投保时能繁母猪应在8月龄以上（含）4周岁以下（不含）。

（4）能繁母猪条件。能繁母猪需经畜牧兽医部门验明无伤残，无相关疾病，营养良好，饲养管理正常；按所在地县级畜牧防疫部门审定的免疫程序接种并有记录，且必须按规定佩戴能识别身份的统一标识。

2. 保险责任和责任免除　能繁母猪保险中常见的保险责任有：

（1）自然灾害和意外事故。如火灾、爆炸、雷击、暴雨、洪水（政府行蓄洪除外）、风灾、冰雹、地震、冻灾、山体滑坡、泥石流、建筑物倒塌、空中运行物体坠落。

（2）疾病、疫病。包括但不限于：非洲猪瘟、猪丹毒、猪肺疫、猪水疱病、猪链球菌、猪乙型脑炎、附红细胞体病、伪狂犬病、猪细小病毒、猪传染性萎缩性鼻炎、猪支原体肺炎、旋毛虫病、猪囊尾蚴病、猪副伤寒、猪圆环病毒病、猪传染性胃肠炎、猪魏氏梭菌病、口蹄疫、猪瘟、高致病性猪蓝耳病、强制免疫副反应等。

此外，在发生上述列明的高传染性疫病时，政府实施强制扑杀导致保险母猪死亡的一般也被列为保险责任，由保险人负责赔偿，但赔偿金额以保险金额扣减政府扑杀专项补贴金额的差额为限。

一般常见的除外责任包括：

（1）对于投保人及其家庭成员、被保险人及其家庭成员、投保人或被保险人雇用人员的故意行为、管理不善，除政府对保险责任所列高传染性疫病强制扑杀外的其他行政行为或司法行为，以及其他不属于本保险责任范围内的损失、费用，保险人不负责赔偿。

（2）在疾病观察期内因患有保险责任范围内的疾病而死亡以及运输过程中的自然灾害、意外事故导致保险母猪的死亡，保险人不负责赔偿。

3. 保险期间　能繁母猪保险的保险期间一般为1年。

4. 保险金额　每头猪保险金额按照能繁母猪生理价值（包括购买价格和饲养成本）的一定比例（一般为七成）确定，并且不超过当地能繁母猪的市场价格。目前，各省中央财政补贴型能繁母猪保险的每头保险金额一般为1 500元。

5. 保险费率　目前各省中央财政补贴型能繁母猪保险费率一般为6%左右。

6. 保险数量　根据投保时能繁母猪实际存栏数量来确定，并以保险单载明为准。

7. 赔偿处理　能繁母猪保险必须坚持现场查勘到位原则、无害化处理到位原则、赔款发放到户原则。将佩戴能识别身份的统一标识作为能繁母猪赔付的先决条件，没有佩戴有效标识的一律不予赔付。

赔偿金额＝死亡数量×每头保险金额

在发生政府对保险责任所列高传染性疫病强制扑杀时，赔偿金额计算如下：

赔偿金额＝死亡数量×（每头保险金额－每头母猪政府扑杀专项补贴金额）

（二）育肥猪保险

1. 承保条件　承保条件的选择也应从养殖场、品种和投保猪只等方面进行考虑。

（1）规模化养殖场条件。取得动物防疫合格证或当地政府主管部门提供允许饲养并投保的相关证明材料的猪场的育肥猪单独投保，其他场（户）的育肥猪可以村或居民小组，或以合作社，或以联户（不少于10户，或总存栏不少于300头）为单位统一投保；管理制度健全，饲养圈舍卫生，能够保证饲养质量；饲养场所在当地洪水水位线以上的非蓄洪、行洪区。

（2）品种的稳定性。投保猪只品种必须在当地饲养1年以上。

（3）畜龄。投保时育肥猪体重一般在20kg（含）以上[30日龄（含）以上、或体长在50cm（含）以上]。

（4）育肥猪条件。育肥猪经畜牧兽医部门验明无伤残，无相关疾病，营养良好，饲养管理正常；按所在地县级畜牧防疫部门审定的免疫程序接种并有记录。

2. 保险责任和责任免除　育肥猪保险责任与能繁母猪保险责任相似，包括：

（1）自然灾害和意外事故。如火灾、爆炸、雷击、暴雨、洪水（政府行蓄洪除外）、风灾、冰雹、地震、冻灾、山体滑坡、泥石流、建筑物倒塌、空中运行物体坠落。

（2）疾病、疫病。包括但不限于：非洲猪瘟、猪丹毒、猪肺疫、猪水疱病、猪链球菌、猪乙型脑炎、附红细胞体病、伪狂犬病、猪细小病毒、猪传染性萎缩性鼻炎、猪支原体肺炎、旋毛虫病、猪囊尾蚴病、猪副伤寒、猪圆环病毒病、猪传染性胃肠炎、猪魏氏梭菌病、口蹄疫、猪瘟、高致病性猪蓝耳病、强制免疫副反应等。

此外，一般在发生上述列明的高传染性疫病，政府实施强制扑杀导致保险育肥猪死亡的一般也被列为保险责任，由保险人负责赔偿，但赔偿金额以保险金额扣减政府扑杀专项补贴金额的差额为限。

育肥猪保险中常见的除外责任包括：

（1）对于投保人及其家庭成员、被保险人及其家庭成员、投保人或被保险人雇用人员的故意行为、管理不善，除政府对保险责任所列高传染性疫病强制扑杀外的其他行政行为或司法行为，以及其他不属于本保险责任范围内的损失、费用，保险人不负责赔偿。

（2）在疾病观察期内因患有保险责任范围内的疾病而死亡以及运输过程中的自然灾害、意外事故导致保险育肥猪的死亡，保险人不负责赔偿。

3. 保险期间　与能繁母猪相比，育肥猪的饲养周期较短，因此一般保险责任期间是从保险期间开始之日起到保险猪只出栏时为止，最长不超过6个月；如果按1年累计出栏数投保的，保险期间可以为1年，但要做好出栏数量的统计。通常还规定一个疾病观察期，一般是从保险期间开始之日起15d内。

4. 保险金额　每头猪的保险金额按照育肥猪生理价值（包括购买价格和饲养成本）的一定比例（一般为七成）确定，并且不超过当地育肥猪的市场价格。目前，中央财政补贴型育肥猪保险的每头保险金额一般800元。

5. 保险费率　目前各省中央财政补贴型育肥猪保险费率一般为5%～6%。

6. 保险数量　育肥猪按批次投保的，保险数量参照投保时每批次的实际存栏数量确定，以最高不超过按照0.8m^2/头计算的圈舍承载能力为限，由投保人与保险人协商确定，并在保险单中载明。

育肥猪按年投保的，保险数量按1年累计出栏数量确定。对于非自繁自育的养殖场（户），应参照年度养殖计划和圈舍承载能力，按不低于投保日育肥猪实际存栏数量的2.4（年投保批次数）倍确定保险数量，或参照上一年度育肥猪的出栏数量确定保险数量；对于自繁自育的养殖场（户），应参照投保养殖场的年度养殖计划、存栏能繁母猪数量及实际养殖水平，按照当年养殖的能繁母猪与育肥猪1∶24的比例确定育肥猪保险数量；高于此比例的按照实际存（出）栏数量投保，由投保人与保险人协商确定保险数量。保险数量、年投保批次需在保险单中载明。

保险承办机构可与县级（含）以上财政及畜牧等部门协调确定保险育肥猪的投保数据预定标准和年度承保数量的回溯机制，具体保险数量由投保人与保险人协商确定，并在保险单中载明。在保险期间结束后，及时进行保险数量回溯。

7. 赔偿处理　育肥猪保险必须坚持现场查勘到位原则、无害化处理到位原则、赔款发放到户原则。具体赔偿处理方式可按照尸重或尸长对应不同赔偿比例进行测算。

①按尸重确定赔偿方式：

每头赔偿金额＝每头保险金额×不同尸重范围每头保险育肥猪赔偿比例

$$赔偿金额 = \sum 每头赔偿金额$$

②按尸长确定赔偿方式：

每头赔偿金额＝每头保险金额×不同尸长范围每头保险育肥猪赔偿比例

$$赔偿金额 = \sum 每头赔偿金额$$

（三）生猪价格指数保险

1. 承保条件　与能繁母猪保险或育肥猪保险相同。

2. 保险责任和责任免除　在保险期间内，由于市场价格波动造成保险生猪的出栏当期猪粮比平均值低于保险约定猪粮比时，视为保险事故发生，保险人按照本保险合同的约定负责赔偿。

当期猪粮比平均值＝当期发布的猪粮比之和/发布次数

生猪价格指数保险中常见的除外责任包括：

（1）对生猪实施价格管制的行政行为或司法行为造成的损失；战争、军事行动或暴乱造成的损失。

（2）任何原因导致保险生猪死亡产生的损失、费用。

3. 保险期间　一般保险期间为1年，但可以约定具体的赔偿周期，如保险责任期间从约定赔偿周期起始月月初之日始至约定赔偿周期终止月月底之日止。具体由投保人与保险人协商确定，并在保险单中载明，但不得超出保险单载明的保险期间范围。

4. 保险金额　保险金额＝约定猪粮比×约定玉米批发价格×约定单猪平均重量×保险数量

一般约定玉米批发价格根据保险单载明的猪粮比数据发布部门发布的上一自然年度当地玉米平均批发价格的一定比例，由投保人与保险人协商确定；约定单猪平均重量不得超过110kg；保险数量按照保险生猪年出栏数确定，且最高不超过投保时实际存栏数量的2.5倍。

5. 保险费率　一般为5％～6％。

6. 保险数量　与育肥猪保险数量相同。

7. 赔偿处理

约定赔偿周期赔偿金额＝［约定猪粮比－约定期间猪粮比平均值］×约定玉米批发价格×约定单猪平均重量×约定赔偿周期实际出栏数量

$$赔偿金额 = \sum 约定赔偿周期赔偿金额$$

保险生猪在保险期间发生多次保险事故的，累计赔偿金额以保险金额为限。

第二章　奶牛养殖技术与保险

牛奶中含有几乎人体所需要的全部营养成分且容易被人体消化吸收。在日常生活中，越来越多人开始饮用牛奶，为了宣传牛奶的营养价值并鼓励人们多喝牛奶，1961 年 5 月，国际奶业联合会决定将每年 5 月的第 3 个星期二定为“国际牛奶日”。我国每年也开展相关活动宣传牛奶的营养价值。

我国饲养的乳牛品种中数量最多、分布最广的是荷斯坦牛。该牛原名称为中国黑白花牛，1992 年农业部正式命名为中国荷斯坦牛。根据国家奶牛产业技术体系的调研，2018 年我国存栏 100 头以上的规模奶牛养殖场奶牛存栏在450 万～500 万头，主要分布在河北、内蒙古、黑龙江、山东、宁夏、山西、辽宁、河南、陕西、新疆。中国荷斯坦牛现已遍布全国，多集中在大型城市的郊区和牧区的大型农牧场内。我国饲养荷斯坦牛数量最多的是黑龙江省，总数超过 100 万头。我国除饲养荷斯坦牛外，在华南地区（主要是广东）存栏少量的娟姗牛，在农牧交错带饲养一定数量的西门塔尔牛及其改良牛的后代，还有我国培育的新疆褐牛、三河牛、中国草原红牛。

我国畜牧业占农业总产值的比例为 32%左右，养牛业占畜牧业产值的比例为 5%～8%。大力发展养牛业，可以迅速提高我国畜牧业产值占农业总产值的比例。

第一节　生理特性及主要品种

一、生理特性

奶牛的生理特性按照年龄段划分主要分为犊牛期与成年牛期，成年牛的生产周期包括泌乳期和干乳期。泌乳期可分为泌乳初期、泌乳盛期和泌乳中后期；干乳期分为干乳前期和干乳后期。在每个阶段，奶牛的生理状况不同。

（一）犊牛期

随着母牛的分娩，腹内的胎儿离开母体，初生犊牛的环境条件发生大转折。犊牛初生时，抗体（大分子蛋白质）经过消化道可以通过其小肠壁进入血液，犊牛对抗体的吸收率平均为 20%，但变化范围为 6%～45%。抗体的吸收率在出生后 2～3h 急剧下降，初生 24h 后犊牛无法吸收完整的抗体（肠封闭）。新生牛的组织器官，尤其是瘤胃、网胃和重瓣胃发育很不完全，只能靠皱胃消化食物；对外界环境的适应力差；胃肠空虚，缺乏分泌反射，蛋白酶和凝乳酶不活跃，真胃和肠壁上无黏液；皮肤保护机能较差，神经系统不健全，易受外界影响发生疾病，甚至死亡。初生犊牛由于生存环境发生突变，自身体温调节机能虽已完成，但对外界气温抵抗力（寒冷）还很弱，临界温度是15℃。

（二）泌乳期

1. 泌乳初期 母牛产后的2～3周，由于刚刚分娩，气血两亏，产道有一定程度的损伤；生殖道没有复原，恶露尚未排净，乳房又有不同程度的水肿，机体衰弱，抵抗力下降，食欲不佳。

2. 泌乳盛期 此期乳房水肿消退，体质恢复，产乳量逐渐增加，在产后40d左右泌乳达到高峰，而母牛的最大采食量往往出现在产后80～100d。该时期，机体代谢率高，入不敷出，多数母牛掉膘严重，有的可减重40～50kg。为确保牛体健康，要加强干乳期的饲养管理，使体内多蓄积营养，并引导其多采食精饲料，为产后大量采食精饲料在生理上做准备。

3. 泌乳中后期 多数乳牛的泌乳中后期出现在第4个泌乳月之后，此时母牛采食量已达到高峰，泌乳量在逐渐减少。若体况膘度正常，可采用常规饲养法，即青、粗、辅料满足乳牛的维持需要，混合精料满足乳牛的泌乳需要，实施按乳给料。若前期机体消耗很多，膘情体况不佳，可在常规饲养的基础上再增加混合精料，以恢复体况并提供母牛妊娠的营养需要。

（三）干乳期

干乳期一般为2个月，最少不少于45d，最多不宜超过75d。干乳期分干乳前期和干乳后期。自停乳至泌乳活动完全停止，乳房恢复松软正常为干乳前期，一般为1～2周，此期的饲养原则是在满足于乳牛营养的前提下尽早停止泌乳活动。为此，饲料应以青粗料为主，少喂精料，停喂多汁料及糟渣类辅料。限制饮水，延长运动时间，减少挤乳次数，改变挤乳时间，使乳量逐渐减少，以利干乳。干乳前期结束到下一次分娩为干乳后期，此期要求母牛适当增重，到临产前达到中上等膘情，健壮而不过肥。

二、生长阶段

奶牛生产全过程是指从犊牛（0～6月龄）到成母牛，从交配开始，经过妊娠、产犊，直到再次交配；奶牛是单胎动物，平均妊娠期为285d，平均使用胎次为3～4胎，平均日产乳量可达30kg。1头牛的自然寿命约为20年，但反复地产犊与产乳的奶牛寿命只有6～7年。

（一）犊牛期

犊牛是指出生后至6月龄的小牛。犊牛的饲养管理工作是养好奶牛的开始，犊牛培育是奶牛场饲养管理工作的组成部分，作为培育高产奶牛的基础，犊牛的生长发育对将来成年奶牛的产乳量有很大影响。犊牛饲养的最终目标是培育有发展潜力的育成母牛，确保在不发生难产的情况下尽早初产，形成生产能力，大大降低成本，并且可利用周期长，可获得更多的利润。

犊牛期的生长发育特点：这是奶牛一生中生长发育最快、最易患病死亡的阶段。犊牛在这一时期的消化机能还不完善，对外界适应能力差，且营养来源从血液、乳汁到草料，变化很大。犊牛的发育又与以后奶牛体型，采食粗饲料的能力以及成年后的产乳水平和繁殖性能密切相关，犊牛生长发育速度很快，增重部分主要是蛋白质，但其中水分含量较大，所以每单位增重所需营养物质较少，合理饲养犊牛，可以保证犊牛达到500～900g的日增重。

（二）后备期

后备奶牛是指从犊牛出生到初次产犊前的奶牛。后备奶牛生长发育快速，是奶牛场主要的后备力量，也是实现牛只扩群以及生产潜力提高的前提，其品质的优劣与整个牛群的生产水平密切相关。培育高产奶牛是奶牛场长期不断追求的目标之一，后备母牛要经历迅速增长、性成熟、初配、初孕等不同阶段，是完成生长发育的重要阶段。在这个阶段，育成牛如营养不良或饲养失误，将会给牛群改良与牛群的正常转群造成很大的损失。

此期的生长发育特点：主要体现在体重、体型的变化，消化机能的增强，繁殖机能的变化和乳腺的发育等方面。研究表明，荷斯坦后备奶牛生长发育具有不平衡性。后备奶牛的生长强度以犊牛期为最大，该时期的犊牛体型表现为头大、体高、四肢长，尤其后肢更长；育成牛和青年牛阶段生长强度虽然没有犊牛期强烈，但此阶段是后备牛体躯变深变宽、体重增重、体格发育健壮的重要时期。

（三）围产期

围产期是指奶牛临产前15d到产后15d这段时期，也可适当缩短或延长1周。按传统的划分方法，临产前15d属于干乳期，产后15d属于泌乳早期。之所以在饲养管理上将围产期单独划分出来，是由于此期饲养管理的特殊性及重要性。奶牛的围产期是一个多事之秋，奶牛围产期疾病属多因子病，既有生理变化、遗传方面的因素，又有饲养管理及环境卫生等原因。围产期饲养管理的好坏直接关系到犊牛的分娩状况、母体的健康及产后生产性能的发挥和繁殖表现。因此，在围产期除应注意干乳期和泌乳早期一般的饲养管理原则下，还应做好一些特殊的工作，如预产期前15d将牛提前转入产房；临产前母牛往往伴随乳房膨胀、水肿等，情节严重可减少糟粕料的供给；日粮中适当补充维生素A、维生素D、维生素E等微量元素，有助于产后子宫修复。

围产期的生长发育特点是：能量由正平衡迅速变成负平衡，由不产乳到产乳，由妊娠到空怀，生理机能被打乱。围产期的任务是保证奶牛母子平安，减少疾病。

（四）妊娠期

妊娠期是从受精卵的形成开始到分娩为止。母牛的妊娠期从最后一次受配之日起，平均为285d。母牛妊娠的前3个月称为妊娠前期，此时胎儿的体积不大，主要考虑母体的生长发育即可，不需要过多的补充营养，饲料主要由优质青粗饲料搭配少许精饲料组成，精粗饲料比为1∶4，保证母牛的膘情为中上等即可。

（五）泌乳期

对泌乳牛的饲养管理是一项细致的工作，应根据不同个体的特点、习性、泌乳阶段进行饲养与管理。饲料的选择尽量多种多样，按奶牛饲养标准要求合理配合日粮，保证营养供给，奶牛的日粮组成不应突然改变，应逐渐变换，以免引起消化道疾病。此外，不能用有特殊气味的饲料饲喂奶牛以免使牛奶出现不良气味。

泌乳期的生长发育特点是：①泌乳初期：母牛处于恢复状态阶段，应及时补水，促进代谢物排出。②泌乳盛期：能量负平衡，产乳达高峰，体重下降到低谷。此时的任务是减少疾病，保证健康，夺取高产，抓好配种。③泌乳中期：能量平衡，日粮干物质摄入达高峰，乳量下降，体重渐恢复。此时的任务是抓乳保胎。④泌乳后期：能量正平衡，乳量下降，体重增加。此时的任务是恢复体质，促进胎儿发育。

（六）干乳期

干乳期是指奶牛在分娩前停止产乳的过程。目的使母牛利用较短的时间安全地停止泌乳，使胎儿得到充分发育，正常分娩；使母牛保持身体健康，并有适当增重，储备一定量的营养物质以供产犊后泌乳之用；使母牛保持一定的食欲和消化能力，为产后大量采食做准备；使母牛乳房得到休息和恢复，为产后泌乳做好准备。根据干乳牛的生理特点和干乳期饲养目标将干乳期的饲养分为两个阶段，即干乳前期的饲养和干乳后期的饲养。干乳牛宜从泌乳牛群分出，单独饲养，日粮以青粗饲料为主。

干乳期生长发育特点是：能量正平衡，不产乳，体重增加。此时的任务是干乳保胎，防止过肥，为下一个泌乳期做准备。

三、主要品种

（一）乳用牛主要品种

乳用品种牛是经过高度选育繁殖的优良品种，产乳量很高，世界上乳用品种牛近百个，其中荷斯坦牛是最好的乳用牛品种。

1. 荷斯坦牛　荷斯坦牛（Holstein）也称荷斯坦-弗里生牛或荷兰牛，原产于荷兰，在欧洲称为弗里生牛（图 2-1）。荷斯坦牛风土驯化能力强，世界大多数国家均能饲养。经各国长期的驯化及系统选育，育成了各具特征的荷斯坦牛，并冠以各国的国名，如美国荷斯坦牛、加拿大荷斯坦牛、中国荷斯坦牛等。近一个世纪以来，由于各国对荷斯坦牛的选育方向不同，分别育成了以美国、加拿大、以色列等国为代表的乳用型和以荷兰、丹麦、挪威等欧洲国家为代表的乳、肉兼用型两大类型。

图 2-1　荷斯坦牛

（1）体型外貌。体格高大，结构匀称，皮薄骨细，皮下脂肪少，乳房特别庞大，乳静脉明显，后躯较前躯发达，侧望呈楔形，具有典型的乳用型外貌。被毛细短，毛色呈黑白花或红白花，界线分明，额部有白星、四肢下部（腕、关节以下）及尾为白色。成年公牛体高 145cm，体重 900～1 200kg；成年母牛体高 135cm，体重 650～750kg；犊牛初生重 40～50kg。

（2）生产性能。乳用型荷斯坦牛的产乳量为各乳牛品种之冠。美国 2000 年登记的荷斯坦牛平均产乳量达 9 777kg，乳脂率为 3.66%、乳蛋白率为 3.23%。创世界个体年产乳量最高纪录者，是美国一头名叫“Muranda Oscar Lucinda-ET”的牛，于 1997 年 365d 每天 2 次挤乳，产乳量高达 30 833kg。创终身产乳量最高纪录的是美国加利福尼亚州的一头乳牛，在泌乳的 4 796d 内共产乳 189 000kg。荷斯坦牛的缺点是所产乳乳脂率较低，不耐热，高温时产乳量明显下降。因此，夏季饲养时，尤其是在南方，要注意防暑降温。

2. 娟姗牛　娟姗牛（Jersey）属小型乳用品种，原产于英吉利海峡南端的娟姗岛（也称为哲尔济岛）。由于娟姗岛自然环境条件适于养殖奶牛，在良好的饲养条件下，当地农民的不断选育，从而育成了性情温驯、体型轻小、乳脂率较高的乳用品种。娟姗牛以乳脂率高，乳房形状好而闻名（图 2-2）。

（1）体型外貌。娟姗牛体格小，清秀，轮廓清晰。头小而轻，两眼间距宽，眼大而明亮，额部稍凹陷，耳大而薄；鬐甲狭窄，肩直立，胸深宽，背腰平直，腹围大，尻长平宽，尾帚细长，四肢较细，关节明显。乳房发育匀称，形状美观，乳静脉粗大而弯曲，后躯较前躯发达，体呈楔形。娟姗牛被毛细短而有光泽，毛色为深浅不同的褐色，鼻镜及舌为黑色，嘴、眼周围有浅色毛环，尾骨为黑色。成年公牛体重为650～750kg；成年母牛体高113.5cm，体重340～450kg；犊牛初生重为23～27kg。

（2）生产性能。娟姗牛的最大特点是单位体重产乳量高，乳球大，易于分离；乳脂黄色，乳质浓，风味好，适于制作黄油。2000年美国娟姗牛登记平均产乳量为7 215kg，乳脂率为4.61%，乳蛋白率为3.71%。

图2-2　娟姗牛

3. 乳用短角牛　乳用短角牛（Shorthorn）原产于英格兰的诺桑伯、德拉姆、约克和林肯等郡，是18世纪在当地用提兹河牛、达勒姆牛与荷兰中等品种杂交育成的。因该品种牛是由当地土种长角牛经改良而来，角较短小，故称为短角牛（图2-3）。

图2-3　乳用短角牛

（1）体型外貌。背毛卷曲，多数呈紫红色，红白花其次，沙毛较少，个别全白。大部分都有角，角型外伸、稍向内弯、大小不一，母牛头较细，公牛头短而宽，颈短粗厚；胸宽而深，肋骨开张良好，鬐甲宽平；腹部成圆桶形，背线直，背腰宽平；尻部方正丰满，荐部长而宽；四肢短，肢间距离宽；垂皮发达。乳房发育适度，乳头分布较均匀，乳肉兼用型，性情温驯。

（2）生产性能。短角牛在中国的自然环境条件下驯化较快，适应性良好。特别是对于内蒙古高原草原地区干燥寒冷的自然环境表现出强大的适应能力，同时具有适宜草原地区放牧饲养的优良特性。近年来，短角牛产乳量不断提高，生长发育迅速，体质强健，发病率少，这些表现都证明了短角牛能够良好适应中国的环境条件。肉乳兼用成年公牛体重约 1 000kg；成年母牛 600～750kg，年产乳 3 000～4 000kg，乳脂率 3.9%左右。肉用成年牛体重较大，体质强健，早熟易肥，肉质肥美，屠宰率可达 65%～72%。

4. 爱尔夏牛　爱尔夏牛（Ayrshire）属于中型乳用品种，原产于英国爱尔夏郡（图 2-4）。爱尔夏牛的特点是早熟、耐粗饲，适应性强。我国广西、湖南等地曾有引进，如今已很少饲养。

图 2-4　爱尔夏牛

（1）体型外貌。体型细长，形状优美；角根部向外凸出，逐向上弯，尖端稍弯，为蜡色，角尖呈黑色；体格中等，结构匀称；被毛为红白花，有些牛被毛白色占比较多，被毛有小块的红斑或红白纱毛；鼻镜、眼圈呈浅红色，尾帚白色。乳房发达，发育匀称呈方形，乳头中等偏小，乳静脉明显。

（2）生产性能。成年公牛体重 800kg，成年母牛体重 550kg，体高 128cm。犊牛初生重 30～40kg。美国爱尔夏牛登记年平均产乳量为 5 448kg，乳脂率 3.9%。美国最高个体 305d 产乳量为 16 875kg，乳脂率为 4.28%。

（二）培育品种

1949 年以来，我国陆续引进荷斯坦牛、西门塔尔牛、短角牛及瑞士褐牛等品种与本地黄牛进行杂交，有计划地开展奶牛育种工作，1983 年、1985 年、1986 年分别对新疆褐牛、中国草原红牛和三河牛进行了品种验收鉴定。

1. 中国荷斯坦牛　中国荷斯坦牛（Chinese Holstein）的养殖区域主要集中在大、中城市附近和乳品工业比较发达的农牧地区，表现出良好的环境适应性和较高的生产性能。

（1）体型外貌。中国荷斯坦牛属大型乳用牛品种，体格较大（表 2-1）。被毛为贴身短毛，毛色以黑白花为主，额部多有白斑；也有少量个体是红白花色。母牛头清秀、狭长，眼大有神，鼻镜宽广，颌骨坚实，前额宽而微凹，额部无长毛，鼻梁平直；体形清秀，背线平直，腰角宽，尻长而平，棱角分明，结构匀称；被毛细而短，皮下脂肪少，体形前望、上望、侧望均呈楔形；后躯宽深，腹大、不下垂，乳房发达且结构良好，附着较好、质地柔软，乳静脉粗大而多弯曲，乳头大小适中、垂直、呈柱形，间距匀称；四肢结实，蹄质坚实，蹄底呈圆形。公牛头短、宽而雄伟，额部有少量卷毛；前躯发达，四肢结实，雄性特征明显。公牛、母牛一般均有角，呈蜡黄色、短粗，多数向两侧、向前、向内伸。

表 2-1　中国荷斯坦母牛体重和体尺

体重（kg）	体高（cm）	体斜长（cm）	胸围（cm）	管围（cm）
900～1 200	150～175	190～210	220～235	22～23

（2）生产性能。中国荷斯坦牛在正常饲养条件下，通常母牛 305d 一胎产乳量 5 000kg 以上、二胎产乳量 6 000kg 以上，三胎以上产乳量 6 300kg 以上，乳脂率 3.4%～3.7%，乳蛋白率 2.8%～3.2%。对近 8 000 头饲养管理条件良好、遗传基础优秀的头胎母牛产乳性能的调查，305d 总泌乳量为 79 651 398kg，乳脂率 3.24%～4.38%，乳蛋白率 2.76%～3.54%。中国荷斯坦牛繁殖无季节性，公牛 10～12 月龄性成熟，13～17 月龄可试采精，18 月龄后可正常采精生产冷冻精液，单次采精量 5～8mL，可利用时间 8～9 年。母牛 11～12 月龄性成熟，常年发情，母牛发情特征明显，发情周期为 18～21d，发情持续期 10～24h，通常在 15～18 月龄、体重在 380kg 以上时初配，妊娠期 282～285d，头胎产犊年龄为 24～27 月龄。在正常饲养管理情况下，母牛一次发情期受胎率 55%以上，群体年总繁殖率 85%以上，平均胎间距 13～14 个月，犊牛成活率达 97%～98%。

2. 三河牛　三河牛是内蒙古地区培育出的优良乳、肉兼用牛品种，原产于呼伦贝尔草原，因较集中于额尔古纳市的三河（根河、得勒布尔河、哈布尔河）地区而得名（图 2-5）。现在主要分布在呼伦贝尔市，该品种牛约占呼伦贝尔市牛总数的 90%以上；兴安盟、通辽市和锡林郭勒盟等地也有分布。

（1）体型外貌。经过多年多品种相互杂交和选育，三河牛逐步形成体大结实、耐寒、易放牧、适应性强、乳脂率高、产乳性能好的特点。成年公牛体高 156.8cm，胸围 240.1cm，体重 1 050kg；成年母牛体高 131.3cm，胸围 192.5cm，体重 567.9kg。

（2）生产性能。据调查测定的 7 054 头次产乳量资料分析，三河牛泌乳期平均产乳量 2 868kg，乳脂率 4.17%。育种核心群母牛 4 320 头，305d 平均产乳量

3 205kg、乳脂率4.1%。三河牛产肉性能好，在放牧育肥条件下，去势牛屠宰率为54%，净肉率为45.6%。

图2-5　三河牛

3. 新疆褐牛　主要分布在新疆的伊犁、塔城等地区（图2-6），其育种工作始于20世纪初，1935—1936年曾引进瑞士褐牛与新疆哈萨克牛进行杂交，1951—1956年从苏联引进阿拉托乌牛、科斯特罗姆牛与新疆黄牛杂交改良，1977年和1980年，从德国、奥地利引进纯种瑞士褐牛进行杂交，经培育稳定了新疆褐牛的优良遗传品质，提高了产乳性能。

图2-6　新疆褐牛

（1）体型外貌。新疆褐牛毛色为褐色，深浅不一，头顶、角基部呈灰白色或黄白色。多数有灰白色或黄白色的口轮和背线，皮肤、角尖、眼睑、鼻镜、尾帚、蹄均呈深褐色，被毛短、贴身，部分有局部卷毛。体格中等，体质结实，各部位发育匀称，结合良好。头部长短适中，额宽稍凹，头顶枕凸出。耳壳厚、平伸，耳端钝。有角，角向前上方弯曲呈半椭圆形，角尖稍直。无肩峰，颈垂和胸垂小，无脐垂。背腰平直、较宽，背线明显，胸宽深，腹部中等大。尻部长宽适中，有些稍斜尖，尾形短小。四肢健壮，肢势端正，蹄圆坚实。乳房中等大，乳头长短、粗细适中，呈柱状，分布匀称。新疆褐牛成年母牛体高121.6cm，胸围173.2cm、体重430kg。

（2）生产性能。产乳量为2 100～3 500kg，最高产量达5 162kg，乳脂率为4.03%～4.08%。成年公牛体重为490kg，在自然放牧条件下，2岁以上屠宰率

50%以上，净肉率39%，育肥后净肉率可达40%以上。

4. 中国西门塔尔牛 中国西门塔尔牛（Chinese Simmental）是由20世纪50年代、70年代末和80年代初引进的德系、苏系和奥系西门塔尔牛与本地黄牛进行级进杂交后，对高代改良牛的优秀个体进行选种选配培育而成，属乳、肉兼用品种（图2-7）。主要育成于西北地区干旱平原、东北地区和内蒙古严寒草原、中南湿热山区和亚高山地区、华北农区、青海和西藏高原以及其他平原农区。它的适应范围广，适宜于舍饲和半放牧条件，产乳性能稳定，乳脂率和干物质含量高，生长快，胴体品质优异，遗传性稳定，并有良好的役用性能。

图2-7 中国西门塔尔牛

（1）体型外貌。体躯深宽高大，结构匀称，体质结实，肌肉发达，行动灵活，被毛光亮，毛色为红（黄）白花，花片分布整齐，头部白色或带眼圈，尾梢、四肢和腹部为白色，角蹄蜡黄色，鼻镜肉色，乳房发育良好，结构均匀紧凑。

（2）生产性能。成年公牛体高145cm、体重850～1 000kg；成年母牛体高130cm、体重550～650kg。初配年龄为18月龄，体重在380kg左右，泌乳期产乳量达4 000kg，核心群母牛产乳量年均4 300kg以上，平均乳脂率4.03%。根据97头育肥牛试验结果，平均日增重1 106g，18～22月龄宰前活重573.6kg，屠宰率61.4%，净肉率50.01%。在短期育肥后，18月龄以上的公牛或去势牛屠宰率达54%～56%，净肉率达44%～46%。成年公牛和强度育肥牛屠宰率60%以上，净肉率50%以上。

第二节 养殖条件

一、牛舍

（一）场址选择及布局规划

选牛场和建筑牛舍，需要根据现有牛的数量和今后发展规模、资金、机械化程度和设备而确定；应符合畜牧兽医卫生、经济适用、便于管理和有利于提高利用率、降低生产成本等条件。

1. 牛场场址的选择

（1）地势。平坦干燥，背风向阳，排水良好，防止被河水、洪水淹没。地下水位应在 2m 以下，最高地下水位应在青贮坑和地窖底部 0.5m 以下。地势应平坦而稍有坡度（不超过 2.5%），且应向南倾斜。

（2）地形。开阔整齐，理想的地形是正方形或长方形，尽量避免狭长形和多边形。

（3）水源。水量充足，未被污染，水质应符合卫生指标要求，并易于取用和防护，能够保证生活、生产及防火等用水需求。

（4）土质。土质应坚实，抗压性和透水性强，无污染，较理想的土质是沙壤土。

（5）社会环境。四周幽静，无污染源，且牛场附近不应有超过 90 dB 噪声的工矿企业；不应有肉联、皮革、造纸、农药、化工等有毒、有污染危险的工厂；牛场交通、供电、饲料供应等应方便，不能对居民区造成污染，应距交通道路 100m 以上，距交通主要道路要在 500m 以上。

（6）气象因素。我国幅员辽阔，南北气温相差较大，应减少气象因素的影响，如北方不要将牛场建于西北风口处。

另外山区牧场还要考虑建在放牧出入方便的地方；牧道不要与公路、铁路、水源等相交叉，以防止发生事故和污染水源。对于采取机械化挤乳等自动化程度高的奶牛场应该具备发电设备，以保证正常生产。

2. 牛场规划 牛场规划应遵循的原则：①在满足需要的基础上，要节约用地；②考虑今后的发展，应留有余地；③尽量利用自然条件做好防疫卫生，同时为管理和实现机械化创造方便；④有利于环境保护。

牛场分区规划按养牛场经营方式和集约化程度，场内布局一般分 5 个区，即管理区、辅助区、生产区、畜粪尿与污水处理区和病牛隔离区。

（1）管理区。全场生产指挥，对外联系等管理部门属于管理区。管理区应设在生产区的上风处，并与生产区严格隔离，同时该区也是职工和家属常年生活和休息的场所。

（2）辅助区。全场饲料调制、贮存、加工和设备维修等部门属于辅助区。辅助区可设在管理区与生产区之间，其面积可按要求来决定。

（3）生产区。是牛场的核心，设在场区的下风位置。生产区禁止场外人员和车辆进入，并应保证安全与安静。大门口设立门卫传达室、消毒室、更衣室和车辆消毒池，严禁非生产人员出入场内，出入人员和车辆必须经消毒室或消毒池进行严格消毒。生产区牛舍要合理布局，分阶段分群饲养，如奶牛按泌乳牛群舍、干乳牛群舍、产房、犊牛舍、育成前期牛舍、育成后期牛舍、青年牛舍顺序排列，各牛舍之间要保持适当距离，布局整齐，以便防疫和防火，奶牛场的挤奶（厅）台或管道挤乳附属设备用房要紧靠泌乳牛群。

（4）畜粪尿与污水处理区。畜粪处理区要设在生产区的下风处，并尽可能远离牛舍，防止污水和粪、尿废弃物蔓延污染环境。

（5）病牛隔离区。病牛隔离区必须远离生产区，死亡牛的尸坑和焚尸炉距畜舍300～500m。病牛区应具备便于隔离、便于消毒、便于污物处理、拥有单独通道等特征。病畜隔离区要四周砌围墙，设小门出入，出入口建消毒池、专用粪尿池，防止病牛与外界接触，以免病原体扩散。

（二）牛场建筑物布局的一般性要求

牛场建筑物布局要使各建筑物在功能关系上建立最佳联系；在保障卫生防疫、防火、采光和通风功能前提下，要有一定的卫生间隔；供电、供水、饲料运送、产乳奶牛行走路线应尽量缩短；功能相同的建筑物应尽量靠近集中。

牛舍应平行整齐排列，两墙端之间距离不少于15m，配置牛舍及其他房舍时，应考虑便于给料给草，运牛运奶和运粪，以及适应机械化操作的要求。各类建筑物配置要遵守卫生及防火要求，员工宿舍距离牛舍应在50m以上，牛舍间相隔60m。

车库、料库、饲料加工场应设在场门两侧；青贮窖、干草棚应建于安全、卫生、取用方便之处，粪尿、污水池应建于场外下风向。

奶牛饲养过程中，成年奶牛休息棚应靠近挤奶厅（台）；乳库应靠近成年奶牛舍或挤奶厅（台）。

人工授精室应设在牛场一侧，靠近成年奶牛舍，为工作联系方便不应与兽医室距离太远，授精室要有单独的入口。兽医室、病牛舍应建于其他建筑物的下风向。

牛舍布局应周密考虑，要根据牛场全盘的规划来安排。确定牛舍的位置，应根据当地主要风向而定，避免冬季寒风侵袭，保证夏季凉爽。一般牛舍要安置在与主风向平行的下风口的位置。北方建牛舍需要注意冬季防寒保暖，南方则应注意防暑和防潮。

确定牛舍方位时还要注意自然采光，让牛舍能有充足的阳光照射。北方建牛舍应坐北朝南（或东南方向），或是坐西朝东，但均应依当地地势和主风向等因素而定。

牛舍要高于贮粪池、运动场、污水排泄通道。为了便于工作，可依坡度由高向低依次设置饲料仓库、饲料调制室、牛舍、贮粪池等，既可方便运输，又能防止污染。

（三）配套设施

1. 防疫消毒设施　牛场四周应建围墙，有条件的也可修建防疫沟或种植树木形成生物隔离带。牛场大门和生产区入口都应分别建设入场车辆的消毒池及人员的消毒通道（消毒间）。消毒池的宽度为最大车辆的宽度，长度为最大车轮的周长。一般池长不少于 4m，宽不少于 3m，深 0.15m 左右。消毒池应能承载入场车辆的重量，且耐碱、不渗水。牛场大门较宽的，消毒池两边至门两侧还应设栏杆，以防入场人员逃避消毒。大门消毒通道一般与门卫室并排建设，地面设消毒池，屋顶安装紫外线灯。门卫消毒池一般长 2m 以上，宽 1m，深 3～4cm，池内铺吸水性较强的消毒垫。生产区入口处的消毒间除设紫外线灯和消毒池外，还需设更衣室，以便入场人员更衣换鞋。生产区入口消毒池长 2m 以上，宽 1m，深 10cm。

2. 挤奶厅　挤奶厅是大型奶牛场，特别是采用散栏式饲养牧场不可缺少的重要设施。

（1）挤奶厅（台）的形式。挤奶厅的形式比较多，如平面畜舍式、串列式、并列式、鱼骨式（图 2－8）和转盘式等，但目前国内牧场使用较多的形式是鱼骨式，有的大型牧场也使用转盘式。

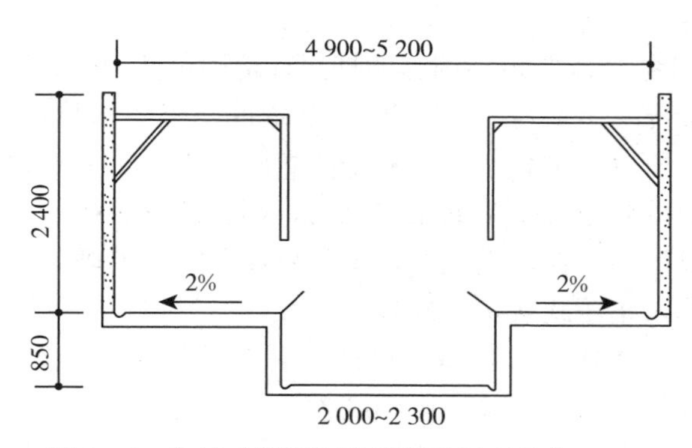

图 2－8　鱼骨式挤奶厅坑道设计图（单位：mm）

（2）挤奶厅的附属设备。为充分发挥挤奶厅的优势作用，应配有相应的附属设备，如待挤区、滞留栏、机房和牛奶制冷间等。这些设备的自动化程度应与挤奶设备的自动化程度相适应，否则将影响设备潜力的发挥，造成设备的无形浪费。

（3）挤奶厅的附属用房。在挤奶台旁通常设有动力机房、牛奶贮存制冷间、更衣室和卫生间等。

3. 挤奶贮奶设备

（1）挤奶机。挤奶机有推车式、提桶式、管道式、坑道式、转盘式和平面式 6 种。推车式、提桶式、管道式是最早应用的 3 种挤奶设备，安装位置随牛栏而定，不用建设专用挤奶厅，投资较小，但设备利用率低，劳动生产率低，原料奶质量难以保证。

坑道式、转盘式和平面式是后来发展的厅式挤奶设备，主要特点是需单独设立挤奶厅，牛场的泌乳牛都集中在挤奶厅挤奶。其优点是设备利用率和劳动生产率及牛奶质量得到提高，但需单建挤奶厅，一次性投资较大。

（2）贮奶设备。目前规模饲养的奶牛场、养牛小区，绝大多数采用全封闭卧式制冷罐贮奶，专用奶罐车送奶。全封闭卧式制冷罐采用直通式大面积蒸发板直接冷却，通过自动控制传感系统，可快速将原料奶温度从38℃左右降至4℃，并使牛奶始终处于预设的保鲜温度状态贮存。

盛牛奶的容器应采用表面光滑、无毒、不锈蚀的材料制成，如铝、铝合金、不锈钢、无毒塑料等。

贮奶罐应配置搅拌装置（如自动搅拌装置），定时搅拌，搅拌必须慢速平稳，以防脂肪破裂、游离。

4. 饲料加工设备　饲料收获机械主要包括：青饲料联合收获机、青饲玉米收获机等。饲料加工机械包括：青饲料铡草机械、揉搓机、粉碎机、小型饲料加工机组和全价混合日粮（TMR）搅拌喂料车等。各奶牛场、专业户可以根据生产需要选用饲料加工设备。

5. 通风防暑设备　荷斯坦牛饲养的理想环境温度为5～24℃，大型高产牛在较好的饲养管理情况下可适应－4～5℃气温条件。奶牛怕热，气温超过27℃会逐渐呈现热应激。所以，牛舍通风和夏季防暑降温工作十分重要。

（1）通风。根据当地各季节的主导风向，结合地形、毗邻建筑物、牛舍结构与式样等因素，设计门、窗、进气口、出气口以及牛舍的朝向等，有条件的可以安装机械通风系统（正压式或负压式）。

（2）防暑。夏天强烈的太阳辐射可使牛舍屋顶温度升至60～70℃，可用热反射强和隔热好的材料建设屋顶，以减少投向牛体的辐射热。牛舍搭凉棚、挂竹帘、在牛舍旁植树和种植攀缘植物均有利于牛舍降温。但最好的方法是通过喷淋装置缓慢滴水于牛的颈部及脊背部，使之湿润后蒸发（图2-9）。

6. 清粪设备　清粪设备包括刮粪板、清粪车、吸浆泵等清理运输设备和粪便处理设备。

二、饲料

（一）青绿饲料

青绿饲料是指可用作饲料的植物新鲜茎叶，自然状态下水分含量大于60%的植物，因富含叶绿素而得名。这类饲料的特点是含水分多（占75%～90%），含干物质少（仅为5%～10%），但含有丰富的维生素和钙质；幼嫩的青绿饲料因含纤维少，柔软、清新、适口性好；饲料的消化吸收率高。一般每天对青绿饲料的采食量不超过体重的10%。

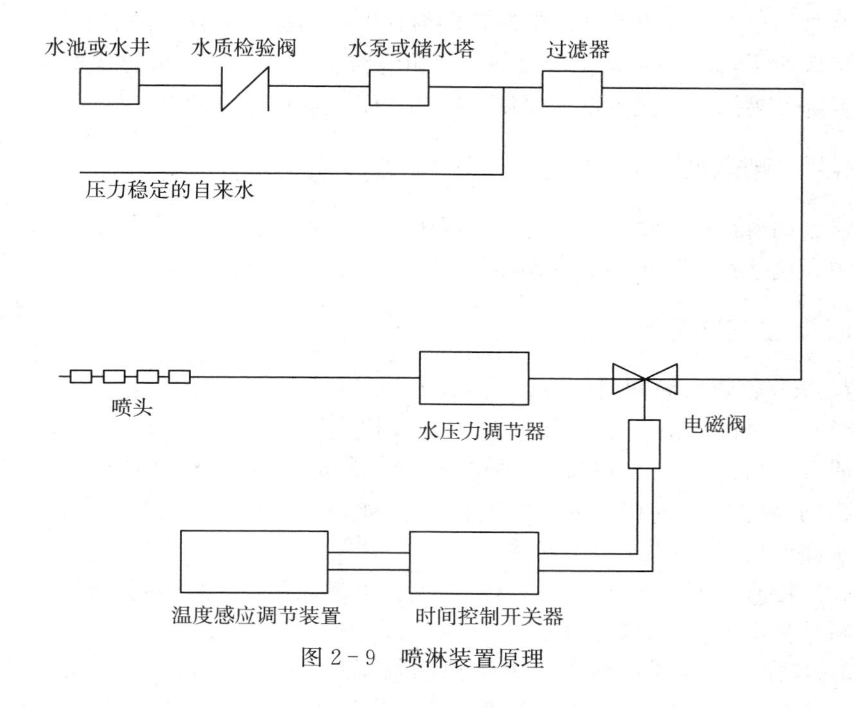

图 2－9　喷淋装置原理

（二）青贮饲料

青贮饲料是将青绿饲料切碎后密封在青贮容器中，依靠饲料本身的水分和糖分，培植乳酸菌，进行乳酸发酵而成。青贮饲料营养丰富，但含有机酸较多，单纯大量采食可引起瘤胃酸中毒，所以宜与干草、秸秆和精饲料配合使用。成年牛日喂量以 15～20kg 为宜。各地经验表明，全年供应青贮饲料，对保证饲料稳定供应、奶牛稳产高产起到重要作用。

青刈带穗玉米是养牛场广泛使用的青贮饲料之一。玉米带穗青贮，即在玉米乳熟后收割，将茎叶与玉米穗整株切碎进行青贮，这样可以最大限度地保存蛋白质、碳水化合物和维生素，具有较高的营养价值和良好的适口性，是牛的优质饲料。玉米带穗青贮干物质中含粗蛋白 8.4%，碳水化合物 12.7%。

（三）粗饲料

饲料干物质中粗纤维含量大于或等于 18%，并以风干物质为饲喂形式的饲料，称为粗饲料。粗饲料包括青干草、苜蓿、羊草与农副产品的秸秆等。粗饲料虽营养价值较其他饲料低，但其产量大，价格低，通常在草食家畜日粮中可占有较大比例。

苜蓿以“牧草之王”著称，含有大量的粗蛋白质、丰富的碳水化合物和 B 族维生素，还含有维生素 C、维生素 E 及铁等多种微量营养元素，苜蓿晒制成的青干草是奶牛在冬、春季节新鲜饲草饲料缺乏时的良好饲料，是奶牛养殖的首选饲料。苜蓿干草粗蛋白质含量≥18%、粗纤维含量≥25%、水分含量≤6%，具有营养好、易消化、成本低、简便易行和便于大量贮存等特点。

（四）能量饲料

能量饲料是指干物质中粗纤维含量低于18%，粗蛋白质含量低于20%的饲料，主要包括谷实类饲料、麸糠类饲料、块根、块茎和瓜果类等。

（五）蛋白质饲料

1. 植物性蛋白质饲料

（1）大豆饼（粕）。大豆饼（粕）是饼粕类饲料中最富有营养的一种饲料，蛋白质含量高达42%～46%，且质量较佳，是奶牛主要的蛋白质饲料。日喂量以占精饲料的20%为宜。生大豆和未经加热的大豆饼（粕），含有毒素（胰蛋白酶抑制因子），不能直接饲喂奶牛。

（2）糟渣类饲料。这类饲料含水量高，不易保存，一般趁新鲜时利用。糟渣类饲料干物质中一般含粗蛋白质25%左右。

2. 非蛋白含氮化合物 作为反刍动物蛋白质饲料代用品的非蛋白含氮化合物种类较多，如尿素、缩二脲等。尿素或某些铵盐都是现在广泛应用的非蛋白氮饲料。尿素含氮量很高，纯尿素含有47%的氮。如果这些氮全部被微生物合成蛋白质，则1kg尿素可以相当于2.8kg蛋白质的营养价值或相当于7kg大豆饼中所含的蛋白质营养价值。饲喂尿素可以提高饲料中粗蛋白质含量，但在补饲前需对奶牛饲料进行蛋白质含量估计，如含量已够，则不需要添加尿素。

（六）矿物质饲料

矿物质是牛体生长、发育、繁殖和生产不可缺少的物质，在天然饲料中都含有矿物质，它们对日粮的消化起到促进作用。为平衡日粮的矿物质营养，就必须补充矿物质饲料，以充分满足动物对各种矿物质元素的需要。

（七）维生素饲料

维生素是动物维持正常的生理机能不可缺少的低分子有机化合物，在天然饲料中存在。动物对维生素的需要量虽不大，但在其生长、维持健康和繁殖中起着重要作用。

奶牛有发达的瘤胃，其中的微生物可以合成维生素K和B族维生素，牛的肝、肾中可合成维生素C，除犊牛外，一般不需要额外添加，只考虑添加维生素A、维生素D和维生素E即可。

（八）添加剂饲料

在补喂添加剂时要注意有关问题：一是任何添加剂的试验成功都有一定的地区性，因此，在补喂前需计算日粮的养分，缺什么补什么，不可无目的地添加。二是补喂添加剂，必须在日粮营养基本满足奶牛需要的情况下，才能起到作用；如果日粮中营养水平低，补喂添加剂没有意义。三是有些添加剂之间有拮抗作用，使用时应特别注意。四是选购添加剂时先少量购买、试用，取得效果后再扩大使用。

三、管理要点

（一）犊牛的管理要点

1. 犊牛的外界条件　初生犊牛由于体温调节中枢尚未发育健全，对新的生活环境适应能力很差。一是其免疫能力差，初生犊牛必须到 4 周龄后，才具备自己产生抗体的能力；二是皮肤的保护机能差，即未建立起完善的生理屏障作用。因此，犊牛对低温和高温的抵抗力都比较弱，特别是严寒的冬季，更应注意牛舍温度，防止犊牛被冻死。犊牛最适宜的温度为 20℃左右，应给予其温度适宜、通风、光照良好的舍饲环境，逐步培养犊牛对外界环境的适应能力。

2. 犊牛的卫生条件　由于犊牛出生时各器官尚未发育健全，机体的调节机能较差，稍不注意卫生，犊牛就会发生消化道疾病，如腹泻。保持牛栏及牛床干燥，经常更换清洁干燥的垫料，做到勤打扫，不积粪尿，犊牛活动区要定期消毒，保持清洁干燥，确保犊牛舍内有充足的阳光照射，通风良好，并有防暑防寒的设施。

3. 哺乳卫生　不论是初乳还是常乳，哺乳用具必须及时并彻底清洗消毒，每次使用后立即依次用温水、碱水和清水洗刷干净并倒置放入用具柜内。每次哺乳完毕，及时用干净毛巾将残留在犊牛嘴周围的乳汁擦净，以免其他犊牛舔舐形成舔癖。

4. 刷拭犊牛　刷拭犊牛的皮肤，促进皮肤的血液循环，保持皮肤的清洁，以减少外寄生虫滋生的可能性。一般采用软毛刷刷拭犊牛的皮肤，每天 1～2 次。

5. 犊牛的运动和调教　犊牛出生 1 周后就可任其在圈内或笼内自由运动，以增强犊牛体质。除了冬天大风、大雪天气外，一般 10d 以后还可到舍外的运动场上做短时间的运动，开始时每次运动半小时，每天运动 1～2 次。随着日龄的增长可延长运动时间，1 月龄以后增加到 2～3h。夏季犊牛出生 5d 后就可以到舍外自由活动，但在酷热的天气要避免阳光直射，以防中暑。

为了让犊牛养成良好的采食习惯、温驯的性格，人牛亲和，饲养员应有意识地经常接近它、抚摸它、刷拭它，在做这些工作时，即使牛有伤人的行为，也不可打骂，以便消除犊牛对人警戒并对抗的行为。

6. 称重 为了掌握犊牛的生长发育状况，调整日粮养分的供给，应在初生、3月龄、6月龄、12月龄、第1次配种等相应的阶段称重，为育种提供参考性材料。

7. 编号 为了易于识别犊牛，并记载个体的各种性状，需对犊牛编号，编号的字码最好按当地有关管理部门规定统一进行编排。犊牛编号应是终身的，为便于以后各阶段的管理，号码要保留在躯体的易观察处。

8. 去角 为了减少奶牛格斗、流产、伤害人体及设施受顶撞遭破坏的可能性，应在犊牛出生后的7～14d进行去角。

9. 去副乳头 副乳头可引发感染且影响将来的挤奶操作。去除副乳头一般在犊牛出生后5～7日龄进行。可使用锋利的弯剪刀或刀片，从乳头与乳房接触部位剪下或切下乳头。虽然很少出血，但必须严格消毒。

（二）育成牛的管理要点

1. 分群 到了一定阶段的育成牛应根据月龄、体格和体重相近的原则进行分群。对于大型奶牛场，群内牛的月龄差不宜超过3个月，体重差不宜超过50kg。对于小型奶牛场，群内牛的月龄差不宜超过5个月，体重差不宜超过70～100kg，每群数量越少越好，具体数量要参照场地、牛舍而定，最好为20～30头。严格防止因采食不均造成发育不整齐。要随时注意观察牛群中牛只变化的情况，根据体况分级及时调整，吃不饱的体弱牛向更小的年龄群调动。相反，过强的牛向大月龄群转移，过了12月龄的牛发育状况会逐渐地稳定下来。对于体弱、生长受阻的个体，要挑出另养。

2. 掌握好初情期 在一般情况下，育成牛在16月龄、体重达到350～380kg时开始配种。育成牛的初情期大体上出现在8～12月龄。初情期的性周期日数不是很准确，而其后的发情期表现有的也不是很明显。因此，对初情期的掌握很重要，要在计划配种的前2～3个月注意观察其发情规律，以便及时配种，并认真做好记录。

3. 运动与日光浴 在舍饲的饲养方式下，育成牛每天舍外运动不得低于4h。在12月龄之前生长发育快的时期更应增加运动，不然前肋开张不良，后肢飞节不充实，胸底狭窄，前肢前踏与外向，有力气不足之嫌，影响牛的使用年限与产乳。日光浴除了促进维生素D_3的合成外，还可以促使牛体表皮垢的自然脱落。育成牛一般自由运动即可，放牧饲养条件下则不必另加运动。

4. 刷拭和调教 为了使牛体保持清洁、促进皮肤代谢、增进人牛亲和、让牛温驯，应对育成牛进行刷拭，每天1～2次。每次5min左右。

5. 按摩乳房 育成牛妊娠期乳腺组织的发育极为旺盛，如对其乳房外感受器进行按摩刺激，乳房发育就会更加充分，从而提高产乳性能。另外，按摩乳房，能加强人牛亲和，有利于产犊后的挤乳操作。通常于妊娠后 5 个月乳房组织处于高度发育阶段进行乳房组织按摩，每天 2 次。方法是用 50℃温水浸湿的毛巾从尻部后下方向腿裆中按摩乳房，到产犊前 2 周停止。

6. 定期修蹄　育成牛的蹄质软，生长快，对体幅窄且胸窄的牛，负重在蹄的外侧缘，造成内侧半蹄长得快，时间长了导致内侧蹄外向。蹄每月增长量为 6～7mm，磨损面并不均衡，所以从 10 月龄要开始修蹄，以后每年春、秋各修蹄 1 次。

7. 制定生长目标　根据本场牛群周转状况和饲料状况，制定不同时期的日增重，明确生长目标，从而确定育成牛各阶段的日粮组成。

8. 妊娠后的管理　育成牛妊娠后除运动、刷拭、按摩外，还要防止牛格斗、滑倒和爬跨，以防流产。另外，育成牛应在妊娠后 7 个月时进行修蹄。为了让育成牛顺利分娩，应在产犊前 7～10d 调入产房，以适应新环境。

第三节　产业发展情况

一、整体情况

牛是一种多用途的家畜，既能产乳、产肉，又可给农业生产提供动力和优质粪肥。牛皮及其他副产品是轻工业和出口贸易的重要物资。世界上畜牧业发达的国家，都十分重视养牛业的发展，它在畜牧业中居于非常重要的地位。

牛能充分利用各种青粗饲料和农副产品，发展养牛业，利用作物秸秆，过腹还田，不但具有十分显著的经济效益，而且还具有良好的社会效益和生态效益。

大力发展养牛业，可以迅速提高我国畜牧业产值占农业产值的比例。根据《2019 年中国奶业统计摘要》统计结果，2018 年我国畜牧业占农业总产值的比例为 25.27 %；大牲畜年底头数中，奶牛占据 10.78 %；畜产品产量情况显示，2018 年牛奶产量为 3 074.6 万 t，占乳类产量的 96.7 % ，成乳牛年单产为 7 400 kg，人均奶类占有量为 22.8 kg。

（一）规模奶牛养殖存栏和产量

根据国家奶牛产业技术体系的调研，2018 年我国存栏 100 头以上的规模奶牛养殖存栏数为 450 万～500 万头，主要分布在河北、内蒙古、黑龙江、山东、宁夏、山西、辽宁、河南、陕西、新疆地区，10 个省区存栏占比达 75 % 以上。500 头以上规模牛场存栏占规模养殖总存栏的 77 %，已经成为我国奶牛养殖的主体。存栏 3 000 头以上的养殖企业（或集团）超过 100 家，万头牧场 75 个，奶牛存栏达到 225 万头，日产生鲜乳 3.1 万 t。2019 年，全国牛奶总产量 3 201 万 t，同比增长 4.10 %，是 2014 年以来增幅最大的一年。图 2 - 10 和图 2 - 11

分别显示了我国2008—2017年奶牛存栏量和牛奶产量的变化情况和2008—2017年我国奶牛养殖100头以上存栏比例变化情况。

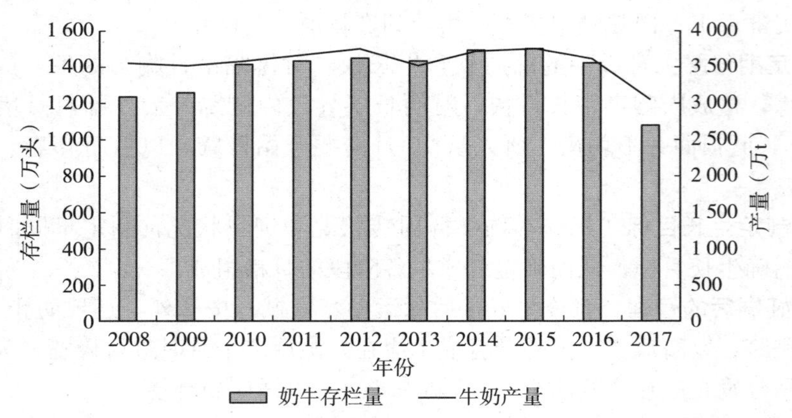

图2-10　2008—2017年我国奶牛存栏量和牛奶产量变化情况

注：数据来源于《中国畜牧兽医年鉴》（2009—2018）

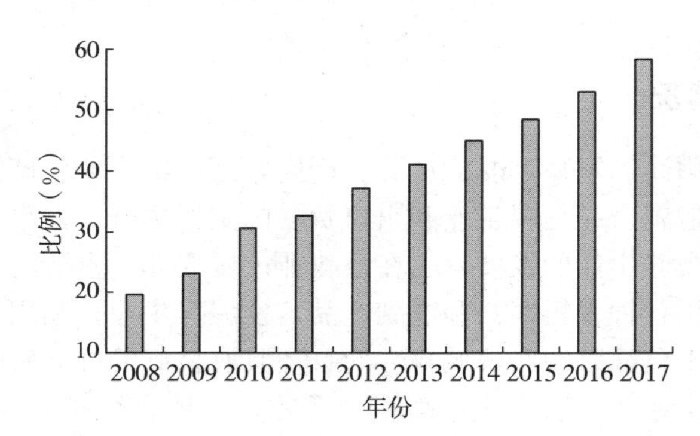

图2-11　2008—2017年我国奶牛养殖100头以上存栏比例变化情况

注：数据来源于《中国畜牧兽医年鉴》（2009—2018）。

（二）我国奶牛养殖的现状

1. 奶牛生产总体水平低　表现在成年奶牛年单产低，我国奶牛养殖基本的饲料模式是精饲料加秸秆，成年母牛平均年产乳量、乳脂率、乳蛋白含量和干物质含量与发达国家相比还有不小差距。

2. 各地区、城乡之间奶牛生产水平差别大　大、中城市如北京、上海、天津以及黑龙江、内蒙古、新疆等地国营、集体以及合资奶牛场，由于增加科技方面的资金投入，特别是奶牛良种选育和饲养管理技术方面的投入，牛奶产量、乳脂率基本上接近发达国家水平。而大部分个体养牛户以及西南山区和广大牧区养的奶牛，产乳量偏低。

3. 原料奶生产、加工和销售部门的利益分配不均　我国乳业产业链是割裂的，生产者是农户、牧户、农牧场，加工和销售是乳品商业企业，各自代表不同的利益集团。利益冲突的要害是由于原料奶收购加工、运销的地区垄断性，加工者实际上掌握着原料奶的定价权，这使生产者的利益往往得不到维护和保证。在走向市场化的今天，如果缺乏约束和协调机制，这很可能成为影响这些地区奶业稳定发展的重要因素之一。

4. 小企业与大市场的冲突　我国乳业经济中众多的小加工企业是和众多的小奶牛养殖企业联系在一起的。在过去30年中，30多万个个体奶牛户在奶业经济的高速增长中功不可没。在未来的发展中，个体奶牛户仍将是不可缺少的重要力量。但个体企业规模小，而且很多地区比较分散。这种状况不仅增加成本，更重要的是原料奶的质量难以控制，从而使乳制品的品质也无法保证，这是目前奶品消费受限，许多中小企业的产品缺乏市场竞争力的重要原因之一。

二、养殖区划与布局

我国的奶牛养殖已形成生产带，即华北奶源带（北京、天津、河北、山西、山东）、东北奶源带（主要是黑龙江地区）、内蒙古奶源带（呼和浩特周边地区及呼伦贝尔草原）、新疆奶源带（集中在天山南北地区）、上海或长江三角洲奶源带（上海、江苏）、西南及华南奶源带（四川、广东、广西、福建），这些地域饲养数量大，以分散户养或适度规模饲养为主，并已逐步发展成以乳品加工厂为龙头的生产基地。我国乳业属经营完全放开、竞争较为充分的产业。

三、养殖成本收益

（一）我国生鲜乳价格分析

2004—2017年我国不同规模奶牛生鲜乳单价水平均呈上涨趋势，其中散养生鲜乳价格上涨幅度最大，从1.79元/kg增加到3.75元/kg，涨幅为109%；小规模生鲜乳价格从1.79元/kg增加到3.69元/kg，涨幅为106%；中规模生鲜乳价格从1.91元/kg增加3.75元/kg，涨幅为96 %；大规模生鲜乳价格从2.11元/kg增加到3.91元/kg，涨幅为85%。其中，散养和小规模生鲜乳的历年单价差距不大，大规模与散养、小规模生鲜乳的历年单价差距较大。2016—2018年，生鲜乳价格均呈现先降后升的季节性变化特征。2018年，国内生鲜乳收购价格与奶粉进口到岸价格的比值也经历了先降后升的变化（图2-12），奶业竞争力不足问题依然突出。

出现这种情况的主要原因：一是散户养殖奶牛数量相对较少，产量较低，但灵活性较强，可以将生鲜乳及乳制品出售给附近居民，因此散户养殖的价格上涨幅度最大；二是随着奶牛养殖规模化程度的提高，科技投入力度也会随之加大，乳制品产量及品质都会得到更好的保障，因此乳品企业更愿意出高价从规模化程

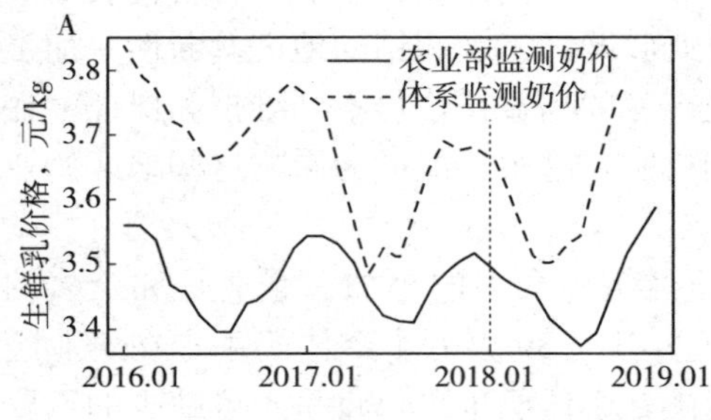

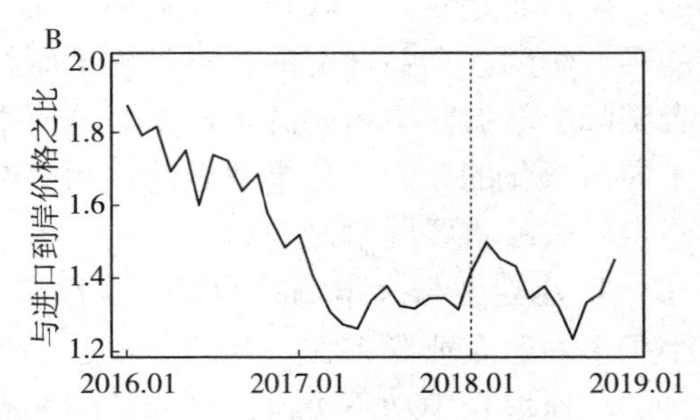

图 2-12 国内生鲜乳价格变动趋势及与进口成本的比较

数据来源：农业农村部，国家奶牛产业技术体系

度高的农场购买原料乳。

2019 年，生鲜乳价格延续了自 2018 年下半年以来的上行趋势。据农业农村部监测数据，2019 年 11 月，生鲜乳平均价格 4.02 元/kg，环比增加 1.26%，同比增加 6.91%，每头成年母牛累计年收益 5 025.00 元，环比减少 150.00 元，同比增加 1 200.00 元。

由于生鲜乳易腐难存的特性，奶业发达国家通常实行奶农合作、联办乳品企业，形成利益高度联结的养、收、加、销一体化的完整产业链。而在我国，乳业养殖与加工脱节，利益联结并不紧密，乳品企业处于市场主导地位，初步形成垄断格局，乳品企业掌控着生鲜乳的收购权和定价权，奶农高度依附乳品企业，利益缺乏保障。近年来，中小规模养殖场不断萎缩，成为乳业产业链中最薄弱环节，从根本上制约着乳业健康发展。

（二）我国奶牛养殖效益分析

2004 年以来，随着我国消费者对牛奶需求的增加，奶牛养殖利润总体呈上升趋势，并在 2013 年达到顶峰。2004—2017 年我国奶牛养殖净利润的平均值为 4 070.02元/头，其中 2008 年以前奶牛养殖净利润随养殖规模扩大而增加的幅度不是很明显，2008 年以后大规模养殖净利润明显高于其他养殖规模。这主要是由于 2008 年“三聚氰胺”事件后，国家比较重视奶牛养殖规模的扩大，提高了对大规模奶牛养殖的补贴力度，年存栏 500 头以上养殖规模的补贴由 2008 年的 10.1%持续增长到 2016 年的 38.5%，进一步推动了我国奶牛规模化养殖的发展。

2019 年，国内奶牛养殖效益持续提高。根据国家奶牛产业技术体系牧场监测数据计算生鲜乳价格与单位成本的比值，从 2018 年的年均 1.10 提高到 2019 年的年均 1.15。从奶饲比来看，2019 年下半年奶业主产省的奶饲比稳步增长，且明显高于 2018 年同期，2019 年末达到 1.55，已超过 1.50 的盈亏平衡点。2019 年国内奶饲比的平均值为 1.54，虽然仍低于根据国际牧场联盟（IFCN）数据计算的国际平均的奶饲比，但同比增长 7.69 %（图 2-13）。

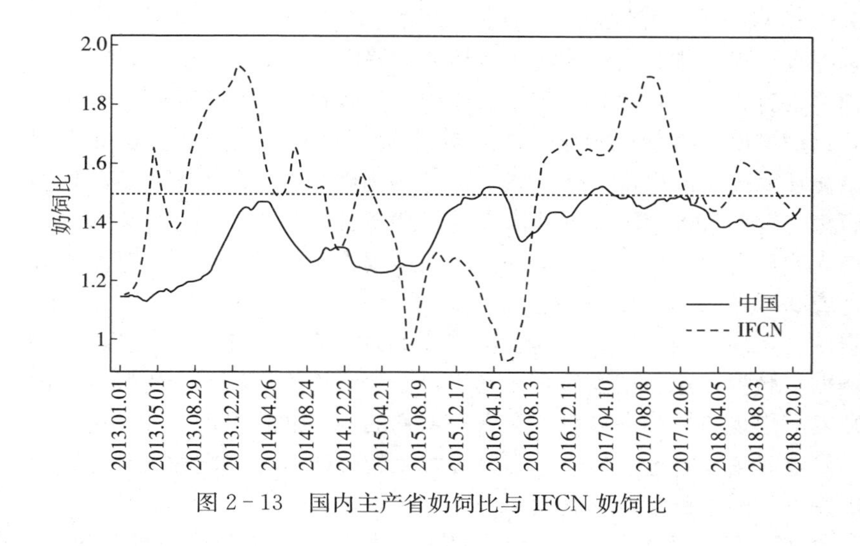

图 2-13　国内主产省奶饲比与 IFCN 奶饲比

第四节　常见疾病

奶牛疾病包含种类甚多，可划分为奶牛内科疾病、营养与代谢性疾病、产科疾病、乳腺疾病、中毒病、外科疾病、传染病等。本书仅列举部分在养殖过程中多发、危害严重的普通病。只要能按照奶牛的饲养标准进行规范化管理，合理配合日粮，加强饲养管理，定期进行消毒和检疫，就会将这些病的发病率控制在最低限。做好奶牛常见疾病的预防和治疗工作，能够保证奶牛的健康，提高产乳量和乳品质，稳定高产，延长利用年限，降低饲养成本，提高奶牛饲养的经济效益。

一、普通病

（一）犊牛腹泻

犊牛腹泻也叫犊牛消化不良症，是一种消化机能障碍性疾病。肠蠕动亢进，肠内吸收不全或吸收困难，致使肠内容物与大量水分被排出体外。本病一年四季均可发生，但犊牛腹泻以春季和夏末秋初最为多发，是犊牛在哺乳期的常见多发性胃肠疾病，其中以 3 周龄以内的新生犊牛发病率和死亡率最高。新生犊牛腹泻在新生犊牛疾病中占有很大比例，对犊牛的发育、生长、成活等有很大影响，在经济上也造成很大损失。

1. 临床症状　犊牛出生后 3～7 日龄开始发病，病初体温升高到 39～40℃，持续2～4d。病犊牛精神沉郁、喜卧、伸腰、打哈欠、食欲减退或废绝，叩诊呈鼓音，呼吸浅表。排黄白色或浅灰色稀便，恶臭，带有血块、血丝或泡沫。病初期排粪努责有力，后期肛门松弛、排粪失禁。病犊牛常腹痛卧地不起，高度衰竭，严重病例出现痉挛、脱水、心衰等症状，如治疗不及时，经1～3d，因脱水、微循环障碍、酸中毒呈休克状态，导致死亡。本病分为饲养管理性腹泻与传染性腹泻。饲养管理性腹泻的临床表现以严重腹泻为主要特征，发病初期犊牛精神状态无明显变化，但随着病情的发展，出现粪便黏稠，呈粥样甚至水样，颜色为黄色或暗绿色，到后期有的会出现血样稀便，肠鸣音响亮，呈远雷声或流水声，腹胀、腹痛。当发生脱水时，会出现眼球塌陷、皮肤弹性减退、衰弱无力、行走蹒跚、脉搏快速、结膜充血或发绀、血液浓缩等症状。当胃肠道中内容物发生腐败发酵出现自体酸中毒时，会有一系列的神经症状出现，如兴奋不安、痉挛抽搐。严重时嗜睡昏迷、休克。传染性腹泻的临床表现与饲养管理性腹泻大体一致，即脱水、酸中毒和排稀粪。

2. 病变 病死犊牛尸僵不全，可视黏膜发绀，各浆膜面呈现不同程度充血、出血，胃肠黏膜呈现出血性炎症变化，肠系膜淋巴结肿大、切面隆起，柔软多汁，肝、肾表面黄褐色，包膜下可见出血点，胆囊内充满黏稠的暗绿色胆汁，心内膜可见少量针尖乃至小米粒大的出血点，其他器官多未见明显变化。

3. 防治

（1）预防。要认真加强母牛妊娠期的全程饲养管理，坚持环境消毒，采取多种措施营造良好的饲养环境。发病后及时把病犊牛隔离饲养，用消毒液对饲槽和牛舍进行消毒。

（2）治疗。

①饲养管理性腹泻的治疗措施。一旦犊牛发生饲养管理性腹泻，要尽早进行治疗。可首先采取饥饿疗法，即在8～10h内停止哺乳，为防止脱水可喂给口服补液盐或静脉补充能量液体，如葡萄塘、复方氯化钠及强心利尿药物，或每天补给电解质液，同时用口服补液盐加水调至36～38℃给犊牛饮用；之后使用缓泻药（人工盐、大黄、硫酸钠等）灌服或用温肥皂水灌肠的方法，排除胃肠道中的内容物。为防止因肠道内容物发生腐败发酵而产生气体引起腹胀，可适当应用鱼石脂、高锰酸钾等药物。为了保护胃肠黏膜和调节消化功能。在完成上述工作后注意补充胃蛋白酶、维生素B、维生素C和电解质。需要特别强调的是，饲养管理性腹泻病程中，极易受到各种致病微生物的侵害，继发或合并感染如大肠杆菌、沙门氏菌、梭菌等以及某些病毒，所以应适当选择使用抗菌药物和免疫增效剂，常用的有庆大霉素、卡那霉素、新霉素、黏杆菌素、黄芪多糖等。

②传染性腹泻的治疗措施。对于传染性腹泻，消炎、强心、补液和护理是关键的治疗措施。由于治疗传染性腹泻通常采用西药口服或注射，所以在用药前应通过药敏试验，选出敏感药物，再进行给药。口服药物通常选择氯化钠3.0g，

氯化钾 1.5g，碳酸氢钠 2.5g，葡萄糖粉 20g，常用水 1 000 mL，混溶。口服每次 200～300mL，每日 3～4 次。重症患犊应通过静脉大量补液，可增加血容量，纠正酸中毒，维持电解质平衡。常用葡萄糖生理盐水 1 500～3 000 mL，加入 5%碳酸氢钠液 150～300mL，每日 2～3 次。给危重腹泻患犊进行大量补液时，加入 10%氯化钾液 50～80 mL，可提高治疗效果，间隔 6～8h 重复使用 1 次。

（二）支气管肺炎

支气管肺炎又名小叶性肺炎，是由病原微生物感染引起的以细支气管为中心的个别肺小叶或几个肺小叶的炎症。临床以发烧、咳嗽、呼吸困难、听诊有啰音和捻发音等为特征。各种动物均可发病，多发生于幼畜和老龄动物。

1. 临床症状　病初呈支气管炎的症状，但病牛全身症状加剧。病牛精神沉郁，食欲减退或废绝，结膜潮红或发绀（图 2-14）。发热，流鼻涕，体温升高

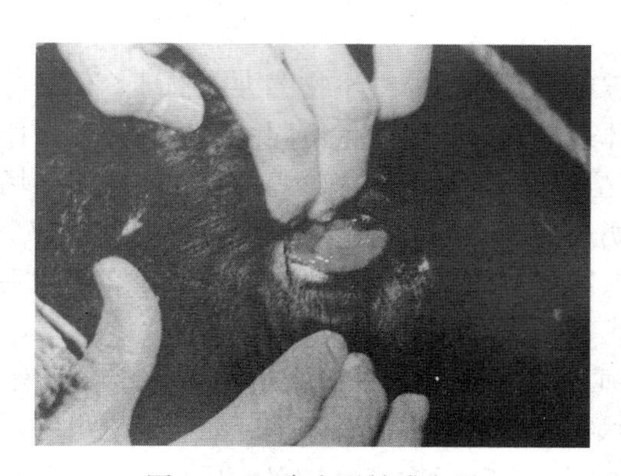

图 2-14　病牛眼结膜发绀

达 39.5～41℃，呈弛张热型。脉搏增数，呼吸加快，呼吸为 40～60 次/min，混合性呼吸困难。胸部听诊，病灶部肺泡呼吸音减弱或消失，可听到捻发音、支气管呼吸音、干啰音或湿啰音，呼吸加快；健康部肺泡呼吸音增强，胸部叩诊可出现小片浊音区，通常多在肺脏的肩前叩诊区出现。

2. 病变　支气管肺炎主要发生于尖叶、心叶和膈叶前下部，病变为一侧性或两侧性。病变肺小叶肿大呈灰红色或灰黄色，切面出现许多散在实质病灶，大小不一，多数直径在 1cm 左右，形状不规则，支气管内能挤压出浆液性或浆液脓性渗出物，支气管黏膜充血、肿胀。严重者病灶相互融合，可波及整个大叶，形成融合性支气管肺炎。病灶周围肺组织常可伴有不同程度的代偿性肺气肿。由于病变发展阶段不同，各病灶的病变表现也不一致。

3. 防治

（1）预防。加强饲养管理，避免雨淋受寒、过度劳逸等诱发因素。供给全价日粮，健全完善免疫接种制度，减少应激因素的刺激，增强机体的抵抗能力，及

时治疗原发病。

（2）治疗。治疗原则是加强饲养管理，去除病因，止咳化痰，抑菌消炎，必要时应用抗过敏药。保持舍内通风良好，保持适宜温度，供应适口性好的饲料和清洁饮水。应用敏感抗生素，如注射头孢菌素、红霉素等，在条件允许时，最好在治疗前取鼻液做细菌对抗生素的敏感试验，以便对症下药，如肺炎双球菌、链球菌对青霉素较敏感；金黄色葡萄球菌对青霉素、红霉素和苯甲异噁唑霉素等敏感。适量应用苯海拉明、水杨酸钠或地塞米松等抗炎脱敏药物。对明显发热的牛，可注射退烧药物。注射呋塞米，输注10%葡萄糖溶液、甘露醇等高渗液体，以减少肺渗出，且严格控制输液量和输液速度。除此之外，也可应用钙剂抑制渗出，如输注葡萄糖酸钙等。强心剂可用樟脑磺酸钠注射液。应用止咳化痰药物，如复方甘草片等，有条件的，可以输氧。

（三）乳腺炎

乳腺炎是指乳腺组织受到病原微生物感染或物理、化学等因素的刺激所发生的炎症反应。病症体现在乳腺组织发生不同的病理学过程，伴有乳汁理化特性的改变和细菌学的变化，此病常见于奶牛。奶牛乳腺炎是奶牛场中危害最大、最常见的疾病之一，是奶牛业发展最主要的制约因素。具有发病率高、范围广等特点。该病对人类社会经济造成严重的损害。患有炎症的奶牛所产乳的品质降低，对人体健康存有一定的危害。

1. 临床症状 症状较轻患牛，触诊乳房不觉异常，或有轻度发热、疼痛或肿胀，乳汁中有絮状物或凝块，有的乳变稀。症状较重患牛，皮肤发红，触诊乳房发热、有硬块、疼痛、常拒绝检查（图2-15）；产乳量减少，乳汁呈黄白色或血清样，内有凝乳块；全身症状不明显，体温正常或略高，精神、食欲正常。发生慢性乳腺炎时，一般临床症状不明显，全身情况也无异常，产乳量下降，可反复发作，导致乳房萎缩，成为“瞎乳头”。

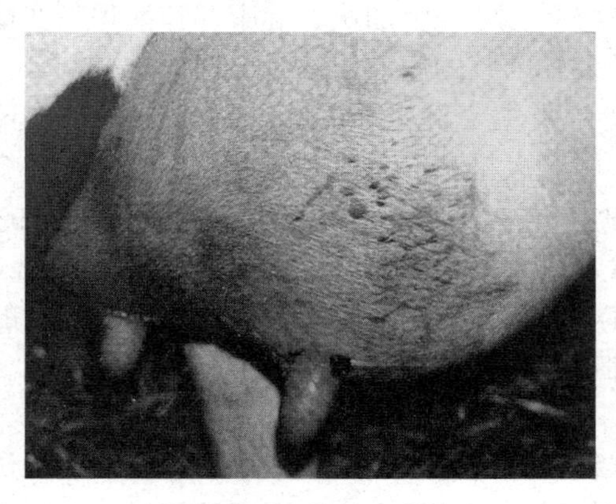

图2-15　乳腺炎症状

2. 病变　最急性乳腺炎多由大肠杆菌感染引起，机体遭到感染，细菌大量繁殖，引发全身毒血症和乳腺局部炎症，乳汁理化性质发生改变，成灰白色，内含有纤维素和小凝乳块。乳腺炎导致白细胞大量渗出，尤其是中性粒细胞。显微镜染色镜检计数观察，奶牛隐性乳腺炎阳性乳中中性粒细胞在50%～90%。随着炎性反应的加重，血液与牛乳之间的pH梯度差缩小，导致牛乳pH逐渐升高，趋向于血液pH。隐性乳腺炎的乳汁的电导率均高于正常值，乳汁的生理生化性质发生改变。由支原体感染病发的乳腺炎，其剖检观察显示，乳腺增生，有小化脓灶，乳房弹性消失，变硬；由金黄色葡萄球菌感染的乳腺炎，导致乳腺皮肤、乳头或是脱落或是坏死，经5～7d后，发病部位脱落，在坏死区形成肉芽组织。

3. 防治

（1）预防。奶牛乳腺炎预防应做好四点——勤观察、搞好饲养管理、定期检测、免疫预防。

（2）治疗。消除原因与诱因，改善养殖场奶牛饲养和挤奶卫生条件等是取得良好疗效的基础。具体可采用如下治疗措施：①乳腺神经封闭，如乳腺基底神经封闭；②经乳头管注药，可用通乳针连接注射针筒直接注药，常用的药物有3%硼酸液、0.1%～0.2%过氧化氢液、青霉素、链霉素、四环素、庆大霉素等抗生素，最好用药前进行药敏试验；③物理疗法，如乳腺按摩，温热疗法、红外线和紫外线疗法等。乳头药浴，是防治隐性乳腺炎的有效疗法。必要时可配合全身治疗，如肌内注射青霉素、土霉素、磺胺二甲嘧啶等。

（四）酮病

奶牛酮病又称奶牛酮血症、母牛热、慢热、产后消化不良、低血糖性酮病等，是指奶牛在产犊之后几天至几周内由于体内碳水化合物及挥发性脂肪酸代谢紊乱所引起的一种全身性功能失调的代谢性疾病，特征为血液、尿、乳中的酮体含量增高，血糖浓度下降，消化机能紊乱，体重减轻，产乳量下降，间断性出现神经症状。

1. 临床症状　产犊几天或几周后，表现食欲减退，尤其是精饲料采食量减少、便秘、粪便上覆有黏液；精神沉郁、凝视，迅速消瘦（图2-16）；产乳量降低，乳汁易形成泡沫，类似初乳状。尿呈浅黄色，水样，易形成泡沫；严重者在排出的乳、呼出的气体和尿液中有酮体气味。大多数病牛嗜睡。

2. 病变　病牛表现为低血糖症、高酮血症、高酮尿症和高酮乳症，血浆游离脂肪酸浓度增高，肝糖原水平下降。血糖浓度降至1.12～2.24mmol/L，继发性酮病血糖浓度在2.24mmol/L以上，高于正常水平。亚临床酮病母牛血清中酮体含量为1.72～3.44mmol/L，而临床酮病血清中酮体含量在3.44mmol/L以上。酮病牛不论是原发还是继发，尿液酮体可高达13.76～22.36mmol/L。

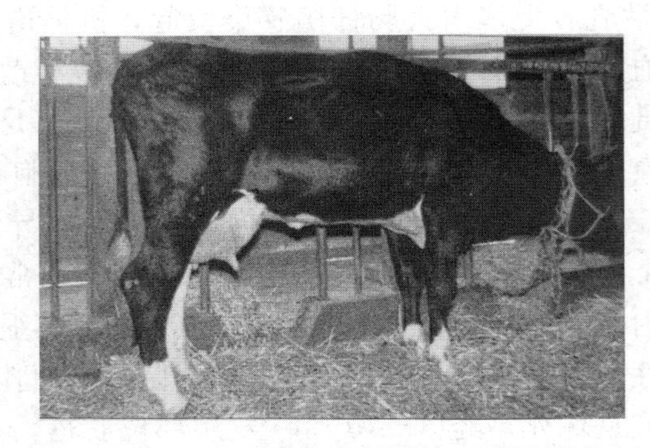

图 2-16 患酮病牛腹部蜷缩，明显消瘦

白细胞分类计数，嗜酸性粒细胞增多，淋巴细胞增多，中性粒细胞减少。

3. 防治

（1）预防。不要轻易更换饲料配方，因为微小的变化也会影响饲料的适口性和牛的食欲。随着泌乳量增加，用于促使产乳的日粮也应增加。浓缩饲料应保持粗饲料和精饲料的合理配比。精饲料中粗蛋白含量不超过16%～18%，碳水化合物以磨碎玉米为好。不要轻易改变日粮品种，尽管其营养成分如粗蛋白、能量含量相似，但配方组成或饲料来源不同，仍可促使酮病发生。

（2）治疗。补糖抑酮，纠正酸中毒，对症治疗。

①替代疗法。静脉注射50%葡萄糖溶液500mL，对大多数母牛有明显效果，但需重复注射，否则可能复发。也可选用腹腔注射（20%葡萄糖溶液）。

②激素疗法。对于体质较好的病牛，用促肾上腺皮质激素200～600 IU肌内注射。配合糖皮质激素（相当于1g可的松，肌内注射或静脉注射），有助于病的迅速恢复，但治疗初期会引起泌乳量下降。

③其他疗法。用5%碳酸氢钠溶液500～1 000mL静脉注射，可用于牛酮病的辅助治疗，另外用健胃剂等做对症治疗。

（五）子宫内膜炎

子宫内膜炎是奶牛产后或流产后较常发生的一种生殖器官疾病，也是奶牛不孕的最常见的原因之一。通常根据炎症性质可分为浆液性、黏液性、脓性子宫内膜炎。按病程可分为急性与慢性两种，慢性较多见。本病主要在配种、分娩及难产助产时，由于链球菌、葡萄球菌及大肠杆菌的侵入而发生。子宫黏膜的损伤及母体抵抗力降低，是促使本病发生的重要因素。

1. 临床症状 急性者，表现精神沉郁、食欲减退甚至废绝，反刍减少或停止，体温可能升高。可见阴道内排出少量黏液或混浊的脓性分泌物，病情严重则可见分泌物呈污红色或棕红色，气味恶臭，卧下时流量增多（图 2-17）。病牛常痛苦呻吟，时有弓背努责表现。直肠检查，子宫角增粗、增大，壁较厚，收缩力微弱，有时有波动感。

慢性者，患牛全身症状不明显，仅食欲和产乳量稍有降低，生殖机能障碍，不易受孕。阴道检查，可见阴道内常积有少量混浊黏液。直肠检查，子宫角增粗、增大，壁较厚，收缩力微弱，有时有波动感。当化脓时，全身症状加重。

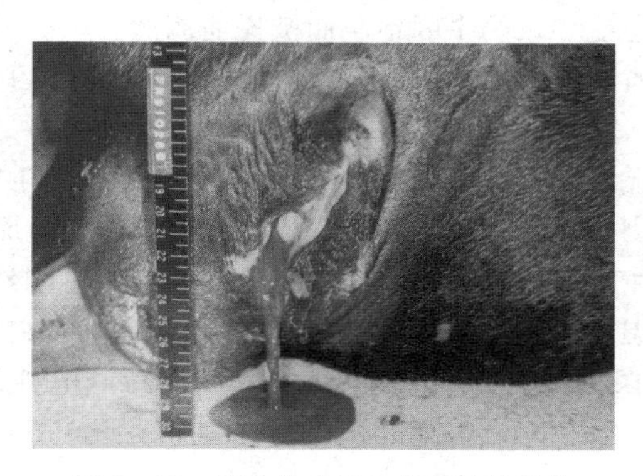

图 2-17　病牛排出污红色脓性分泌物

2. 防治

（1）预防。产前一个月肌内注射 0.1%亚硒酸钠维生素 E 注射液 50mL，维生素 A、维生素 D 注射液 10mL，促进生殖器官及生殖道黏膜的正常发育，降低易感性（小心抓牛防止流产）。产前合理饲喂全价饲料，使奶牛膘情适当，打分标准为 4～4.5 分，保持正常血钙水平。注意助产接生时的卫生，减少污物进入产道引起感染，注意产后卫生。

（2）治疗。对于急性子宫内膜炎，主要措施是抗菌消炎，可直接向子宫内注射抗生素，常用金霉素 1g 或青霉素 100 万 IU，溶于 150mL 生理盐水中，注入子宫腔每两天 1 次，直到子宫内排出的液体变透明为止。如果患畜有发热现象，可全身应用抗生素。可用催产素促进子宫内液体排出。

对于慢性子宫内膜炎，主要措施是冲洗消毒，可用温的 0.1%高锰酸钾溶液 250～300mL 冲洗子宫，直到排出的液体呈透明时为止。促进子宫收缩，恢复性周期，排出子宫内液体，可使用麦角新碱或催产素等子宫收缩药。如继发败血症或脓毒血症，可大剂量应用抗生素及磺胺类药物（青霉素、链霉素），也可用磺胺嘧啶钠注射液，直到体温恢复正常 2～3d 后为止。

判定治疗痊愈的标准是：临床和病理性状消除，经配种妊娠者可认为治疗痊愈，而病状虽消除，但仍不能妊娠者，则判为未愈；如经治疗后虽然妊娠，但妊娠早期流产的则仍判为未愈。

（六）胎衣不下

奶牛胎衣不下是指母牛在分娩 12h 后胎衣全部或部分不能自行排出的一种常

见的产科疾病，又称胎衣滞留。胎衣不下是奶牛的常发病和多发病之一，发病率为10%～30%，奶牛发生胎衣不下时，滞留在子宫内的胎衣会发生腐败分解，可引起子宫内膜炎、子宫复旧延迟和子宫脱出，若子宫感染严重还能导致乳腺炎，腐败产物和细菌感染所产生的毒素经子宫吸收后可引起败血症，不仅能导致奶牛产乳量下降，还能导致奶牛因不孕而被提前淘汰。

1. 临床症状 全部胎衣不下时，外观仅有少量胎膜悬于阴门外，阴道检查可发现未下的胎衣。患牛无任何异常表现，一些头胎母牛可见举尾、弓腰、不安和轻微努责。部分胎衣不下时，大部分胎衣脱落而悬垂于阴门外（图2-18）。胎衣初为粉红色，因长时间悬垂于后躯，极易受外界污染，胎衣上附着粪便、草屑、泥土，容易发生腐败。腐败时，胎衣色呈熟肉样，有剧烈难闻的恶臭味，子宫颈开张，阴道内温度增高，积有褐色、稀薄腥臭的分泌物。患牛由于胎衣腐败、恶露潴留、细菌繁殖、毒素被吸收，体温升高，精神沉郁，食欲下降或废绝。

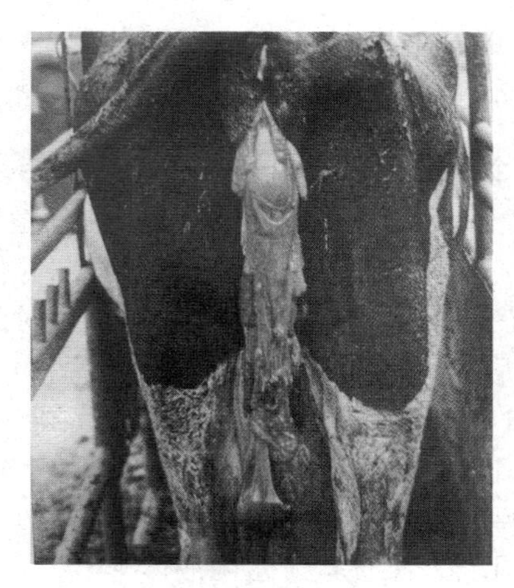

图2-18 奶牛胎衣不下

2. 防治

（1）预防。加强饲养管理，注意精粗饲料喂量和比例，保证矿物质和维生素供给，及加强对老龄牛临产前的护理。

（2）治疗。对胎衣容易剥离的牛，可进行胎衣剥离；反之则不应硬剥。

①抗生素疗法。应用广谱抗生素（四环素或土霉素）2～4g装于胶囊，以无菌操作送入子宫，隔日1次，共用2～3次，以防止胎衣腐败和子宫感染，等待胎盘分离后自行排出，也可用其他抗生素。

②激素疗法。应用促使子宫颈口开张和子宫收缩的激素，每日注射雌激素1次，连用2～3d，并每隔2～4h注射催产素30～50IU。直至胎衣排出。

③钙疗法。钙剂可增强子宫收缩，促进胎衣排出，用10%葡萄糖酸钙注射

液、25%葡萄糖注射液各500mL，静脉注射，每天2次，连用2d。当胎衣剥离后，仍应隔日灌注抗生素，以加速子宫净化过程。

（七）产后截瘫

产后截瘫主要包括两种情况：一种是母牛产后立即发生后躯不能起立，这是由于后躯肌肉和神经受到损伤引起的；另一种是由母牛体内矿物质代谢性障碍引起的，和产前发生的孕畜截瘫基本相同。此外，母牛患本病也可能是爬卧母牛综合征的一种表现。

1. 临床症状　母牛分娩后全身状况无明显异常，皮肤痛觉反射正常，但后肢不能站立或站立困难（图2-19），行走有跛行症状，症状的轻重依损伤部位及程度而异。如一侧闭孔神经受损，同侧内收肌群麻痹，病畜虽仍可站立，但患肢外展，不能负重；行走时患肢亦外展，膝部伸向外前方，膝关节不能屈曲，跨步较正常大，容易跌倒。如两侧闭孔神经麻痹，则两后肢强直、外展，不能站立；若将病畜抬起，把两后肢扶正，虽能勉强站立，但向前移动时，由于两后肢强直外展而立即倒地。坐骨神经及腓神经分布于后肢肌肉，故一侧坐骨神经麻痹时，则完全不能站立。荐髂关节韧带剧伸，也能引起后肢跛行或不能站立。骨盆骨折，卧下后也不能站立。

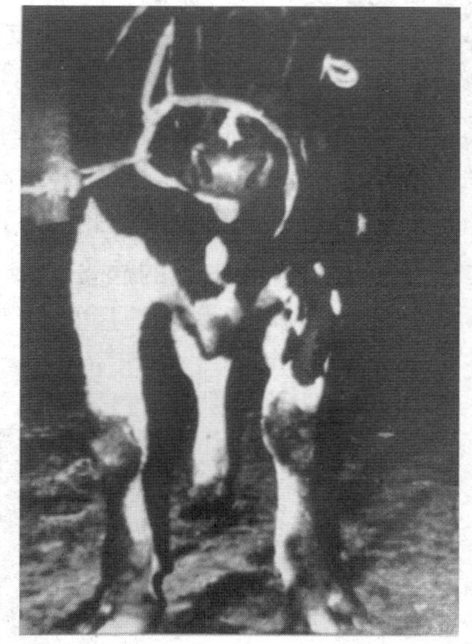

图2-19　病牛站立不稳，行走困难

2. 防治

（1）补钙补糖。此病确诊后，应及时给患牛补钙补糖，增加血钙浓度，补充奶牛机体对钙的生理需要，改善机体组织的血液循环，为组织细胞提供足够的钙和其他的营养，尽快恢复各组织器官的生理功能，提高体力，消除病症。对于病症较轻的患牛可用20%的葡萄糖酸钙注射液500mL，或10%的氯化钙注射液350mL、10%的葡萄糖注射液1 000mL、10%的氯化钠500mL，静脉注射，1次/d，连用3d。对于病症较重的患牛可用20%的葡萄糖酸钙注射液1 000mL，或10%的氯化钙注射液500mL、10%的葡萄糖注射液1 000mL、10%的氯化钠500mL，静脉注射，1次/d，连用3d。还应根据情况对症治疗，全面调节，使机体快速恢复。

（2）乳房送风。对于比较严重的患牛，在上述补钙补糖治疗的基础上对奶牛乳房送风，使奶牛乳房内压力升高，减少乳房血的流量，使血液最大限度地供给其他组织器官减少乳汁的生成，以保证机体对钙和其他营养的需要。

（八）瘤胃酸中毒

瘤胃酸中毒主要是精饲料喂量过多，精粗饲料比例不当所造成，在瘤胃内高度发酵产生大量乳酸后引起代谢性酸中毒，以1～3胎的奶牛发病最多，7胎后的奶牛发病较少。该病一年四季均可发生，但以冬春季临产牛和产后3d内的奶牛发病较多。发病率与产乳量成正比例关系，产乳量愈多，发病率愈高。

1. 临床症状 采食后3～5h内突然精神沉郁，昏迷，突然死亡。轻度瘤胃酸中毒的病例，瘤胃胀满，精神抑郁，运动失调，倒地不起（图2-20），神志昏迷，出现酸血症，脱水；常出现食欲下降，反刍减少，瘤胃蠕动减弱，粪便松软或腹泻，如能改善饮食，常数天后自行康复。中度瘤胃酸中毒的牛，精神沉郁，食欲废绝，鼻镜干燥，眼窝下陷，反刍停止，空口咀嚼，流涎，粪便多呈水样、酸臭；随病情发展，体温升高，呼吸急促（50次/min以上）；脉搏增数（80次/min以上），瘤胃蠕动减弱或消失，瘤胃液pH降低，纤毛虫明显减少或消失。重度瘤胃酸中毒的病畜，步态蹒跚，反应迟钝，回顾腹部，对外界刺激的反应降低；随病情发展，后肢麻痹、瘫痪、卧地不起，最后角弓反张，昏迷死亡。

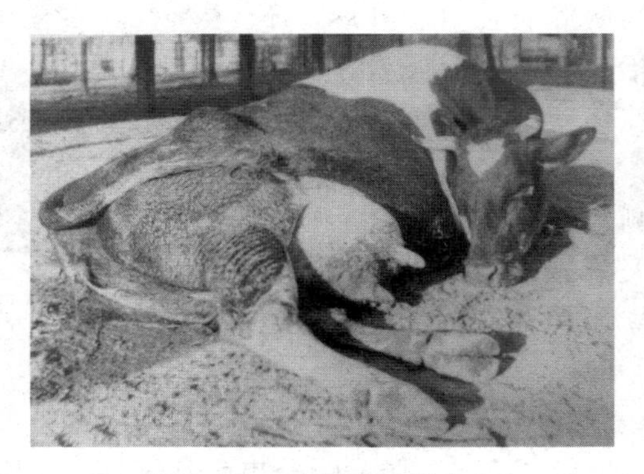

图2-20 瘤胃酸中毒病牛

2. 病变

急性病例：瘤胃和网胃中充满酸臭的稀软的内容物，黏膜呈玉米糊状，容易脱落，露出暗红色斑块，底部出血；真胃内容物呈水样，黏膜潮红；内脏静脉淤血、出血、水肿；肝肿大，实质脆弱，心内、外膜出血。

亚急性病例：瘤胃壁与网胃壁坏死，黏膜脱落，溃疡呈现带状，边缘红色，被侵害的瘤胃区增厚3～4倍，呈暗红色突起，表面浆液渗出，切面呈胶冻状；脑及脑膜充血，淋巴结和其他实质器官均有不同程度的淤血、出血和血肿。

3. 防治 重症病畜需实施瘤胃切开术，去除采食的谷类，然后用温水或3%碳酸氢钠水溶液进行瘤胃冲洗，尽可能去除乳酸，清理完毕后向瘤胃内放置适量优质干草及正常瘤胃内容物。注射葡萄糖酸钙、氯化钙等钙制剂，一可减少渗出，二可补充血钙浓度，加强心脏收缩，增强全身张力。注射5%碳酸氢钠溶液，调节酸碱平衡；应用地塞米松，治疗轻度和中度休克的病例。可采取洗胃治疗，用1%碳酸氢钙溶液反复冲洗瘤胃，直至胃酸变碱性为止；或用温水洗胃，冲洗完毕投放碱性药物，如碳酸氢钠或氧化镁。如出现脱水症状，应及时补液，可用5%葡萄糖生理盐水或复方氯化钠溶液静脉注射。补充适量钙剂和碳酸氢钠溶液，调节酸碱平衡。继发瘤胃炎、蹄叶炎者，应用抗生素及抗过敏药物，如氨苄西林和苯海拉明等。

在最初18～24h，限制饮水量。在恢复阶段，饲喂优质干草，禁喂谷物和全价精饲料，康复后再逐渐加入谷物和精饲料。

二、传染病

（一）结核病

结核病是由结核分枝杆菌引起的人、畜、禽共患的一种慢性传染病。结核分枝杆菌按其致病力可分为3种类型，即人型、牛型和禽型，三者有交叉感染现象。牛结核病是由分枝杆菌属牛分枝杆菌引起的一种慢性传染病。主要特征为病程缓慢、渐进性消瘦、咳嗽以及组织器官的结核结节性肉芽肿和干酪样、钙化的坏死病灶。该病广泛流行于世界各国，奶牛业发达的国家更严重。我国结核病疫情严重，分布广，经济损失严重。

1. 临床症状　结核病潜伏期长短不一，病初症状不明显，病久症状显露，由于患病器官不同，其症状也不一样。牛肺结核的主要症状是经常性咳嗽，呼吸加快，渐渐消瘦、贫血，产乳量减少，精神不振，咳嗽逐渐加剧；肠结核主要表现为消化不良，食欲不振，腹泻，越喂越瘦，大便带血或脓汁，有腥臭味；生殖道结核主要症状为阴道分泌物呈白色或脓样黄色，难配种，易流产等；乳房结核较常见，病牛先出现乳房上淋巴结肿大，一般先在乳区发生局限性或弥散性硬结，无热无痛，表面高低不平，泌乳量减少，乳汁变稀薄，有的乳汁中混有絮状物或呈现脓状，严重时乳腺萎缩，泌乳停止；淋巴结核可见于结核病的各个病型，颌下咽、颈、肩前淋巴结等肿大，无热痛。

2. 病变　当出现肺结核时，病牛由于极度消瘦而呈现肩脚骨、腕骨、肋骨突出，站立时背拱起，腹壁卷缩，两前肢外展，两后肢伸向腹下。常在早晨发生咳嗽，在饮水、采食、卧地起立以及在运动奔跑之后，也常咳嗽，在连续一两声咳嗽后多张口吐舌并流涎和落泪，有时通过鼻孔或口腔喷出脓样的痰。这时病牛表现为呼吸困难，伸颈呆立，以胸壁和腹壁用力呼吸，呼出的气体带有臭味；用拳压迫肋骨和肋间肌，则表现痛感。病牛的体表肩前、额下、股前或乳腺淋巴结肿大，压迫无痛感。叩诊时，胸部常出现浊音区，这是由于肺组织内产生大量结核结节，使部分肺泡失去气体交换作用所致。听诊时，胸部可听到摩擦音，呼吸音减低或消失，在吸气时有干性或湿性啰音。病情严重时，病牛卧地，呼吸极度困难，最后衰竭窒息而死亡。

此外，还可见喉结核、肠结核和乳腺结核。患喉结核时，患牛喉部出现硬肿，触诊时敏感，呼吸发生阻碍，能以人工诱发咳嗽；咽后淋巴结肿大，流涎，吞咽和反刍困难，因而瘤胃有慢性膨胀。患肠结核时，这种结核常发生在空肠和回肠部，主要症状为消化不良，常连续1或2顿不食，出现持久性的腹泻，粪便稀薄似油状，腥臭并混有血液；直肠检查有时可感触到肠壁和肠系膜淋巴结的结核结节。患乳腺结核时，常发生在一个乳腺区，后方乳腺区发生结核的病例较多，乳房表面出现大小不等，凹凸不平的硬结，乳腺淋巴结发生硬肿，乳汁最初不见任何变化，随着产乳量的逐渐减少，乳质变稀薄，色淡呈黄水样，或呈深黄浓厚状，并混有脓块；患牛乳腺区最后完全停止泌乳；严重的结核性乳腺炎可引起全身性症状，体温上升，寒战，食欲停止，心悸，一般预后不良。

3. 防制

①规模奶牛场检疫淘汰。每年进行2次结核菌素检疫，将阳性牛隔离饲养；对临床检查出的开放性结核（如肺结核）病的牛实施屠宰，肉类高温处理；病牛所产犊牛隔离饲养，饲喂健康牛乳，按规定进行3次以上检疫，阴性者送假定健康牛群中培育。②杜绝疫情入侵。新购入牛只应隔离饲养、观察3个月，进行2次检疫，确认健康方可混群饲养。③强化消毒。病牛污染的厩舍和场地，可用20%石灰乳、5%来苏儿溶液、5%～10%热氢氧化钠溶液、5%漂白粉溶液消毒处理，粪便堆积发酵灭菌；病牛所产乳品，经65℃消毒30min后方可食用。

（二）布鲁氏菌病

布鲁氏菌病是由布鲁氏菌引起的一种慢性或急性的人兽共患病，其易感动物很多，其中羊、牛、猪最易感。该病又称为传染性流产病，其特征是生殖器官和胎膜发炎，引起流产、不育和各种组织的局部病灶。在群体饲养中，传染速度极快并能传染给人，是一种接触性慢性传染病。

1. 临床症状　该病潜伏期较长，2周到6个月不等，多数病例不表现明显症状，为隐性感染。患病奶牛主要症状为母牛流产、不孕、乳腺炎、关节炎、产乳量和乳品质下降等；公牛睾丸受到侵害，引起睾丸炎，附睾炎，精子活率和活力下降，睾丸肿大、坏死或化脓，触碰疼痛坚硬，有时可见阴茎潮红肿胀、身体消瘦、关节炎等。母牛流产多发生于妊娠后5～8个月，产下的胎多为死胎，有时是弱犊。流产前精神萎靡不振、食欲下降、阴唇充血肿胀、阴道黏膜潮红、乳房肿胀等，流产1～2次后可正常分娩，胎儿若不排出，可能造成木乃伊化。病母牛流产后常患有胎衣不下和慢性化脓性子宫内膜炎，从而导致持久不孕。母牛流产后很少再次发生流产。患牛常发生关节炎、淋巴结炎、滑膜囊炎及腱鞘炎，多数患牛关节肿胀疼痛，跛行或卧地不起，严重者关节变形，其中以膝关节和腕关节最易受到侵害。母牛有时还会表现出乳腺炎的轻微症状。

2. 病变　病母牛胎盘呈淡黄色胶样浸润，有出血点，表面覆有絮状物和脓液。绒毛膜充血、肥厚，有黄绿色渗出物。流产胎儿皮下组织、结缔组织发生浆液性浸润，胎儿胃内有黄白色黏液块和絮状物。胸腔有多量微红色积液。淋巴结、肝、脾有程度不同的肿胀、坏死。乳房发生实质性或兼间质性乳腺炎，继发乳腺萎缩和硬化。病公牛精囊中常出血且有坏死病灶，睾丸附睾坏死，形成脓肿。慢性经过的病牛，结缔组织增生，睾丸和周围组织粘连，出现关节炎和滑液囊炎。

3. 防制　定期检疫，及时隔离和淘汰病畜，坚持常年防疫和消毒制度，坚持自繁自养，培育健康牛；加强饲养管理，提供合适营养的饲料，提供良好的生活环境，增强奶牛的抵抗力，保持牛舍内的环境卫生；对引进的种牛要隔离饲养2个月，并用血清凝集实验检疫2次，健康者可混群饲养。

第五节　生产面临的主要非疾病风险

整体情况看，奶牛养殖业面临的风险与一般养殖业类似，主要包括养殖风险、自然风险以及市场风险。非疾病风险则需要当地政府支持及养殖者提高奶牛养殖风险防范的意识，做好自然灾害的预防，提高养殖技术及养殖管理水平，从整体上提高奶牛养殖业的安全性及可持续性。

一、自然灾害风险

自然灾害的出现往往具有突发性、毁灭性和不可抗拒性，一旦发生可能导致饲养者陷入破产的境地。不同养殖地区处在不同的气候区，所面临的气候影响大不相同，如广东省属热带和亚热带季风气候区，由于地处低纬，面临广阔的海洋，因此海洋和大陆均对广东气候有非常明显的影响。另外，由于受土地等资源条件限制，奶牛养殖与种植业结合不够紧密，奶牛养殖废弃物资源化利用还不充分不彻底，在部分地区造成了一定范围的环境污染，例如空气、水源、牧场的污染和牛自身代谢的有毒产物的污染。

自然风险是指由自然界不可抗力的不规则变化给养殖者的奶牛养殖行为带来了损失的风险。奶牛养殖对自然环境的依赖较强，尽管随着现代养殖技术及生产水平的提高可以人工改善环境，但依然摆脱不了自然灾害的困扰。奶牛养殖的自然风险主要表现为3类：一是农业气象灾害风险，即由气候条件的不规则变化引发的自然灾害，如暴雨、风灾、雷击、冰雹、冻灾等。二是农业地质灾害风险，即由自然变异或人为因素造成的影响，地质表层或地质体发生明显变化时对奶牛养殖造成的危害。地质灾害对奶牛养殖的危害既有对奶牛及养殖设施的机械性剧烈破坏，（如地震、泥石流、山体滑坡、地面塌陷等）。也有对奶牛生理造成的缓慢损害。三是农业环境灾害风险，即由生态恶化、环境破坏等对奶牛养殖造成的危害，如地下水污染、水资源匮乏、大气污染、全球性的气温升高等。我国奶牛养殖主要集中于西北和东北地区，这些地区自然灾害发生频率相对较高、强度较大，尤其第一类农业气象灾害风险，对奶牛养殖造成的影响较为严重，其中，常发的灾害有暴雨导致的洪涝、暴雪导致的冻灾（白灾）等。

自然灾害的发生是不可抗拒的，养殖户只能通过采取各种措施设法减小损失，尽快补救和恢复生产，其中，参加奶牛保险是养殖户分散自然灾害风险、降低灾害损失的重要措施。

二、市场风险

近年来因粮价上涨导致奶牛饲料价格上涨，奶牛养殖成本升高，饲养效益下降。此外，奶牛饲养周期长，抗干扰能力差，一旦受挫，需要很长时间才得以恢复，其势必给乳业市场带来一定影响。优质饲草料生产供应紧缺和热应激严重地影响了我国奶牛生产性能的充分发挥，同时也推高了生鲜奶的生产成本。

随着我国经济的发展和人民生活水平的提高，对乳制品的需求量会持续增加，但部分乳制品出现质量问题，也在一定程度上致使人们购买乳制品的意愿下降。

奶牛养殖过程中的市场风险主要是指在奶业生产和销售过程中，由于饲料、兽药及设备等生产资料价格上涨和牛奶价格下降，或者牛奶销售价格与生产资料价格不能同步增长造成奶牛养殖者经济损失的风险。主要表现在两方面：一是饲料价格上涨的风险。目前，我国生鲜牛奶的生产成本主要由饲料成本主导，饲料成本的上涨会直接加大养殖者的牛奶生产成本，导致其经济效益下降。通常，玉米、豆粕、青贮玉米秸秆和苜蓿是奶牛养殖常用饲料。但近几年，由于国内大豆、苜蓿等种植面积较少，豆粕、苜蓿等国内供给不足，导致国内奶牛养殖对国际饲料市场的依赖度不断提高，如以饲料主要蛋白质来源的大豆为例，统计数据显示，2017 年我国进口大豆 9 553 万 t，相当于当年国内大豆产量的 6.25 倍；同时，进口数量连年上升，2017 年我国大豆进口量相比于 2008 年增加 1.55 倍。因而，进口奶牛饲料价格的不断走高，进一步加大了国内奶牛的养殖成本。二是牛奶价格的不稳定波动风险。随着我国对外开放程度的日益加深，中国乳业已从区域市场竞争发展到全球市场竞争。如中新自由贸易协定的签订、中澳自由贸易协定谈判等一系列举措，标志着中国乳业已进入到全球市场的竞争行列。2008—2017 年，我国奶粉进口量已从 10.1 万 t 增加到 101.4 万 t，增长近 10 倍；乳制品进口量从 35.0 万 t 增加到 254.5 万 t，增长 6.2 倍（数据来源于智研咨询发布的《2018—2024 年中国奶粉市场专项调研及投资前景分析报告》）。全球性奶源的供给及价格变化直接影响了国内乳品企业的生产经营，如部分国内乳品企业以进口奶粉为原料生产还原液态奶，减少国内生鲜乳的使用量，压低国内生鲜乳的收购价格，严重影响了国内奶牛养殖业的健康发展。

对于上述奶牛养殖的市场风险，可以通过启动政府奶业生产及价格监测机制、推进奶牛养殖技术的研发、降低国内生鲜牛奶生产成本、提高养殖者的组织化程度、开发奶牛价格指数或收入保险产品等方式保护奶牛养殖者的利益，稳定奶业生产。

第六节　奶牛保险相关技术要点

一、奶牛保险概况

改革开放以来，我国奶业持续快速发展，饲养规模不断扩大，加工能力明显增强，奶类产量持续增长，乳品消费稳步提高，对丰富城乡市场、优化农业结构、增加农民收入做出了重要贡献。但进入 21 世纪初期，我国奶牛养殖效益大幅度下降，部分奶牛养殖户亏损，奶业发展出现较大波动。为有效保障奶牛养殖安全，国务院下发了《国务院关于促进奶业持续健康发展的意见》（国发〔2007〕31 号），国家建立奶牛政策性保险制度，政府对参保奶农给予一定的保费补贴。为贯彻落实党中央国务院的有关方针政策，2008 年，财政部印发了《中央财政养殖业保险保费补贴管理办法》（财金〔2008〕27 号），将奶牛与能繁母猪保险一同纳入中央财政补贴范围，对奶牛养殖保险财政部给予 30％的保费补贴。2016 年，财政部印发了《中央财政农业保险保险费补贴管理办法》（财金〔2016〕123 号），指出对纳入中央财政补贴的养殖业保险品种，在省级及省级以下财政至少补贴 30％的基础上，中央财政对中西部地区补贴 50％、对东部地区补贴 40％。自此，中央财政补贴型奶牛养殖保险基本实现了对全国各省（自治区、直辖市）的全覆盖，财政补贴比例一般为 70％～80％。2019 年，奶牛养殖保险市场保费规模已达到 36 亿元，成为继生猪板块之后的第二大养殖业保险业务板块。同时，政策性奶牛养殖保险业务效益良好，综合赔付率一般保持 70％左右，使得政策性奶牛保险业务成为支持养殖业保险整体效益发展的中坚力量。

二、奶牛主要产品简介

（一）奶牛养殖保险

通常所说的奶牛养殖保险，保险标的通常为 6 月龄以上、7 周岁以下（根据当地奶牛品种及生产实际会有所不同）进入稳定产乳期的成年奶牛。当前，中央财政补贴型奶牛养殖保险几乎覆盖到国内的所有地区，但由于多数时候政策性险种规定的单位保额远没有达到奶牛养殖的物化成本或市场价值的七成，因此保险公司还可提供与政策性险种责任相同的商业性奶牛养殖保险作为政策性险种的保额补充手段。

（二）犊牛养殖保险

由于政策性奶牛养殖保险标的通常为成年奶牛，导致其无法覆盖 6 月龄前的奶牛牛犊的养殖风险，因此保险公司可根据客户需求，开发商业性奶牛犊牛养殖保险，标的为 0～6 月龄（根据不同品种有所差异）的奶牛犊牛。奶牛犊牛保险也可根据实际需要，与肉牛犊牛保险合并为一个产品进行开发承保。

（三）创新型险种

传统奶牛养殖保险的保险责任通常为保疾病疫病和自然灾害，在此基础上，保险公司可根据部分客户的特殊需求开发创新型险种，如产奶指数保险、牛奶价格保险、母牛及犊牛难产死亡保险等。

三、奶牛保险承保理赔技术要求

（一）承保条件

除所有保险承保时都应当遵循的可保利益原则外，奶牛养殖保险承保时还应当满足以下条件：①对于舍饲养殖的养殖场，饲养场所在当地洪水水位线以上的非蓄洪区内，并且不在传染病疫区内；对于全牧饲养殖的养殖场，可不设饲养场地理条件要求。②奶牛养殖保险根据国家监管统一规定，必须佩带身份标识（如耳标）。③投保的奶牛品种必须在当地饲养 1 年以上（含）。④投保奶牛饲养管理正常，无伤残，无疾病，能按免疫程序接种且有记录，经畜牧兽医部门和保险人验体合格。⑤因奶牛乳用为主要用途，肉用价值较低，故奶牛产乳高峰期过后其市场价值逐步下降，甚至可能下降至保额以下。因此，保险标的为成年奶牛的险种，承保畜龄应满足距其进入衰老期、淘汰期等低价值时期一定时长，并规定最低畜龄或体重。⑥政府部门要求的其他承保条件，如符合当地奶业发展规划、不得位于禁养区、存栏数量等。

（二）保险责任和责任免除

奶牛保险的保险责任通常包括：①病毒性传染病、细菌性传染病、寄生虫性传染病和代谢性疾病造成死亡；②自然灾害，如台风、龙卷风、风灾、暴雨、雷击、地震、冰雹、冻害、洪涝（政府行蓄洪除外）；③意外事故，如泥石流、山体滑坡、火灾、爆炸、触电、溺水、野生动物侵害、建筑物倒塌、空中运行物体坠落。

除上述责任外，还可根据实际需要，设置其他保险责任，如产乳能力、繁育能力、难产、政府扑杀等。

责任免除一般包括：①被保险人（或其雇佣人员）的故意行为或重大过失；②未按行业防疫要求或标准履行防疫职责；③政府扑杀行为以外的行政行为或司法行为；④因病死亡不能确认无害化处理；⑤观察期内患有的疫病导致标的死亡；⑥特定事件导致标的死亡，如走失、被盗、互斗、中毒、淘汰、屠宰等；⑦根据保险合同载明的免赔率计算的不予赔偿的免赔额；⑧保险标的遭受保险事故引起的各种间接损失。

（三）保险期间

成年奶牛通常按年度承保，保险期间为 1 年。犊牛通常按批次承保，每批次保险期间通常为 6 个月左右，根据不同地区、不同品种的养殖实际确定。

（四）保险金额

政策性奶牛养殖保险的单位保险金额通常由政府方案确定，常见的单位保额有 8 000 元、10 000 元、12 000 元。保险公司开发的商业性奶牛养殖保险单位保额可根据被保险人需求和生产实际确定，被保险人未投保政策性保险的，商业性保险单位保额可达 10 000 元以上，最高不超过标的市场价值的 70%；被保险人已投保或将投保政策性保险的，商业性保险只可作为补充性质，保额最高为标的市场价值的 70%扣减政策性保险单位保额的差值部分。

（五）保险费率

政策性奶牛养殖保险的保险费率由政府方案确定，一般为 5%或 6%。商业性奶牛养殖保险保险费率应尽量接近当地政策性险种的保险费率，一般需至少 4%以上。犊牛由于死亡率较成牛明显偏高，费率应当进行合理上浮，一般需要达到 8%～10%。

（六）保险数量

对于保险标的为成年奶牛的常规奶牛养殖保险，由于其养殖周期横跨数年，一般保险数量为养殖场的奶牛存栏量，后续有发生补栏的，根据实际补栏数量对保险数量进行批增。但对于保险期间不足 1 年的犊牛保险，保险数量应按每批次养殖数量确定。需要特别说明的是，如牛奶价格保险等价格类保险，根据监管规定，保险数量的单位不可是 kg、t 等质量单位，应根据单位产量（如每头奶牛产奶量），将计数单位转化为“头”。

（七）赔偿处理

由于奶牛养殖周期一般多达数年，成年后直至衰老淘汰期前，市场价值趋于稳定，因此对于保险标的为成年奶牛的常规奶牛保险而言，保险赔偿处理不需要根据畜龄、尸长、尸重等生物指标进行比例赔付，如无特殊情况直接按保险金额赔付即可。但对于保险标的为奶牛牛犊的犊牛保险，犊牛在成年之前的生长变化较大，市场价值上涨较快，故赔偿处理仍需要按照生物指标进行比例赔付。

第三章　肉牛养殖技术与保险

我国肉牛养殖业的发展经历了3个阶段，第一阶段为产业空窗期，即新中国成立初至改革开放初期。这一阶段肉牛养殖业基本不具备产业发展条件，黄牛作为生产资料而不是用来生产牛肉的生活资料，牛肉主要来自淘汰牛只。第二阶段为产业形成期，即20世纪80年代后期到20世纪末。由于农业机械化水平的不断提高，黄牛的役用功能逐渐减弱。此时，我国先后从国外引进20余种肉牛品种（包括兼用品种），用来杂交改良各地的地方黄牛品种。我国的肉牛产业从无到有、从小到大，有了突飞猛进的发展。第三阶段为稳步发展期，进入21世纪后，我国肉牛出栏量、牛肉产量都呈现稳步增长的趋势，已成为世界第三大牛肉生产国。2019年，中国养殖牛数量（包括肉牛、奶牛和役用牛）达9 138万头，牛肉产量685万t。同时，随着中国人口增长、居民收入增加以及城镇化步伐的加快，我国牛肉消费也由原来的区域性、季节性消费逐渐转型为全国性和全年性消费。2019年，我国牛肉消费总量约为833万t，仅次于美国，人均牛肉消费量达5.95kg。我国牛肉进口量也成为世界上牛肉进口增幅最大的国家。2012年我国牛肉进口量不足10万t，2019年进口量达240万t，是2012年的24倍，已超越美国、日本，成为世界第一大牛肉进口国和全球牛肉消费增长最快的国家。

第一节　生理特性及主要品种

一、生理特性

（一）消化特性

牛为食草动物，有4个胃，即瘤胃、网胃（亦称为蜂巢胃或第二胃）、瓣胃（亦称为重瓣胃或第三胃）、皱胃（亦称为真胃或第四胃），其中瘤胃又叫“草包”，是反刍动物区别于其他动物最重要的武器。反刍、嗳气和食管沟反射是牛典型的三大消化特征。

1. 反刍（又称倒沫或倒嚼）　牛无上切齿，所以不容易切断粗饲料，而是依靠灵活有力的舌将饲草卷入口中，利用上颚齿板和下切齿将草料切断吞下，进入瘤胃的草料经湿润、膨胀和微生物发酵，又重新返回口腔内咀嚼的过程叫反刍。通常牛采食后半小时开始反刍，成年牛每天有10～15个反刍周期，每个反刍周期持续 40～45min，每天总反刍时间平均为 7～8h。通过反刍可以缩小饲草体积，并混有大量的唾液，有利于瘤胃微生物发挥生理作用；同时通过反刍可排出一部分瘤胃发酵气体。

2. 嗳气 由于瘤胃中大量微生物的发酵作用，产生挥发性脂肪酸和多种气体，引起嗳气反射，瘤胃中的部分气体通过食管进入口腔吐出，称嗳气。牛一昼夜可产生气体为 600～1 300L，平均每小时嗳气 17～20 次。当牛采食大量带有露水的豆科牧草和富含淀粉的根茎类饲料时，瘤胃发酵急剧上升，产生的大量气体来不及排出时，就会出现“臌气”。若不及时机械放气或灌服缓泄药物，牛就会窒息死亡。

3. 食管沟反射 初生牛犊的瘤胃、网胃、瓣胃的功能发育不全，不具备消化牛奶和饲料的能力，消化主要依靠皱胃，而食管沟反射特点可将乳汁等液体自食管经瓣胃沟直接送入皱胃消化。该生理特点可防止乳汁进入瘤胃、网胃而引起细菌发酵和消化道疾病。一般哺乳期结束的育成牛和成年牛，食管沟反射逐渐消失。生产中，为减少药物被瘤胃微生物分解，影响药效，常利用食管沟反射的这一功能给成年牛投药，可使药液直接进入瓣胃和皱胃。

（二）繁殖特性

牛是单胎动物，一般每年 1 胎，自然交配下，双胎率仅为 1%～2.3%。除高寒地区的牦牛因终年放牧，受气候影响，属季节性发情外，舍饲的牛一般均为常年多次发情，四季均可。母牛初情期为 6～12 月龄，性成熟为 8～14 月龄，初配年龄为 1.5～2 岁。母牛发情周期基本都相似，平均为 21d，妊娠期约 280d。公牛在 1 岁左右就有爬跨行为，2.5 岁左右性成熟，3 岁开始配种，4～7 岁配种能力最强，10 岁以后逐步下降。

二、生长阶段

牛的自然寿命较长，一般能活 20～30 年，但作为生产牛肉的生活资料，牛的使用寿命一般在 2～5 年。犊牛一出生，经过 6 个月的哺乳期后，即进入育成期，当年龄达到 12～13 月龄时，母牛进入能繁母牛群进行后代繁殖，一般 3 胎左右淘汰；公牛则进入育肥场，育肥 1～1.5 年后屠宰。根据肉牛的各阶段生长和生理特点，可将肉牛的生长发育阶段分为犊牛期、育成期、育肥期、妊娠期和哺乳期。妊娠期和哺乳期主要针对母牛而言。

（一）犊牛期

犊牛期是指出生到断乳（6 月龄）的时期，在这一阶段犊牛的消化器官显著改变，使得瘤胃功能逐渐完善；同时器官和组织快速生长，增重快。因此在饲养管理上，出生后 1h 内要吃上初乳；2～3 月龄要开始早期补料，提高犊牛断乳重和饲料转化率，促进犊牛前胃的早期发育。

（二）育成期

育成期是指从断乳后6月龄（体重90～110kg）到12月龄（体重300kg左右），处于此时期的牛称为青年牛或育成牛，俗称“架子牛”。这个时期牛的骨骼、内脏、肌肉等组织发育很活跃，也是瘤胃发育和体积扩大的重要阶段。因此，日粮中粗蛋白质含量要求在14%～16%，粗饲料应占每日摄入的可消化养分总量（TDN）40%左右，育成用配合饲料按体重的1.2%～1.5%限制供应，在此期间日增重要达到0.6～0.7kg。这一时期的牛具有补偿生长特性。生产中，架子牛育肥则是利用了这一补偿生长的特性，既降低了饲养成本，又提高了经济效益。

（三）育肥期

1. 过渡期　肉牛在进入正式育肥前都要进入过渡期，让牛在过渡期完成去势、免疫、驱虫以及由于分群等原因引起应激反应的恢复。另外，肉牛在过渡期的饲养目的还包括让其胃肠功能得以调整。因肉牛进入育肥期后，日粮变为育肥牛饲料，并且饲喂方式由精饲料限制饲喂过渡到自由采食，为了使其尽快地适应新的饲料、新的环境以及饲养管理方式，过渡期的饲养非常重要。在这一时期肉牛仍以饲喂青干草为主，饲喂方式为自由采食，同时可限制饲喂一定量的酒糟。依据肉牛的体重和日增重来计算日粮，做好精饲料的补充工作，精饲料采食量达到体重的1%～1.2%。

2. 育肥前期　育肥前期为肉牛的生长发育阶段，又可称为生长育肥期，这一阶段是肉牛生长发育最快的阶段。所以此阶段的饲养重点是促进骨骼、肌肉以及内脏的生长，因此日粮中应该含有丰富的蛋白质、矿物质以及维生素。此阶段仍以饲喂粗饲料为主，但是要加大精饲料的饲喂量，让其尽快地适应粗饲料型日粮。粗饲料的种类主要为青干草、青贮料和酒糟，其中青干草应自由采食，酒糟及青贮料则要限制饲喂。精饲料作为补充料饲喂时，其中的粗蛋白含量为14%～16%，饲喂时采取自由采食的方式，饲喂量为体重的1.5%～2%，为日粮的50%～55%。

3. 育肥中期　肉牛在育肥中期骨骼、肌肉以及身体各项内脏器官的发育已经基本完全，内脏和腹腔内开始沉积脂肪。此时的粗饲料主要以饲喂稻草为主，饲喂量为每天每头1～1.5kg，停喂青贮料和酒糟，同时控制粗饲料的采食量。精饲料作为补充料，粗蛋白的含量为12%～14%，让肉牛自由采食，使采食量为体重的2%～2.2%，为日粮的60%～75%。

4. 育肥后期　育肥后期为肉牛的育肥成熟期，此时肉牛主要以脂肪的沉积为主，日增重明显降低，这一阶段的饲养目的是通过增加肌间的脂肪含量和脂肪密度，来改善牛肉的品质，提高优质高档肉的比例。粗饲料以麦草为主，每天的采食量控制在每头1～3kg；精饲料中粗蛋白的含量为10%，自由采食，精饲料的比例为日粮干物质的70%，每天的饲喂量为体重的1.8%～2%，为日粮的80%～85%。要注意精饲料中的能量饲料要以小麦为主，控制玉米的比例，同时还要注意禁止饲喂青绿饲草和维生素A，并在出栏前的2～3个月增加维生素E和维生素D的添加量，以改善肉的色泽，从而提高牛肉的品质。

三、主要品种

（一）国内品种

1. 地方黄牛品种 地方黄牛是我国肉牛产业的主体，国内牛肉产量的85%来自地方黄牛的杂交牛。我国地方黄牛品种数量众多，仅收录在2011年《中国畜禽遗传资源志・牛志》中就有54种（参见附录A），分布呈典型的地域性，有中原型、北方型和南方型3种类型。

中原型：牛种体格大，有肩峰但不明显，主要分布在河南和华北及华南北部地区，包括秦川牛、南阳牛、鲁西牛、晋南牛、渤海黑牛、郏县红牛、冀南牛和平陆山地牛8个品种。北方型：牛种体格中等，主要分布在华北、西北和西南地区，包括延边牛、复州牛、蒙古牛、西藏牛、阿勒泰白头牛和哈萨克牛6个品种。南方型：牛种体格偏小，肩峰明显，具有瘤牛特征，主要分布在我国华东南部、华南、西南地区，包括枣北牛、巫陵牛、隆林牛、舟山牛、湘西黄牛、夷陵牛、关岭牛、文山牛、大别山牛、吉安牛、锦江牛、皖南牛、云南高峰牛、昭通牛、威宁牛、南丹牛、闽南牛、凉山牛、黎平牛、雷琼牛、广丰牛、滇中牛、川南山地牛、巴山牛、务川黑牛、盘江牛、邓川牛、平武牛、拉萨牛、柴达木牛、日喀则驼峰牛、樟木牛、甘孜藏牛、阿沛甲咂牛、关岭牛、滇中牛、文山牛、台湾牛。

目前存栏量较大或产业化开发较好的地方品种有以下几种。

（1）秦川牛。主要分布于渭河流域渭南、宝鸡、咸阳等地。毛色以紫红色和红色为主（图3-1）；体型丰满，体躯较长，骨骼粗壮坚实，役用性能好，在民间享有“奔跑不及赤兔马，力大可比关中汉”的美誉。该品种性情温驯，易育肥、牛肉肉质细嫩、大理石花纹好，适应性强。因此，在我国青海、甘肃、四川等21个省市都有推广。

（2）南阳牛。主要分布在河南省南阳、许昌、周口、驻马店等地区。毛色有黄、红、草白3种，以黄色居多（图3-2）；角型有萝卜角、扁担角等，公牛以萝卜角为好；体躯高大，肌肉发达，结构紧凑，皮薄毛细，体质结实，役用性能较好；耐粗饲，适应性强，产肉性能好。

（3）鲁西黄牛。原产地为山东省菏泽和济宁等地。被毛呈浅黄色、黄色或棕

图 3－1　秦川牛（左：公牛，右：母牛）

图 3－2　南阳牛（左：公牛，右：母牛）

黄色，以黄色为多，多数具有眼圈、口轮、腹下和四肢内侧毛色浅淡的“三粉特征”。个体高大，结构匀称，细致紧凑，性情温驯（图 3－3）；肉役兼用性好，牛肉脂肪色泽白、大理石花纹好。

图 3－3　鲁西黄牛（左：公牛，右：母牛）

（4）渤海黑牛。原产地为山东省滨州等地，俗称“黑金刚”。被毛黑色或黑褐色，蹄、角、鼻镜多为黑色；体型中等，呈较为典型的肉用长筒状，肉用性能明显（图 3-4）。该品种性成熟和体成熟早，前期生长快；屠宰率和产肉性能高，牛肉细嫩，大理石花纹好，可与安格斯牛相媲美。

图 3-4 渤海黑牛（左：公牛，右：母牛）

（5）郏县红牛。原产于河南郏县、宝丰、鲁山等地，历史上以郏县饲养品种影响较大，故而得名。毛色有红、浅红及紫红 3 种，以红色为主，鼻镜、眼睑、乳房呈粉色，蹄壳呈蜡色或黑褐色，角形多为龙门角；体型中等，体质结实，骨骼粗壮，体躯较长，腹部充实，呈役肉兼用体型（图 3-5）。

图 3-5 郏县红牛（左：公牛，右：母牛）

（6）延边牛。原产地为吉林省延边朝鲜族自治州。被毛长而密，毛色以正黄色为主，鼻镜呈淡褐色，有的有黑斑点（图 3-6）；体型中等，体质结实，背腰平直宽广，长短适中，肉用体型明显，产肉性能较好；抗寒、抗病、耐粗饲。

（7）蒙古牛。原产于蒙古高原地区，是我国北方优良地方品种之一，具有乳、肉、役多种用途，曾广泛分布于内蒙古、新疆、黑龙江、吉林、辽宁、青海等省（自治区），但目前纯种蒙古牛的数量急剧下降，处在濒危—维持状态。蒙古牛毛色多为黑色或黄（红）色，具有典型的虎纹色；角型独特，角长，向上前方弯曲（图 3-7）；适应寒冷的气候和半荒漠草原放牧等生态条件，是我国宝贵的种畜遗传资源。

图 3-6 延边牛（左：公牛，右：母牛）

图 3-7 蒙古牛（左：公牛，右：母牛）

（国家畜禽遗传资源委员会，2011. 中国畜禽遗传资源志·牛志）

2. 地方水牛品种 水牛属于哺乳纲，偶蹄目，反刍亚目，洞角科，牛亚科，水牛属。因水牛皮厚，汗腺极不发达，天热时需浸水散热，故名“水牛”。我国水牛主要分布在东南和西南两个地区，淮河以南最多，曾是我国南部水稻种植地区的重要役畜。我国水牛现有存栏量 2 360 万头（2018，FAO 数据），居世界第三位，主要有贵州水牛、滇东南水牛、信阳水牛、西林水牛、滨湖水牛、温州水牛、海子水牛、东至水牛、湖区水牛、涪陵水牛、福安水牛、广丰水牛、德昌水牛、德宏水牛等地方水牛品种 26 个（参见附录 B）。根据体型大致可分为大、中、小三类：东部沿海地区属于大型；华南热带、亚热带地区的属于小型；其他江、淮沿岸平原、丘陵和高原平坝地区的水牛属于中型。

我国水牛一般都有一对月牙形的角，毛色大多为单一的黑色和灰褐色，皮肤表面无毛或为稀疏的短毛，贵州白水牛是我国唯一的白毛水牛。我国水牛属于沼泽型水牛，泌乳能力较低，主要用于畜力和肉用。近年来，由于农业机械化的普遍使用，水牛在农业中的重要地位逐渐下降，而且绝大部分品种水牛种群退化，存栏量急剧下降。目前仅有小部分水牛品种，利用引进的摩拉水牛或尼里拉菲水牛进行杂交改良，向乳用或乳肉兼用方向选育利用，以满足我国南方地区农业生产需求，提高广大人民群众生活水平。

(1) 贵州水牛。原产地贵州，全省均有分布，密度从东南向西北递减，可划分为黔北、黔中和黔南水牛，3 种类型水牛的体型依次变矮、变短、变小。贵州水牛是目前 26 个水牛品种中存栏量最多的品种，这可能与贵州多山地，仍须畜力有关。毛色仍以灰色为主；体短而粗，腹圆大，尻斜（图 3-8）。成年公牛的体重 400～500kg，成年母牛体重 370～470kg，黔北水牛体重较大，黔南水牛则较小；黔北水牛的屠宰率 54%，净肉率 43%。

图 3-8　贵州水牛（左：公牛，右：母牛）

(2) 滇东南水牛。原产于云南省南部。被毛稀疏而短，毛色以瓦灰色为主，瓦灰色的牛均有白色或灰色的“V”型颈纹和胸纹，白色的牛无“白胸月”，四肢下部多为“白补袜子”（图 3-9）。体态发育匀称，骨骼粗壮、结实，产肉性能良好，性情温驯，耐粗饲，适应性、抗病力、役用性能强，易驯养，是一种优良的役、肉兼用型水牛。成年公牛平均体重（458.27±32.80）kg，成年母牛平均体重（371.27±58.03）kg；犊牛初生重 20～30kg；屠宰率（43.7±1.88）%，净肉率（33.5±1.92）%。

图 3-9　滇东南水牛（左：公牛，右：母牛）

（国家畜禽遗传资源委员会，2011. 中国畜禽遗传资源志·牛志）

(3) 西林水牛。主产地为广西西林、隆林、田林等地。被毛较短，密度适中，以灰色为主，少数灰黑色，另有少量全身白色。颈下胸前大部分有一条新月形白带，下腹部、四肢内侧及腋部被毛均为灰白色。体格健壮，结构紧凑，发育匀称，但身躯稍短（图3-10）。成年公牛平均体重（2 433.5±28.08）kg，成年母牛平均体重（379.3±56.0）kg；公牛、母牛屠宰率分别为44.2%、47.6%，公牛、母牛净肉率分别为32.4%、35.6%。初生重公犊29.2kg，母犊27.8kg。公犊、母犊哺乳期日增重0.4kg。

图3-10　西林水牛（左：公牛，右：母牛）
（国家畜禽遗传资源委员会，2011. 中国畜禽遗传资源志·牛志）

（4）德昌水牛。原产于四川省的德昌等地。德昌水牛基础毛色为灰色，肋部、大腿内侧及腹下处毛色淡化，有“白胸月”，体躯紧凑，前躯发育良好，中躯及后躯发育中等（图3-11）。由于产区地处青藏高原和云贵高原之间，海拔落差大，造就了德昌水牛对环境的适应性强、抗病力强的特点。初生重公犊25.5kg、母犊23.9kg；哺乳期日增重公犊0.72kg、母犊0.57kg；成年公牛平均体重（646.7±124.6）kg，成年母牛平均体重（438.6±22.2）kg；成年公牛屠宰率为42.4%、净肉率为34.3%，成年母牛屠宰率为41.5%、净肉率为31.6%。

图3-11　德昌水牛（左：公牛，右：母牛）
（国家畜禽遗传资源委员会，2011. 中国畜禽遗传资源志·牛志）

3. 地方牦牛品种　牦牛属于哺乳纲，偶蹄目，反刍亚目，洞角科，牛亚科，牦牛属，是我国一个古老而原始的牛种，主要分布在我国西北、西南的青海、西藏、四川、甘肃等高原地带。

我国现有牦牛数量 1 400 余万头，占世界总数的 95%以上，主要有天祝白牦牛、甘南牦牛、青海高原牦牛、九龙牦牛、麦洼牦牛、木里牦牛、西藏高山牦牛、娘亚牦牛、帕里牦牛、斯布牦牛、中甸牦牛、巴州牦牛 12 个地方品种（参见附录 C）。牦牛的毛色多为黑褐色、腹部毛较长，蹄底部有坚硬似蹄铁状的突起边缘，叫声像猪，尾短，毛长似马。牦牛绒纤维细，保暖性好，是特种高级毛纺原料；四肢强壮，蹄小结实，还是牧民的交通和使役工具，它可驮、可驾、可骑、可犁，享有“高原之舟”之称。牦牛粪晒干后，是牧民生火做饭取暖的主要燃料。

（1）青海高原牦牛。主产于青海南部、北部两高寒地区，是我国青藏高原型牦牛中一个面较广、量较大、质量较好的肉用型地方良种。因与野牦牛栖息地相邻，不断有野牦牛遗传基因渗入，故其体型外貌多带有野牦牛的特征。毛色多为黑褐色，嘴唇、眼眶周围和背线为灰白色（图 3－12）。成年公牛平均体重为（334.9±64.5）kg，成年母牛平均体重为（196.8±30.3）kg；成年公牛屠宰率为（54.0±2.1）%，净肉率为 41.4%。

图 3－12　青海高原牦牛（左：公牛，右：母牛）
（国家畜禽遗传资源委员会，2011. 中国畜禽遗传资源志・牛志）

（2）西藏高山牦牛。主要分布于西藏自治区东部、南部山原地区，以嘉黎县产的牦牛最为优良。西藏高山牦牛全身黑毛为多，约占 60%，面部和头为白色、躯体黑毛者次之，约占 30%，其他灰、青、褐、全白等毛色占 10%左右。头较粗重，额宽平，面稍凹，眼圆有神，嘴方大，唇薄。绝大多数有角，草原型牦牛角为抱头角，山地型牦牛角则向外、向上开张，角间距大（图 3－13）。犊牛初生重公牛平均为 13.7 kg，母牛为 12.8 kg；生后一个月不吃母乳的公犊牦牛、母犊牦牛的平均日增重分别为 253 g 和 203 g；12 月龄公牦牛平均体重 90.4 kg，平均日增重 210 g；12 月龄母牦牛平均体重 77.4 kg，平均日增重 177 g。成年公牛体重为 280～300 kg，成年母牛体重为 190～200 kg；成年公牛屠宰率平均为 50.4%，成年母牛屠宰率平均为 50.8%；成年公牛净肉率平均为 45%，成年母牛净肉率平均为41%。

图3-13　西藏高山牦牛（左：公牛，右：母牛）
（国家畜禽遗传资源委员会，2011. 中国畜禽遗传资源志·牛志）

（3）甘南牦牛。原产于甘肃省甘南藏族自治州，以玛曲县、碌曲县、夏河县为中心产区。与青海高原牦牛来源相同，属相似类型。全身黑色，包括眼圈和嘴唇都是黑色（图3-14）。成年公牛平均体重（370.1±23.8）kg，成年母牛平均体重（210.5±18.3）kg；成年公牛屠宰率为（50.5±2.5）%，成年母牛屠宰率为（48.7±1.8）%。

图3-14　甘南牦牛（左：公牛，右：母牛）
（国家畜禽遗传资源委员会，2011. 中国畜禽遗传资源志·牛志）

（4）麦洼牦牛。原产地为四川省阿坝藏族羌族自治州。毛色多为黑色，次为黑带白斑、青色、褐色。肋部、大腿内侧及腹下毛色有淡化，被毛为长覆毛有底绒（图3-15）。对高寒草地特别是沼泽草地有良好的适应性，具有产乳量和乳脂含量高的优良特性。成年公牛平均体重（207.1±39.1）kg，成年母牛平均体重（176.3±23.3）kg；成年公牛平均屠宰率45.9%左右，净肉率33.6%左右。

（5）天祝白牦牛。产于甘肃省天祝藏族自治县，是我国唯一的白牦牛品种，以其全身被毛纯白为特征（图3-16）。天祝白牦牛的毛、绒性能是其重要品质标志，75%以上毛纤维是无髓毛，绒毛平均细度18μm，强度5.88g，用白牦牛

图 3-15　麦洼牦牛（左：公牛，右：母牛）
（国家畜禽遗传资源委员会，2011. 中国畜禽遗传资源志·牛志）

绒毛制成的牛绒衫非常时髦，走俏。成年公牛平均体重（264.1±18.3）kg，成年母牛平均体重（189.7±20.8）kg；成年公牛屠宰率为 51.9%、净肉率为 36.8%，成年母牛屠宰率为 52.0%、净肉率为 41.0%。

图 3-16　天祝白牦牛（左：公牛，右：母牛）

（二）引进品种

目前，我国主要引入的肉用牛品种有：①大型牛：西门塔尔牛、夏洛莱牛、利木赞牛、皮埃蒙特牛、短角牛、比利时蓝牛、南德温牛、德国黄牛。②中型牛：海福特牛、婆罗门牛、墨累灰牛等。③小型牛：安格斯牛、和牛等。水牛引入的品种主要是乳肉兼用的摩拉水牛、尼里拉菲水牛和地中海水牛。

目前，在国内较为广泛利用的国外肉用和兼用牛品种主要有西门塔尔牛（肉乳兼用）、夏洛莱牛、安格斯牛、利木赞牛、瑞士褐牛、婆罗门牛等。

1. 西门塔尔牛　原产地瑞士，世界上分布最广泛的大型牛种之一，“白头信”是该品种的特有标志。由于培育方向不同，形成了肉用、乳用、乳肉兼用等类型。在北美主要功能是肉用，在中国和欧洲主要功能为兼用。西门塔尔牛产肉、泌乳性能都十分突出，体型高大粗壮，体躯长而丰满；毛色以黄白花或红白花为主（图 3-17）；产肉性能良好，适应性强，耐热、耐寒和耐粗饲，易饲养，舍饲和放牧均适宜。

图 3-17 德系西门塔尔牛（左）和北美西门塔尔牛（右）

2. 夏洛莱牛 原产地法国，世界上最著名的大型肉牛专用品种之一。全身被毛以乳白色和白色为主，少数为枯草黄色（图 3-18）；体型大、生长快、饲料转化率高、屠宰率高、脂肪少、瘦肉率高，肉质嫩度和大理石花纹等级稍差；对环境适应性极强，耐寒暑，耐粗饲，放牧、舍饲饲养均可，但初产母牛难产率较高。

图 3-18 夏洛莱（左：公牛，右：母牛）
（图片由新疆畜牧科学院畜牧研究所张扬团队提供）

3. 利木赞牛 原产地法国，世界上饲养数量最大的肉牛品种之一。被毛为黄红色，腹下、四肢、尾部毛色稍浅（图 3-19）；体型较大，骨骼细，体躯长而宽，全身肌肉丰盈充满，前、后躯肌肉尤其发达，日增重可达 1.5kg；早熟，性能好，耐粗饲，抗逆性好，适应性强。

4. 安格斯牛 原产地英国，世界上最古老的中小型早熟品种。全身毛色纯黑或全红、无角（图 3-20）；体格低矮，肌肉丰满，生长速度快，日增重可超

图 3-19　利木赞牛（左：公牛，右：母牛）

过 1kg，胴体等级高，牛肉肉质细嫩、大理石花纹明显；较耐粗饲，耐寒冷和干旱，抗病能力强。

图 3-20　红安格斯公牛（左）和黑安格斯公牛（右）
（左图由新疆天山畜牧生物工程股份有限公司提供，右图由河南省鼎元种牛育种有限公司提供）

5. 瑞士褐牛　原产地瑞士，大中型乳肉兼用品种，在多个国家均有饲养，曾为新疆褐牛的培育做了很大贡献。被毛以褐色为主，泌乳性能突出，体型较大，生长速度较快，产肉率较高（图 3-21）；适应性强，耐寒，耐粗饲。

图 3-21　瑞士褐牛（左：公牛，右：母牛）
（图片由新疆天山畜牧生物工程股份有限公司提供）

6. 婆罗门牛　原产地美国，世界上分布最广的瘤牛品种之一，在60多个国家和地区均有饲养。毛色很杂，以银灰色为主（图3-22）；体型较大，头较长，角粗、中等长，瘤峰突出，屠宰率高，胴体质量好；敏感，易受惊，耐粗饲，易育肥；耐热，不易受蜱、蚊和刺蝇的干扰，抗焦虫和体内外寄生虫病能力强。

图3-22　婆罗门牛（左：公牛，右：母牛）
（图片由云南省草地动物科学研究院黄必志团队提供）

（三）培育品种

我国自主培育的乳肉兼用牛有新疆褐牛、中国西门塔尔牛和蜀宣花牛。肉牛品种主要有夏南牛、延黄牛、辽育白牛和云岭牛。

1. 新疆褐牛　新疆褐牛是我国自主选育的第一个乳肉兼用品种，主产区为新疆伊犁河谷和塔额盆地，是新疆最主要牛肉和牛奶的来源（图3-23）。体型外貌与瑞士褐牛相似，泌乳和产肉性能都较好。适应性强，耐粗饲，放牧、舍饲饲养均可，耐严寒和高温，抗病力强。

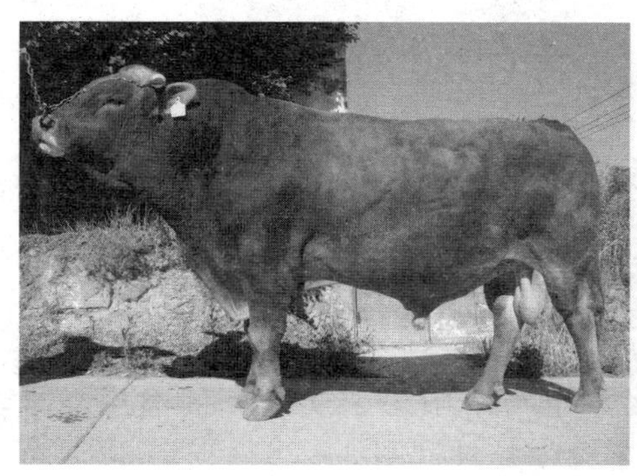

图3-23　新疆褐牛（左：公牛，右：母牛）
（图片由新疆畜牧科学院畜牧研究所张杨团队提供）

2. 中国西门塔尔牛　2002年通过农业部品种审定，是西门塔尔牛与我国地方黄牛杂交选育的乳肉兼用型新品种（图3-24）。主产区为内蒙古、辽宁、山西、四川等，毛色为红（黄）白花，花片分布整齐，头部白色或带眼圈，尾梢、四肢和腹部为白色；体躯深宽高大，结构匀称，泌乳和产肉性能都很好。目前是国内分布最广的品种。

图 3-24　中国西门塔尔牛（左：公牛，右：犊牛）

3. 蜀宣花牛　原产地四川宣汉地区，以宣汉黄牛为母本，西门塔尔牛和荷斯坦牛为父本，培育而成的乳肉兼用型新品种，2011 年通过品种审定（图 3-25）。被毛为黄（红）白花色，头部、尾梢、四肢为白色，体躯有花斑；角型为照阳角，角、蹄蜡黄色为主，鼻镜肉色或有斑点；体型中等，体躯深宽，颈肩结合良好，背腰平直，宽广，四肢端正，蹄质坚实，整体结构匀称，公牛略有肩峰。

图 3-25　蜀宣花牛（左：公牛，右：母牛）
（图片由四川省畜牧科学院畜牧研究所提供）

4. 夏南牛　主产区河南南阳，夏洛莱牛与南阳牛杂交选育的肉用品种，2007 年通过品种审定，是我国培育的首个肉牛品种（图 3-26）。毛色以浅黄、米黄为主；肉用体型较好，体躯长宽，肌肉丰满；性情温驯，易育肥，但耐寒、耐热性稍差。

5. 延黄牛　主产区吉林延边，利木赞牛与延边黄牛经导入杂交选育的肉用品种，2008 年通过品种审定（图 3-27）。体型外貌与延边牛接近，体躯呈长方形，结构匀称，生长速度快，牛肉品质好；性情温驯，耐寒，耐粗饲，抗病力强。

图 3-26　夏南牛（左：公牛，右：母牛）

图 3-27　延黄牛（左：公牛，右：母牛）

6. 辽育白牛　主产区辽宁，夏洛莱牛与辽宁本地黄牛高代杂交选育的肉用品种，2009 年通过品种审定。体型外貌与夏洛莱牛接近，被毛白色或草白色（图 3-28）；体型大，体躯呈长方形，肌肉丰满，增重快，肉用性能好；性情驯，耐粗饲，抗寒能力强。

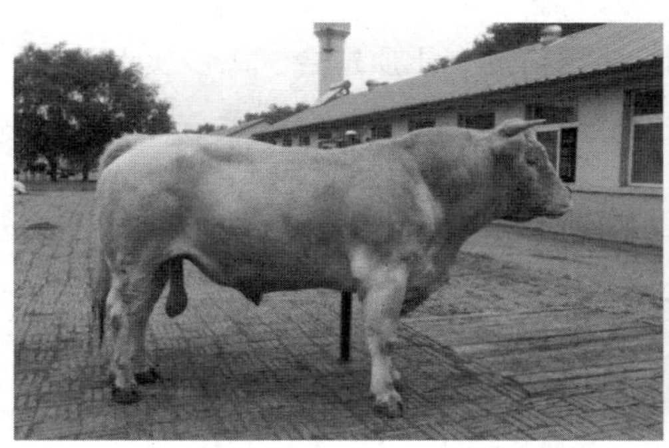

图 3-28　辽育白牛（左：公牛，右：母牛）
（图片由辽宁省种牛繁育中心站提供）

7. 云岭牛 2014年通过品种审定，属于肉用牛新品种（图3-29）。云岭牛具有高繁殖、肉质好、耐热抗蜱及广泛适应性等优良特性，产区为云南，以云南黄牛为母本，婆罗门牛、墨累灰牛为父本，培育而成适于南方热带、亚热带环境饲养的肉牛新品种，其肉品质大部分达到A3以上等级，是目前全世界能生产优质高档牛肉——“雪花牛肉”为数不多的肉牛之一。

图3-29 云岭牛（左：公牛，右：母牛群）

（图片由云南省草地动物科学研究院提供）

第二节 养殖条件

一、场址选择及布局规划

（一）场址选择

场址选择应符合《中华人民共和国畜牧法》以及地方土地与农业发展规划。

在选址过程中应考虑的自然条件有地形、地势、水源、土壤、地方性气候、与工厂和居民点的相对位置，且应遵循四大便利原则：饲料、物资和能源供应便利；交通运输便利；产品销售便利；废弃物处理便利。具体要求如下：

（1）牛场应建在地势高，背风向阳，空气流通，土质适合（以沙质土为好），地下水位较低，具有缓坡的北高南低、总体平坦的地方。低洼潮湿、山顶风口处不宜修建牛舍。

（2）牛场应选择在距离饲料生产基地和放牧地较近，交通发达，供水、供电方便的地方。

（3）牛场应距离主要交通要道、村镇、工厂等500m以上，距离一般交通道路200m以上。要避开污染养殖场的屠宰、加工和工矿企业，符合兽医卫生和环境卫生要求。

（4）要有充足、符合卫生要求的水源，满足生产生活及人、畜饮水需要。水质良好，不含毒物，确保人畜安全和健康。

（二）场地规划与布局

规划原则为考虑生产规模以及企业未来发展；减少或防止有毒有害气体、噪声及粪尿污染；减少疫病蔓延的机会。

肉牛场功能区可划分为管理区、生产区和隔离区，各区布局见图 3－30、图 3－31。

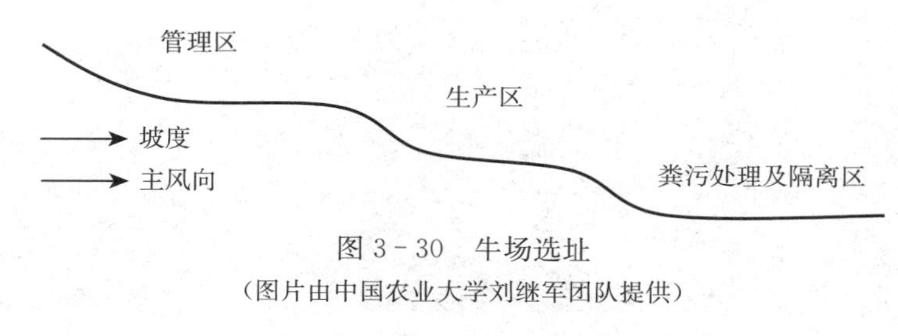

图 3－30　牛场选址

（图片由中国农业大学刘继军团队提供）

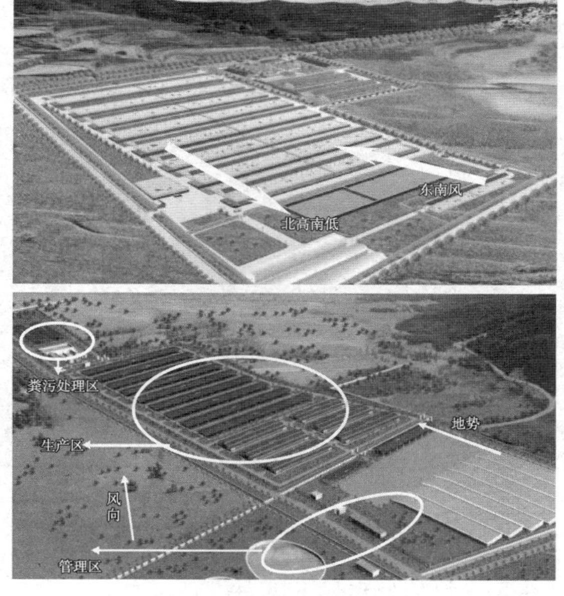

图 3－31　肉牛场区划布局

（图片由中国农业大学刘继军团队提供）

1. 管理区　在牛场上风处，地势最高，与生产区严格分开，但又联系方便。该区设有行政和技术办公室、宿舍和食堂（图 3－32）。

2. 生产区　是牛场的核心区（图 3－33）。入口处设置人员消毒室、更衣室和车辆消毒池，区内净污道严格分开，区内设置牛舍、人工授精室、兽医室、饲料加工车间、料库、装牛台、卸牛台、称重装置、杂品库、配电室、水塔等功能区。各牛舍间保持适当距离，布局整齐，以便防疫和防火。应将饲料加工车间和

图 3-32　肉牛场管理区
（图片由中国农业大学刘继军团队提供）

料库设在该区与管理区隔墙处，既满足防疫要求，又方便饲料进入生产区。

图 3-33　肉牛场生产区布局
（图片由中国农业大学刘继军团队提供）

3. 隔离区　位于场内最低处和最下风向或侧风向，与生产区相隔 100m，有围墙隔离，远离水源。隔离区设置病牛隔离舍、尸坑或焚尸炉、粪便污水处理区等。

（三）牛舍

1. 牛舍类型

（1）按墙面分：全开放式（敞棚）、半开放式、有窗式和无窗式牛舍（图 3-34～图 3-37）。

（2）按屋顶结构分：钟楼式、半钟楼式、单坡式和双坡式（图 3-38～

图 3－41）。

（3）按牛只在舍内的分布方式分：单列式、双列式和多列式（图 3－42、图 3－43）。

牛舍类型的选择因地制宜。北方多为单坡牛舍和在牛舍上部设采光带的双坡牛舍；南方多为开放程度高，跨度大、屋顶高的牛舍。

图 3－34　全开放式牛舍

图 3－35　双坡半开放式牛舍

图 3－36　卷帘窗牛舍

图 3－37　有窗式牛舍

图 3-38 钟楼式牛舍

图 3-39 半钟楼式牛舍

图 3-40 单坡式牛舍

图 3-41 双坡式牛舍

图 3-42 单列式牛舍

图 3-43 双列式牛舍

2. 牛舍建造要求

(1) 母牛舍（图 3-44）。单列式牛舍跨度为 7m，双列式牛舍跨度为 12m，牛舍长度因实际情况而异，一般 100m 以内，排污沟向沉淀池方向有 1%～1.5% 的坡度，每头牛占牛舍面积 8～10m^2，每头牛占运动场面积 20～25 m^2。母牛食位与卧拦等分。

(2) 产房（图 3-45）。每头母牛占牛舍面积为 8～10m^2，每头犊牛占牛舍面积为 2m^2。每头牛占运动场面积为 20～25 m^2。产栏规格为 3.6m×3.6m。为加强牛舍保温性，提高牛只舒适度，地面应铺设稻草类垫料。

(3) 犊牛舍（图 3-46、图 3-47）。每头牛占牛舍面积为 3～4m^2，每头牛占运动场面积为 5～10 m^2，犊牛舍地面应干燥，易排水。

图 3 - 44　母牛舍

图 3 - 45　母牛产房

图 3 - 46　寒区犊牛舍

图 3 - 47　犊牛舍

(4) 育成牛舍（图 3－48）。除卧栏尺寸不同外，其他参数同母牛舍。每头牛占牛舍面积为 4～6m^2，每头牛占运动场面积为 10～15 m^2。

图 3－48　育成牛舍

(5) 育肥牛舍。根据育肥目的不同，可将育肥牛舍分为普通育肥牛舍和高档育肥牛舍（图 3－49）。拴系饲养牛位宽 1.0～1.2m，小群饲养每头牛占地面积 6～8m^2，每头牛占运动场面积 15～20 m^2。

图 3－49　高档育肥肉牛舍

(6) 隔离牛舍。新购入牛或病牛在此进行隔离观察、诊断、治疗（图 3－50）。建设参数同母牛舍。为便于清理消毒，舍内不设卧栏。

图 3－50　隔离牛舍

(7) 牛舍地面。舍内地坪比舍外地坪高 20～30mm。地面坚实，可承载动物与设备，地面粗糙以保持摩擦力但又不至磨伤牛蹄。行走区域地面多采用混凝土拉毛、凹槽地面或立砖地面，躺卧区域多采用砂土或橡胶垫地面，运动场多选用砂土或立砖地面（图 3－51）。牛场行走区域混凝土地面的建筑结构为：底层粗土夯实，中间层为 300mm 厚粗砂石垫层，表层为 100mm 厚 C20 混凝土，表层采用凹槽防滑，深度 1cm，间距 3～5cm。

a

b　c

d　e

图 3－51　牛舍地面

a. 凹槽地面　b. 沙土地面　c. 混凝土拉毛地面　d. 立砖地面　e. 橡胶地面

（8）牛运动场。周围设围栏，围栏由横栏与栏柱构成，栏柱高1.2～1.5m，栏柱间隔1.5～2.0m，柱脚用水泥包裹。运动场向外有一定坡度用于排水，地面最好是沙土或三合土地面。运动场边设饮水槽，日照强烈地区应在运动场内设凉棚（图3－52）。

图3－52　牛运动场

二、饲料

肉牛的饲料分为三大类：粗饲料、精饲料、矿物质和维生素补充料。粗饲料是肉牛饲料的主要组成，一般可占日粮的60％～80％。肉牛最喜欢吃青绿饲料、精饲料和多汁饲料，其次是优质青干草，再次是低水分青贮料，最不爱吃未加工处理的秸秆类粗饲料；肉牛喜爱吃块状及颗粒料，不爱吃粉状料。

（一）粗饲料

一般将粗纤维含量在18％以上的干草类、农副产品类（农作物秸秆、荚、秕壳、藤、蔓等）、树叶类统称粗饲料。粗饲料来源广、产量大、价格低，是肉牛等草食动物冬春季的主要饲料来源，但其营养价值低，蛋白质含量低（2％～20％），需与精饲料搭配使用。粗饲料粗纤维含量高（20％～45％），对胃肠有一定的刺激作用，有利于肉牛的正常反刍。

粗饲料可分六大类：一是青干草；二是秸秆类粗饲料；三是秕壳类粗饲料；四是藤蔓类饲料；五是糟渣类饲料；六是树叶类饲料。目前，在牧区主要使用草地牧草；在农区主要使用农作物秸秆、农副产品等，通常用青干草、青贮玉米秸、氨化麦秸、糟渣类等作为肉牛的粗饲料。

1. 青干草　以细茎的牧草、野草或其他植物为原料，经自然（日晒）或人工（烘烤）干燥到能长期贮存的饲料。青干草是肉牛的优质粗饲料，一般利用豆科和禾本科植物调制的干草质地较好，营养价值较高；谷物类干草所含有的营养成分则不如豆科及禾本科植物干草。豆科干草粗蛋白质含量为12％～20％，钙的含量较高，苜蓿中钙含量为1.2%～1.9%；禾本科干草粗蛋白质含量为7%～10%，钙含量为0.4%左右。青干草一般在肉牛养殖中使用较少，在奶牛养殖中使用较多。

2. 秸秆类粗饲料　指各种作物收获籽实后的秸秆，包括茎秆和叶片两部分。叶片营养成分较高，叶片越多，相对营养价值越高。常用的秸秆饲料主要有玉米秸、麦秸、稻草、大豆秸、豌豆蔓等。目前，全株玉米秸秆青贮在肉牛养殖上的使用越来越多。

3. 秕壳类粗饲料　指农作物在收获脱粒时的副产品，包括种子的外稃、荚壳、部分瘪籽等，如豆荚壳、棉籽壳、麦糠、米糠等都是肉牛养殖常用的粗饲料。

4. 藤蔓类粗饲料　指农作物采集除去食用部分（果实或根茎等）还存在大量的尚未干枯的叶子及纤维化较高的茎部。例如花生秧、甘薯藤、葛藤等。

5. 糟渣类粗饲料　是禾谷类、豆类、籽类的加工副产品，其中常用的有白酒糟、甘蔗渣、苹果渣、豆腐渣、甜菜渣和啤酒糟等。

6. 树叶类粗饲料　是夏季的树叶嫩枝或秋季的落叶或其干制品，例如槐树叶、银合欢叶等。

（二）精饲料

肉牛常用的精饲料有能量饲料、蛋白质饲料、矿物质饲料等。肉牛对精饲料的营养需求决定于蛋白质饲料和能量饲料之间营养的共同作用。不同精饲料水平，不同精饲料供给量，不同精饲料配比都影响着牛的生长性能，并且肉牛过食精饲料会引起一些酸中毒和综合征疾病，合理搭配粗饲料与精饲料对肉牛的生长尤为重要。

1. 能量饲料　能量精饲料原料品种有玉米、大麦、小麦、高粱、麸皮、动植物油脂等。其能值比较高，必需氨基酸含量以及粗纤维含量、粗蛋白、粗灰分含量低，缺乏维生素A和维生素D，但富含B族维生素和维生素E。玉米胚芽粕大部分属于能量饲料，还有小部分属于蛋白质饲料，是一种不常用的肉牛饲料，因其是玉米胚芽压油后的副产物，各种限制性氨基酸含量低于玉米蛋白粉及棉籽、菜籽饼粕的含量。

2. 蛋白质饲料　蛋白质饲料主要包括豆饼（粕）、棉籽饼（粕）、花生粕等，犊牛补充料、青年牛育肥饲料可以添加一定量的蛋白质饲料。苏子饼含粗蛋白较多，却是一种不常用的蛋白质饲料，因含单宁和植酸多，并且苏子压油后有臭味，会降低肉牛的适口性。

3. 矿物质饲料　矿物质饲料有骨粉、食盐、小苏打，微量与常量元素，还有维生素添加剂，如脂溶性维生素（维生素A、维生素E、维生素K等）和水溶性维生素（维生素C、维生素B等），一般占精饲料量的3%～5%。青年牛育肥饲料骨粉添加量占精饲料量的2%左右，架子牛育肥饲料骨粉添加量占精饲料0.5%～1%。根据季节和饲料不同，其添加量也有差异，冬季、春季、秋季食盐添加量占精饲料量较少，夏季添加量相对多些。当以酒糟为主要粗饲料时，小苏打的添加量应占精饲料量的1%。

（三）饲料添加剂

肉牛饲料添加剂不但可以满足肉牛某种特殊需要，而且可调节瘤胃内环境。在饲料中添加一些添加剂，如矿物质和微量元素，可补充肉牛机体所需的营养成分；消除或降低抗营养因子，添加一些非营养成分还可以提高饲粮中营养素的利用率，提高肉牛的生产性能。目前，在肉牛饲养过程中常加的饲料添加剂有可以改善瘤胃发酵的添加剂，包括离子载体类抗生素、泊洛扎林、缓冲剂和植物次级代谢物；改善瘤胃发酵和胃肠功能的添加剂，如直接饲喂微生物（DFM，或称益生菌）、饲料酶制剂（FE）；还有影响吸收后机体代谢的添加剂，包括β-肾上腺素能受体激动剂、醋酸美伦黄体酮（甲烯雌醇乙酸酯）。

三、管理要点

（一）粗饲料细喂，精饲料巧喂

肉牛的主要粗饲料是秸秆，其中麦秸、玉米秸、稻草的比例最大。这类饲料营养价值低、粗蛋白质少、粗纤维含量高，因此，必须加工调制。把秸秆铡短至3cm或粉碎，增加瘤胃与秸秆的接触面积，减小体积，可提高采食量和通过瘤胃的速度。也可采用秸秆揉碎技术把秸秆揉成短丝状，饲养效果较好。若再配合氨化、青贮、碱化和微生物发酵处理，则效果会更好。

粗饲料营养价值低，单独饲喂不能满足肉牛各阶段的营养需要，必须补充精饲料。一般精饲料占肉牛日粮的比例小于50%，而且由于精饲料密度大、体积小等特点，与以秸秆为主的粗饲料一起饲喂时不易混匀，因此必须做到“巧喂”。如将精饲料拌湿与粗饲料搅拌均匀饲喂，适用于自由采食；先喂粗饲料，后喂精饲料，将精饲料撒在槽内吃剩的粗饲料上拌匀，使肉牛将草料一同吃完，适用于精饲料比例少的情况；先喂精饲料，待牛吃完后再喂粗饲料，适用于精饲料比例略多时。另外，谷物类饲料比较坚实，除有种皮外，大麦、稻谷、燕麦等还包有一层硬壳，需处理后才能饲喂。

（二）少给勤添，草料新鲜

饲喂时每次上料要少，不要大量给料。上料少，肉牛采食时就没有选择性，就会全部采食干净；如果量大，肉牛则只采食那些喜欢吃的，对适口性差的（特别是粗饲料）往往越剩越多。久而久之，肉牛的营养需要得不到满足，还会形成恶性循环，即每次喂料时肉牛都挑食，并等待上新鲜料。

（三）根据季节，科学饮水

一般肉牛较适宜采用自由饮水法。在每个牛栏内装有能让牛随意饮水的装置，最好设置在牛栏粪尿沟的一侧或上方，不会弄湿牛栏。如没有这种设备，则每天给牛饮水3～4次，夏季天热时饮水5～6次。

进入冬季后，肉牛的饲料开始以秸秆为主，由于秸秆水分流失严重，盐分也随水分的流失而减少。因此，肉牛入冬季后，就会不同程度地出现毛色干燥、无光泽等现象，直接影响到食欲与健康。所以，把好肉牛冬季饮水、啖盐关，在肉牛生产中尤为重要。冬季水温不可过低，必要时可饮温水，忌饮冰渣子水，有条件的可饮豆浆或稀麦粥，既有水分，又增补营养。

（四）冬暖夏凉，防寒避暑

牛舍要向阳、干燥、通风，舍外要有向阳、遮阳的拴系场地和饮水槽。冬天要搭塑膜暖棚，以便保温。肉牛生长的最适温度为12～23℃，超出这个范围就会消耗体内贮存的能量，影响生长，增加饲料消耗。因此，夏季奶牛饲养应以防暑降温为中心，有条件的可在舍内安装电扇，加快舍内气流速度；牛舍内相对湿度保持在85%以下；牛舍房顶可安装喷头，洒水洗浴，以帮助牛体散热；日粮要合理搭配，适当提高能量浓度，增加青饲料的喂量，饮足新鲜凉水。冬季牛舍保温的关键是防风，特别注意防止穿堂风或贼风；牛舍内避免湿度过大，注意不要大量用水冲刷粪便，给牛饮水水温要在12℃以上；取部分精饲料，用开水调成粥状喂牛，有利于保温抗寒，增加采食量，增重效果明显。

（五）精心观察，有病早治

每天都要仔细观察每头肉牛的采食速度、采食量、饮水量、粪的形状和精神状态。对有异常表现的牛要触摸感受耳的温度，听心音及肠鸣音，以便及早发现病情并对症治疗。

四、放牧要点

（一）科学添加，促进肉牛健康成长

在肉牛养殖中，放牧条件下的肉牛由于接触到的饲料有限，且牛群中会由于各种原因使正处于发育期的牛缺乏营养从而使发育受到影响。因此，在放牧饲养中，要在不同的阶段对肉牛进行精饲料的补充喂养，这样在肉牛喂养中才能保证营养充足。饲养中要合理掌握放牧时间，避免时间过长造成草料的浪费。另外，在进行补喂拌料时要防止杂物混入其中。

（二）保证水源的干净卫生

饮水资源的安全卫生是放牧条件下的肉牛饲养最重要的因素之一。由于季节性的影响，夏季放牧水资源会受到各种因素的破坏，大量的寄生虫在水中会使水资源受到污染，而牛群如果饮用了被污染的水源就会使牛的消化系统受到感染，严重的还会导致牛群大面积的感染寄生虫病。因此，应根据季节特点，选择安全的水源附近区域放牧。

（三）严格控制放牧密度

在放牧养殖中，放牧密度也是影响肉牛产量的一个重要因素。放牧的密度与养殖户对于放牧草地的选择有直接的关系，草资源丰富的地区可以适当地增加牛群密度，而草资源匮乏的地区则要减少放牧密度。在放牧密度控制方面还要根据相关理论进行把控，这样才能保证放牧情况下的肉牛能采食到充足的草料。合理掌握放牧密度能保证牧区草资源的可持续发展，进而促进放牧经济的快速发展。

（四）利用间歇性放牧方式

间歇性放牧是指放牧的时间、地点应存在周期性，因为在放牧中牛群会对该牧区的牧草进行采食，如果过分放牧会导致整片牧区的草资源不可再生。草地的生长也有一定的周期性，需要牧民采取对应的措施保证放牧符合生态牧养的原则。通过利用几片草地轮流放牧，帮助牧草的翻生，也保证了牛群的牧草供应充足。

（五）放牧时间合理

在放牧条件下饲养肉牛，放牧时间上一定要严格把控，合理的选择放牧时间同样会影响肉牛产量，如当牧草达到相应的放牧标准再进行放牧，即10cm以上时再进行放牧活动。在季节上最好是选择春季后进行放牧，肉牛对于室外温度能快速适应，同时春季后草资源丰富适合放牧。此外，夏季正热时不适合放牧，天气太热会使牛群中暑，影响牛的发育。对初次进行放牧饲养的育成牛，要对其放牧时间进行一个由短到长的调整，训练育成牛逐渐适应放牧饲养的饲养方式。

放牧距离也需要注意。近距离放牧一般距牛舍3～5km，早出晚归，中午及晚间各饮水1次。远距离放牧一般距牛舍10km以上，以住宿放牧较好（在水源处建简易牛圈），减少牛来回走动消耗的能量。

（六）保持清洁，防治疾病

做好定期驱虫工作，由于放牧条件下无法保证牛不吃牧草以外的食物，因此要做好牛皮肤表面的清洁工作，牛的皮肤是保护牛体内部器官的屏障，它能调节体温，防御病菌和寄生虫的侵袭。每日要刷拭牛体，由前向后、由左而右边刮边刷。经常梳刷牛体，不仅能够保持清洁、清除寄生虫，而且还能促进血液循环和胃肠蠕动，进而促进消化。同时经常梳刷，使牛性情温驯，便于防疫、称重、修蹄等管理工作的进行。虱子、疥癣常侵袭牛体，要及时清除和治疗。疥癣主要在冬春季节危害犊牛，甚为顽固，可用敌百虫及废机油等治疗，治疗的原则是“治早、治小、治了”。

（七）严格进行防疫与检疫

制定科学的免疫程序；及时防病、治病，适时计划免疫接种；定期进行消毒，保持饲养环境的清洁卫生；经常观察牛的精神状态、食欲、粪便等。

第三节　肉牛产业发展情况

一、我国肉牛整体情况

（一）肉牛存栏量及牛肉产量现状

近年来，我国肉牛产业总体发展势头良好，牛存栏量（包括肉牛、奶牛、水牛和牦牛）居世界第 3 位，仅次于印度和巴西。2009—2018 年肉牛存栏量虽有波动，但基本维持在 7 000 万头左右，牛肉产量 600 万 t 左右。2018 年，我国肉牛存栏 6 618.4 万头，牛肉产量 644.1 万 t（图 3－53、图 3－54），肉牛整体规模化水平和出栏量均有所提升，2018 年我国肉牛出栏总数为 4 397.5 万头，较 2017 年增加 57.2 万头，同比增长 1.3%，比 2009 年增长 2.4%。

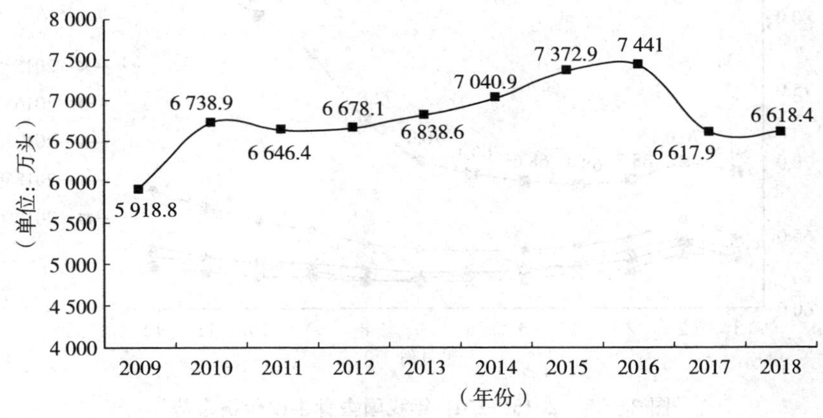

图 3－53　2009—2018 年我国肉牛存栏变化

数据来源：中国畜牧业协会牛业分会

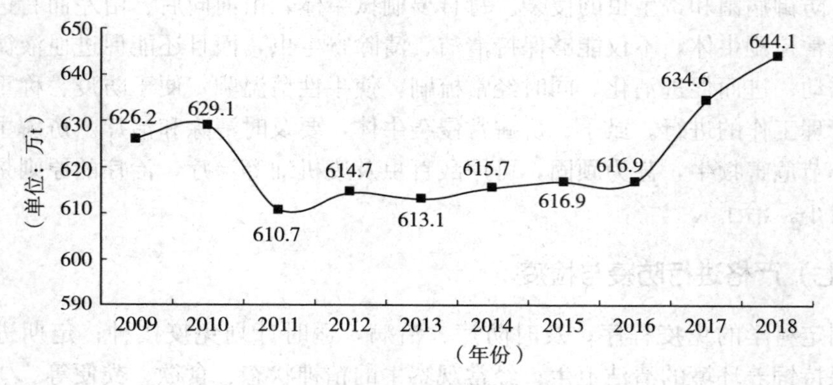

图 3－54　2009—2018 年我国牛肉产量变化

数据来源：中国畜牧业协会牛业分会

（二）牛肉供需及价格走势

国内牛肉供不应求，价格高位运行，2015 年全国平均牛肉价格为 63.30 元/kg，较 2011 年上涨 70.16%，年均增长 14.03%。全国活牛、牛肉平均价格呈现缓慢上升态势。2019 年，我国牛肉价格全年保持在 68 元/kg 以上，全年平均价格为 73.2 元/kg，同比增长 12.26%（图 3－55），且高于同期猪肉、禽肉及羊肉等主要肉类产品价格。从图 3－55 中可以看出，2019 年下半年，牛肉月度价格涨势猛烈，短短半年的时间涨幅高达 19%，创造了价格涨幅纪录。2019 年我国全年活牛及牛肉市场价格再创历史新高，商品牛源趋紧导致架子牛、犊牛与育肥

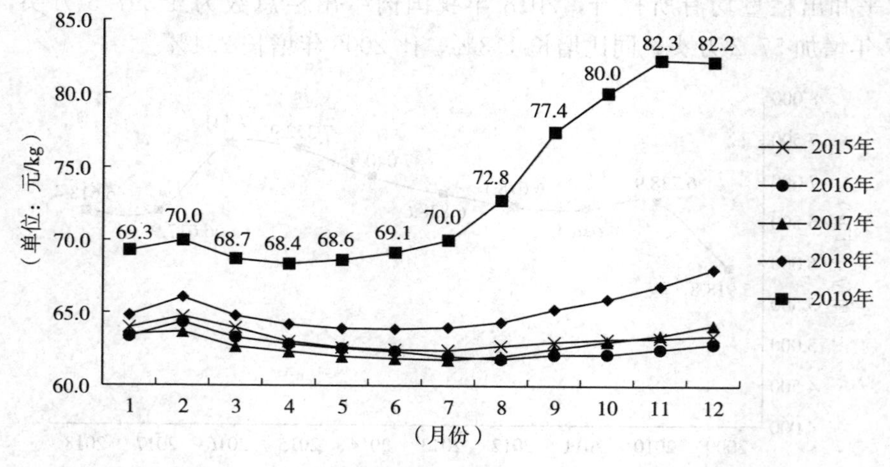

图 3－55　2015—2019 年我国去骨牛肉价格走势

图表绘制：中国畜牧业协会牛业分会

数据来源：农业农村部

牛出栏价格之间的倒挂愈发明显。2019 年育肥牛主流价格区间为 30.5～34.2 元/kg，价格最高点出现在 11 月，约比 2018 年峰值高 20.4%（图 3-56）；架子牛主流价格区间在 36～42 元/kg，优质断乳公犊主流价格区间在 50～60 元/kg，架子牛与优质断乳公犊的价格最高点也均出现在 11 月，分别比 2018 年峰值约高 23.5%和 15.4%。

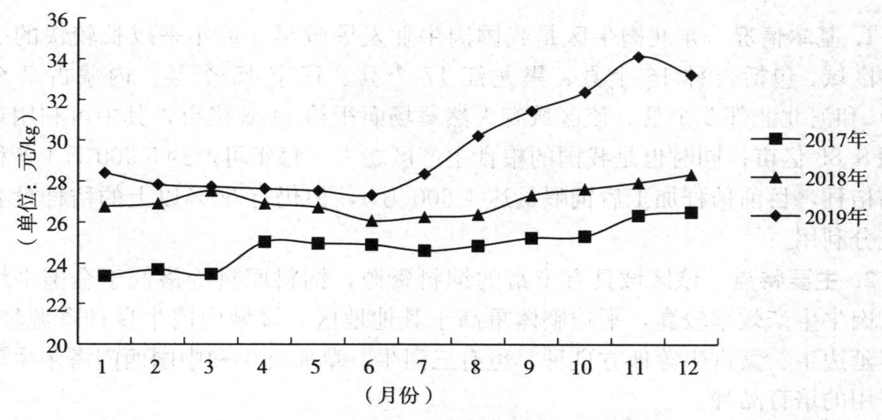

图 3-56 2017—2019 年我国育肥牛价格走势

资料来源：中国畜牧业协会牛业分会

二、养殖区划与布局

以我国行政区划为基础，结合全国肉牛生产的资源、市场、区位以及肉牛业发展的基础和未来发展潜力等情况，将我国肉牛养殖区域划分为中原肉牛区、东北肉牛区、西北肉牛区和西南肉牛区四大优势产区，共涉及 17 个省（自治区、直辖市）的 207 个县（市）。

（一）中原肉牛区

1. 基本情况 中原肉牛区是我国肉牛业发展起步较早的一个区域，包括山东 14 个县、河南 27 个县、河北 6 个县和安徽 4 个县。该区域有天然草场面积 1 320万亩*，其中可利用草场面积 1 240 万亩左右。该区域是我国最大的粮食主产区，每年可产 3 860 多万 t 各种农作物秸秆，目前秸秆加工后饲喂量达 1 360 万 t 左右，仍然有约 50%的秸秆没有得到合理利用。

2. 主要特点 该区域具有丰富的地方良种资源，也是最早进行肉牛品种改良并取得显著成效的地区。在我国 5 大肉牛地方良种中，南阳牛、鲁西牛等 2 个良种均起源于这一地区。该区域农副产品资源丰富，为肉牛业的发展奠定了良好

* 亩为非法定计量单位，15 亩＝1hm²，下同。——编者注

的饲料资源基础

3. 目标定位与主攻方向 中原肉牛区具有很好的区位优势，交通方便，紧靠京津冀都市圈、长三角和环渤海经济圈，该区域目标定位为建成为京津冀、长三角和环渤海经济圈提供优质牛肉的最大生产基地。

（二）东北肉牛区

1. 基本情况 东北肉牛区是我国肉牛业发展较早、近年来成长较快的一个优势区域，包括吉林 16 个县、黑龙江 17 个县、辽宁 15 个县、内蒙古 7 个县（旗）和河北北部 5 个县。该区域有天然草场面积约 11.8 亿亩，其中可利用草场面积 8.85 亿亩；同时也是我国的粮食主产区之一，每年可产约 5 900 万 t 各种农作物秸秆，目前秸秆加工后饲喂量达 1 600 万 t，但仍有 50%以上的秸秆没有得到充分利用。

2. 主要特点 该区域具有丰富的饲料资源，饲料原料价格低于全国平均水平；肉牛生产效率较高，平均胴体重高于其他地区。区域内肉牛良种资源较多，拥有延边牛、蒙古牛等地方良种，也有三河牛、草原红牛和中国西门塔尔牛等乳肉兼用的培育品种。

3. 目标定位与主攻方向 本区域目标定位为满足北方地区居民牛肉消费需求，提供部分供港活牛，并开拓日本、韩国和俄罗斯等国家市场。

（三）西北肉牛区

1. 基本情况 该区域是我国最近几年逐步成长起来的一个新型区域，包括新疆 16 个县（市）、甘肃 9 个县（市）、陕西 2 个县和宁夏 2 个县。该区域有可利用草场面积约 1.2 亿亩；每年可产各种农作物秸秆 1 000 余万 t，约 40%的秸秆没有得到合理利用。

2. 主要特点 本区域天然草原和草山草坡面积较大，其中新疆被定为我国粮食后备产区，饲料和农作物秸秆资源比较丰富；拥有新疆褐牛、陕西秦川牛等地方良种，近年来引进了美国褐牛、瑞士褐牛等国外优良肉牛品种，对地方品种进行改良，取得了较好的效果。

3. 目标定位与主攻方向 本区域目标定位为满足西北地区牛肉需求，以清真牛肉生产为主；兼顾向中亚和中东地区出口优质肉牛产品，为育肥区提供架子牛。

（四）西南肉牛区

1. 基本情况 该区域是我国近年来正在成长的一个新型肉牛产区，包括四川 5 个县、重庆 3 个县、云南 35 个县（市）、贵州 9 个县（市）和广西 15 个县（市）。该区域拥有天然草场面积 1.4 亿多亩，每年可产 3 000 余万 t 各种农作物秸秆，其中超过65%的秸秆有待开发利用。

2. 主要特点　该区域农作物副产品资源丰富，草山草坡较多，青绿饲草资源也较丰富；同时，三元种植结构的有效实施会使饲草饲料产量进一步提高，为发展肉牛产业奠定了基础。

3. 目标定位与主攻方向　该区域目标定位为立足南方市场，建成西南地区优质牛肉生产供应基地。

三、养殖成本收益

近几年来，随着城乡居民对牛肉需求的快速增长，国内市场牛肉相对紧缺，导致牛肉价格持续快速上涨，从一定程度上推升了肉牛生产的纯收益。2019年受中美贸易摩擦及非洲猪瘟疫情等因素影响，部分饲料原料价格下跌，养牛饲料成本有所降低，加之全国活牛及牛肉市场价格持续高位攀升，带动了国内肉牛养殖业经济效益整体向好。据中国畜牧业协会牛业分会对部分地区基层肉牛养殖群体的跟踪调研，年度头均利润在4 500元以上的情况比较普遍（包括架子牛育肥和繁育母牛饲养），而可放牧地区母牛带犊养殖成本更低，部分场户所获利润可达7 000元/头（表3-1、表3-2）。因牛源趋紧，全国育肥模式已开始从“架子牛育肥”向“犊牛育肥”转型过渡，繁育母牛饲养环节经济效益——受上下游行情波动因素的影响作用进一步减弱，良好发展态势逐渐显露，在产业链中优势地位趋稳。值得关注的是，2019年部分大型规模化肉牛企业经济效益也有所改善，行情利好是其根本原因，但与家庭式养殖从业群体相比，大规模肉牛企业的盈利水平依然相对薄弱，头均利润至少相差2 000元左右；生产管理水平的精细化程度仍是当前决定肉牛养殖业投资回报率的核心要素。

表3-1　肉牛育肥户效益表

项目	河北省唐山市 玉田县　李春田	辽宁省沈阳市 辽中区　孟宪国	湖北省黄冈市 蕲春县　詹绍鹏	黑龙江省绥化市 肇东市　王波	黑龙江省大庆市 肇州县　张立红	黑龙江省绥化市 海伦市　王东华
架子牛入栏日期	2018年10月12日	2018年12月16日	2019年8月4日	2019年1月5日	2018年10月19日	2019年7月27日
架子牛入栏平均体重（kg）	226	248	340	265	243	576
架子牛平均购买价格（元/kg）	45.57	39.72	36.76	36.6	41.56	32
肥牛出栏日期	2019年11月8日	2019年10月3日	2020年1月13日	2019年9月20日	2019年9月4日	2020年1月13日
肥牛出栏平均体重（kg）	708	634	599	612	614	842
肥牛出栏销售价格（元/kg）	36	31.1	35	30.6	31.2	33.6

（续）

项目	河北省唐山市 玉田县 李春田	辽宁省沈阳市 辽中区 孟宪国	湖北省黄冈市 蕲春县 詹绍鹏	黑龙江省绥化市 肇东市 王波	黑龙江省大庆市 肇州县 张立红	黑龙江省绥化市 海伦市 王东华
育肥周期（d）	392	291	162	258	320	170
育肥期平均日增重（kg）	1.23	1.326	1.599	1.35	1.16	1.565
肥牛出栏销售收入（元/头）	25 488	19 717.4	20 965	18 727.2	19 156.8	28 291.2
平均饲养总成本（元/头）	6 270	4 675	2 967	3 741	4 512	3 825
平均净利润（元/头）	8 919.18	5 191.84	5 499.6	5 287.2	4 545.72	6 034.2
平均日利润（元/头）	22.75	17.84	33.95	20.49	14.2	35.5
生产成本（元/kg）	23.4	22.91	25.82	21.96	23.8	26.43
平均年度投资回报率（%）	50.12	44.82	80.12	55.63	35.49	58.20
存栏量（养殖规模）	37	195	82	140	49	286
育肥类别	小体重架子牛育肥	小体重架子牛育肥	成年架子牛育肥	青年架子牛育肥	小体重架子牛育肥	大体重架子牛育肥
经营状况	正常	正常	高水平经营	正常	正常	正常

注：1. 育肥平均年度投资回报率＝平均净利润/（架子牛头均购买价格＋头均饲养总成本）/育肥周期×365d×100％。

2. 饲养总成本中包含精饲料、粗饲料、兽药、人工、水、电、机械维修，以及死亡率分摊等综合分摊费用。

表 3－2　西门塔尔繁育母牛养殖效益分析

项目	辽宁省沈阳市 沈北新区　马兴全	贵州省遵义市 绥阳县　王晓斌
母牛平均繁育年度饲养总成本（元/头）	4 560	4 300
母牛繁育费用（元/胎次）	200	300
断奶犊牛年度平均销售价格（元/头）	11 200	13 500
断奶犊牛平均饲养成本（元/头）	1 000	1 100
犊牛出生至断奶销售平均日增重（kg/d）	1.16	1.175
母牛平均繁育年度得犊率（%）	91.27	89.42
母牛平均繁育年度净利润（元/头）	4 549.54	6 488.08
能繁母牛存栏量（头）	10	64

注：1. 养殖方式均为全年舍饲。

2. 母牛平均繁育年度净利润＝（犊牛年度平均销售价格－犊牛平均饲养成本）×母牛平均年度繁育得犊率－母牛平均繁育年度饲养总成本－母牛繁育费用。

3. 母牛平均繁育年度饲养总成本中包含精饲料、粗饲料、兽药、人工、水、电、机械维修及死亡率分摊等综合分摊费用。

第四节 常见疾病

牛病按致病原因可分为传染病、寄生虫病和普通病（包括内科、外壳和产科病）。重大传染性疾病主要包括口蹄疫、布鲁氏菌病、结核病等，对牛危害最大；其次是寄生虫病，主要包括牛焦虫病、牛皮蝇蛆病、牛疥癣、结节性皮肤病等；其他常见疾病中犊牛痢疾、牛传染性鼻气管炎、瘤胃膨气等对牛的危害较大。

一、重大传染性疾病

（一）口蹄疫

1. 临床症状 本病俗称“口疮”“蹄黄”“脱靴症”，是由口蹄疫病毒引起的急性、热性、接触性传染病，是世界范围内重点控制的动物疫病。以口腔黏膜、蹄部及乳房上发生水疱和烂斑为临床特征（图 3－57）。应注意与牛黏膜病和传染性水疱口炎区别诊断。

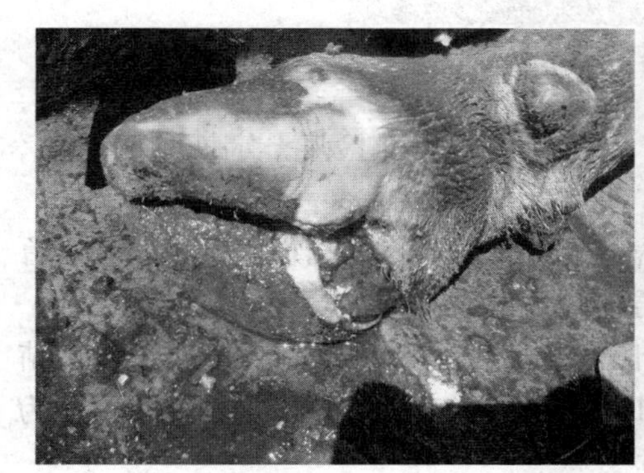

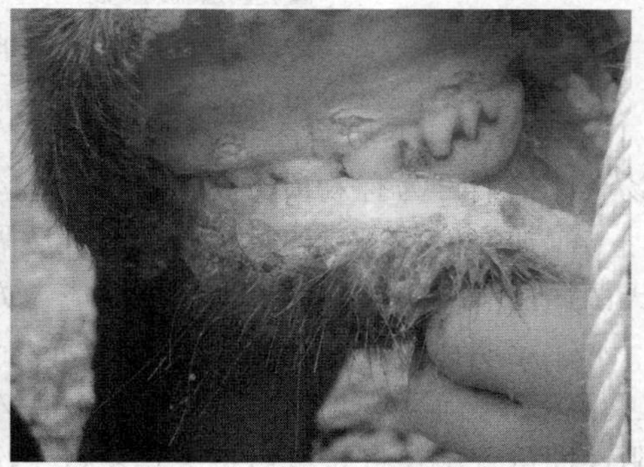

图 3－57 口蹄疫损伤及龈烂斑
（图片由华中农业大学郭爱珍团队提供）

2. 防制 本病以防为主。口蹄疫是国家规定的强制性免疫病种，所有牛都必须按照规定接种口蹄疫疫苗。免疫所用疫苗必须经农业农村部批准，由省级动物防疫部门统一供应。疫苗类型为 O 型-亚洲Ⅰ型二价灭活疫苗。母牛分娩前 2 个月接种 1 次；犊牛 4～6 月龄首次免疫，以后每 6 个月免疫接种 1 次；供港或外调牛，出场前 4 周加强免疫 1 次。具体防制措施如下：

①发生口蹄疫应立即上报，划分疫区，严格封锁，就地扑灭，严防蔓延。

②对疫点内的牛进行检疫，病牛紧急处理，自然死亡的一律烧毁深埋。

③疫点周围和疫点内未感染的牛应按由外向内的顺序立即接种口蹄疫疫苗。

④污染的圈舍、饲槽、工具和粪尿用2%氢氧化钠溶液消毒。最后一头牛痊愈或死亡14d后，无新病例出现，经彻底消毒，报上级批准后解除封锁。

（二）布鲁氏菌病

布鲁氏菌病是由布鲁氏菌引起的一种人畜共患的慢性传染病。

1. 临床症状 母牛流产为本病的主要症状，流产多发生于5—7月，产出死胎或软弱胎儿（图3-58）。母牛流产后伴发胎衣停滞和子宫内膜炎，影响妊娠或导致不育。公牛患本病常见睾丸炎及附睾炎，配种能力降低。

图3-58 母牛患本病后流产

2. 防制 本病暂无特效治疗药物，以防为主，加强检疫、定期预防接种、场区严格消毒为有效预防措施。

①加强检疫。引种时检疫，引入后隔离观察1个月，经结核菌素试验和布鲁氏菌病血清凝集试验，都呈阴性反应，方能转入健康牛群。

②定期预防接种。可用牛19号布鲁氏菌苗（简称S19）、猪Ⅱ型布鲁氏菌苗（简称S2）、羊Ⅴ号布鲁氏菌苗（简称M5）进行免疫。8月龄以上犊牛经检疫为阴性即可首次免疫，以后每2年免疫1次。

③严格消毒。对病牛污染的圈舍、运动场、饲槽等用5%的克辽林、5%的来苏儿、10%石灰乳或2%氢氧化钠消毒。

（三）牛结核病

本病是由结核杆菌引起的人兽共患的一种慢性消耗性传染病，通过呼吸道和消化道感染，以被感染的组织和器官形成特征性结核结节和干酪样坏死为特征，多见肺结核、乳腺结核、肠结核、生殖器结核。牛结核病主要由牛型结核分枝杆菌引起，肺结核是牛结核中最常见的。

1. 临床症状 病初症状不明显，病牛逐渐消瘦，体温一般正常或稍有升高；病初短促干性咳嗽，渐变为湿性咳嗽，尤在早晨、运动后及饮水后特别显著。听诊肺区时常有啰音；叩诊有实音区并伴有疼痛感，引起咳嗽。有的牛体表淋巴结肿大，常见于肩前、股前、腹股沟、颌下、咽及颈淋巴结等。病情恶化时发生全身性结核，胸膜、腹膜发生结核病灶，即“珍珠病”（图 3－59）。

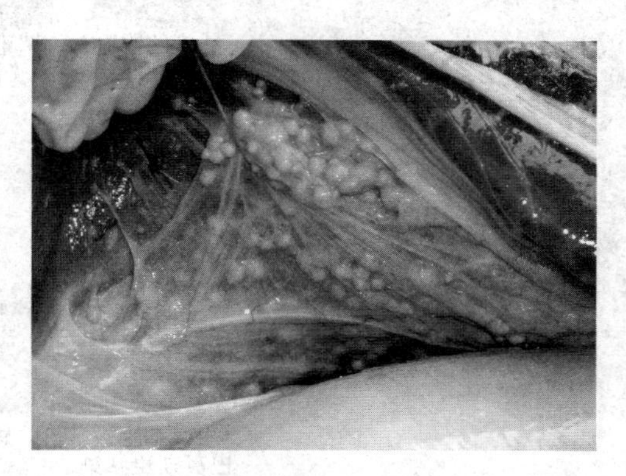

图 3－59　牛患结核病后胸膜有珍珠样结核结节
（图片由华中农业大学郭爱珍团队提供）

2. 防制　加强防疫、检疫和消毒工作，防止疾病进入。1 月龄犊牛皮下注射卡介苗 50～100mL，后每年接种 1 次。牛舍每年进行 2～4 次预防性消毒，常见消毒药为 5％来苏儿或克辽林，10％漂白粉溶液，3％福尔马林溶液。

一般不进行治疗，我国采取“检疫—扑杀”的牛结核病控制措施，诊断或检疫出的病牛应立即淘汰。

二、寄生虫病

（一）牛焦虫病

牛焦虫病是由蜱为媒介而传播的一种虫媒传染病（图 3－60）。以散发和地方流行为主，多发生于夏秋季节，以 7—9 月为发病高峰期。1 岁龄的小牛发病率较高，症状轻微、死亡率低；而成年牛死亡率较高。

1. 临床症状　病牛病情迅速恶化，高热贫血或黄疸，反刍停止，泌乳停止，食欲减退，消瘦严重，造成死亡。

2. 治疗

①可使用三氮脒或血虫净。这是治疗焦虫病的高效药。临用时，将药物用注射用水配成 5％的溶液，做分点深层肌内注射或皮下注射。一般病例，按照每 1kg 体重 2.8～3.5mg 进行注射；对顽固的牛环形泰勒焦虫病等重症病例，按照每 1kg 体重 7mg 进行注射。

②用灭焦敏治疗。对牛泰勒焦虫有特效，对其他焦虫病也有效，治愈率达 90％～100％。

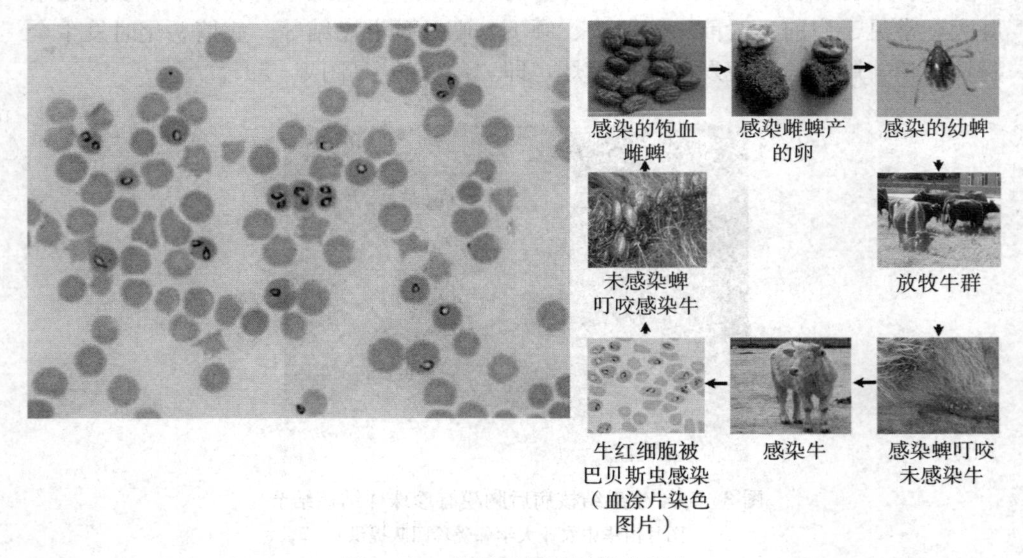

图 3-60　牛巴贝斯虫及其生活史

（图片由华中农业大学郭爱珍团队提供）

片剂：每 10～15kg 体重服 1 片，每日 1 次，连服 3～4d。

针剂：按照每 1kg 体重肌内注射 0.05～0.1mL，剂量大时可分点注射。每日或隔日 1 次，共注射 3～4 次。

3. 预防　在有蜱的地区定期灭蜱，牛舍内 1m 以下的墙壁要用杀虫剂消毒，杀灭残留蜱虫。消除牛体表的蜱要定期喷药或药浴。发病季节前定期用药物预防，以防发病。

（二）牛皮蝇蛆病

牛皮蝇蛆病是由寄生于牛的背部皮下组织内牛皮蝇和纹皮蝇的幼虫所引起的一种慢性寄生虫病。本病在我国北方地区流行甚广，危害严重。由于皮蝇幼虫的寄生，可使患牛消瘦，皮革质量降低，幼畜发育受阻。

1. 临床症状　牛皮蝇在牛体上产卵时，牛表现不安、喷鼻、狂奔；幼虫在皮下组织中移行，能引起牛的瘙痒、疼痛；幼虫出现在背部皮下时易于诊断。最初在牛的背部皮肤上可以摸到长圆形的硬节，再经 1 个多月，即出现肿瘤样的隆起，并在隆起的皮肤上可见小孔，小孔的周围堆集干涸的脓痂；从皮肤穿孔处可挤出幼虫（图 3-61）。

2. 治疗

①皮下注射 50%乐果酒精溶液，大牛 5mL，小牛及中等牛 2～3mL。

②按照 1kg 体重内服 100mg 皮蝇磷进行治疗。

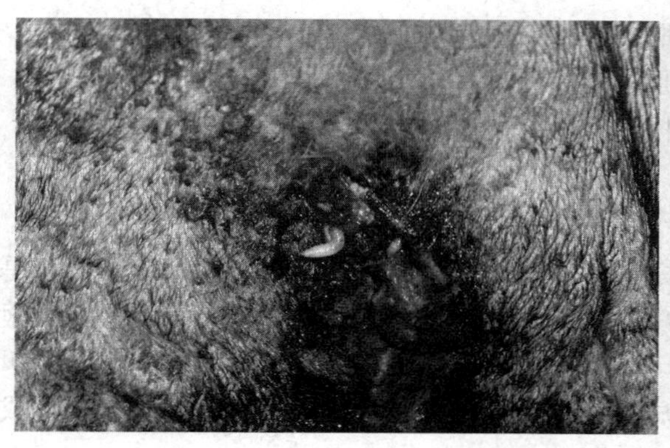

图 3-61　牛皮蝇蛆病及牛皮蝇幼虫
（图片由华中农业大学郭爱珍团队提供）

③在牛背部涂 2%敌百虫水溶液 300mL，每次 2～3min，24 小时后，大部分幼虫可软化死亡，5～6d 后瘤状隆起显著缩小。涂抹 1 次，杀虫率可达 90%～95%。

3. 预防

①在本病流行地区，皮蝇活动季节，可以每间隔 20d 对牛体用药喷洒 1 次，用药 3～4 次即可达到全面防治的目的。

②经常检查牛背，发现皮下有成熟的疣肿时，用针刺死幼虫或挤出幼虫，涂以碘酊。

（三）牛螨病

又称疥癣，俗称“癞病”，由疥螨和痒螨引起。本病多发于秋冬季节，犊牛最易感染。

1. 临床症状　牛的疥螨和痒螨大多呈混合感染，以剧痒、湿疹性皮炎、脱毛和具有高度传染性为特征（图 3-62）。初期多在头、颈部发生不规则丘疹样病变；严重时，可蔓延至全身；患牛精神委顿、贫血、消瘦、生产力下降；有时病牛因恶病质死亡。

图 3-62　牛疥癣病
（图片由华中农业大学郭爱珍团队提供）

2. 治疗

①通灭（多拉菌素）治疗：每 50kg 体重 1mL，皮下注射治疗。

②害获灭（伊维菌素）治疗：每 50kg 体重 1mL，皮下注射治疗。

3. 预防

①牛舍保持干燥、通风，定期消毒。

②每年夏季对牛进行药浴，是预防螨病的主要措施。

③经常注意牛群有无瘙痒、掉毛现象，一旦发现病牛，及时隔离治疗。

(四) 结节性皮肤病

牛结节性皮肤病（LSD）又称牛结节疹、牛结节性皮炎或牛疙瘩皮肤病，是由牛结节性皮肤病病毒（LSDV）引起的一种病毒性传染病，对养牛业危害很大，是世界动物卫生组织（OIE）要求通报的疫病。2019 年 8 月，在我国新疆伊犁首次确诊牛结节性皮肤病。该病传入后，可能会对我国的奶牛和肉牛养殖造成严重的不良影响。

1. 临床症状

（1）一般症状。病牛发热，呼吸困难，流涎，流脓性鼻液，体表淋巴结肿大，胸下部、乳房和四肢常有水肿，孕牛经常发生流产、产乳量暂时性下降、公牛暂时或永久性不育。

（2）特征性症状。皮肤上出现许多结节（疙瘩），结节硬而凸起，界限清楚，直径一般为 2～3cm，少则 1～2 个，多则达百余个。结节多出现于头、颈、胸、背等部位，有时波及全身（图 6－63）。结节可能完全坏死、破溃，但硬固的皮肤病变可能存在几个月甚至几年。

图 3－63　牛结节性皮肤病

（图片由华中农业大学郭爱珍团队提供）

2. 防制

①牛结节性皮肤病最有效的防控手段是接种山羊痘疫苗。

②对怀疑为牛结节性皮肤病的病牛，要及时采集病牛皮肤痂块、血液、唾液或鼻拭子等样品，送省级动物疫病预防控制机构检测，然后送中国动物卫生与流行病学中心确诊、备份。

③疫情确诊后，立即扑杀所有发病牛，并进行无害化处理；并对病牛所在区域及其相邻区域的全部牛只进行紧急免疫。

④紧急免疫完成后 1 个月内，限制同群牛移动，禁止疫情区域的活牛调出。

三、其他常见疾病

（一）犊牛痢疾

犊牛痢疾是一种发病率高、病因复杂、难以治愈、死亡率高达10%～15%的疾病（图3-64）。临床上主要表现伴有腹泻症状的胃肠炎，全身中毒和脱水，衰竭而死亡。

1. 临床症状　本病多发于出生后2～5d的犊牛，病程约2～3d，呈急性经过。病犊牛突然表现精神沉郁，食欲废绝，体温高达39.5～40.5℃，病后不久，即排出灰白、黄白色水样或粥样稀粪；病程后期常因脱水衰竭而死。

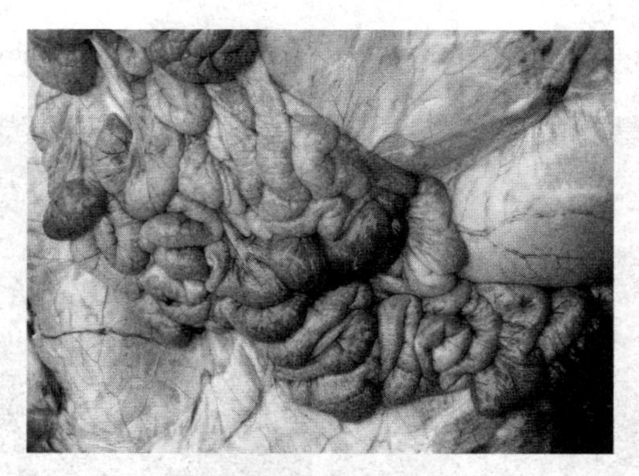

图3-64　沙门氏菌感染致牛肠道出血（血痢）
（图片由华中农业大学郭爱珍团队提供）

2. 治疗

①诺氟沙星治疗。犊牛每头每次内服10片，即2.5克，每日2～3次。

②可用庆大霉素、氨苄西林等进行治疗。抗菌治疗的同时，还应配合补液，以强心和纠正酸中毒。

③ORS液供犊牛自由饮用治疗。按每1kg体重100mL，每天分3～4次给犊牛灌服，起到迅速补充体液，清理肠道的作用。

3. 预防　对于刚出生的犊牛，可以尽早投服预防痢疾的抗生素药。对于防止本病的发生具有一定的效果。另外，可以给妊娠母牛注射当地流行的致病性大肠杆菌所制成的疫苗。在本病发生的严重地区，应考虑给妊娠母牛注射轮状病毒疫苗或冠状病毒疫苗。

（二）牛传染性鼻气管炎

牛传染性鼻气管炎又称“坏死性鼻炎”“红鼻病”，是由Ⅰ型牛疱疹病毒（BHV-1）引起的一种牛呼吸道接触性传染病（图3-65）。冬季或寒冷季节时发病较多，可通过空气（飞沫）与排泄物的接触以及病牛直接接触进行传播；临床症状消失后较长时间内仍能继续排泄病毒，这是最主要的传染源。

1. 临床症状 病牛临床表现多见呼吸型、生殖型、肺炎型；也有流产型和眼结膜型。

（1）呼吸型。多数是这种类型。病牛突然精神沉郁，不食，呼吸加快，体温高达42℃；鼻镜、鼻腔黏膜呈火红色，所以称“红鼻子病”。咳嗽、流鼻涕、流涎、流泪；多数呈现支气管炎或继发肺炎，造成呼吸困难甚至窒息死亡。

（2）生殖型。母牛阴户水肿发红，形成脓疱，阴道底壁积聚脓性分泌物。严重时在阴道壁上形成灰白色坏死膜。公牛则发生包皮炎，包皮肿胀、疼痛，并伴有脓疱形成肉芽样外观。

（3）肺炎型。多发于青年牛和6月龄以内的犊牛，表现为明显的神经症状。

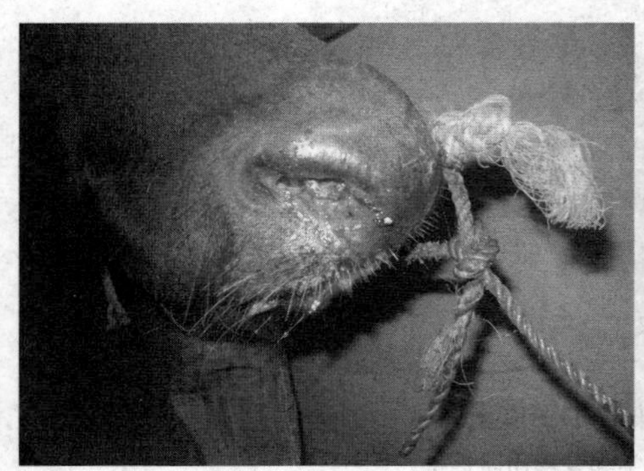

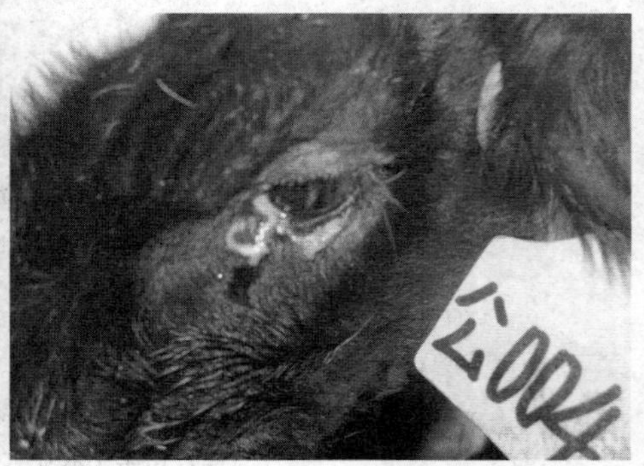

图3-65 牛传染性鼻气管炎

（图片由华中农业大学郭爱珍团队提供）

2. 防制 对本病暂无特异的治疗方法。暴发本病时，应立即隔离，同时对所有牛进行疫苗接种。疫苗目前有3种：鼻内注射苗、匈牙利热稳定苗和灭活疫苗。

（三）流行性感冒

本病简称“流感”，是由流行性感冒病毒引起的急性呼吸道感染的传染病。

1. 临床症状 病牛精神沉郁，食欲不振，反刍减少，咳嗽，呼吸加快，流涎流涕，眼结膜发炎。体温有所升高，一般无死亡，7d左右可恢复正常。

2. 防治 加强饲养管理，保持圈舍清洁、干燥、温暖，防止贼风侵袭。发病后立即隔离治疗，加强病牛的饲喂护理，用5%的漂白粉溶液或3%的氢氧化钠溶液消毒圈舍、食槽及用具等，防止疾病蔓延。治疗须对症，控制继发感染，调整胃肠机能；为防止肺炎，可肌内注射青霉素和链霉素等，一般5～7d可康复。

（四）牛流行热

牛流行热（又名三日热）是由牛流行热病毒（BEFV，又名牛暂时热病毒）引起的一种急性热性传染病。其特征为突然高热，呼吸促迫，流泪，消化器官的严重卡他炎症，运动障碍。感染该病的大部分病牛经2～3d即可恢复正常，故又称三日热或暂时热。该病病势迅猛，但多为良性经过，能引起牛大群发病，明显降低牛的繁殖率、产乳量、肉乳品质等。

1. 临床症状 本病的临床症状常可以分为3种类型，即呼吸型、瘫痪型和胃肠型。

（1）呼吸型。病牛最初表现为高热，体温常升高至41℃，甚至超过41℃，出现眼睛流泪，呼吸不畅，精神不振以及流涎和流鼻液等症状，常在3～4d后逐渐开始自愈。

（2）瘫痪型。本类型的病牛通常不出现明显的体温升高症状，但会出现四肢肌肉颤抖，关节处肿胀、疼痛。病死率较低，不超过1%，但由于肉牛四肢出现问题，不能站立，所以常进行淘汰处理。

（3）胃肠型。这种类型的病牛表现为眼结膜出现潮红，眼睛流泪，口腔流黏涎，甚至还会有鼻液的流出。胃肠道蠕动减慢，反刍停止。病程一般是3～4d，如果能够及时治疗，本类型的病牛可以完全治愈。

2. 治疗 重症病牛给予大剂量的抗生素，常用青霉素、链霉素，并用葡萄糖生理盐水、林格氏液、维生素C等药物静脉注射，每天2次。四肢关节疼痛的牛只可静脉注射水杨酸钠溶液。对于因高热而脱水和由高热脱水而引起的胃内容物干涸症状，可静脉注射林格氏液或生理盐水2～4L，并向胃内灌入3%～5%的盐类溶液10～20L。加强消毒，做好消灭蚊蝇等吸血昆虫工作，应用牛流热疫苗进行免疫接种。此外，也可用清肺，平喘、止咳、化痰、解热、通便的中药，辨证施治。

3. 预防 主要是通过加强饲养管理来进行预防。饲养牛只需要使用高能量和高蛋白质的饲料，而且饲料和饮水均要求清洁和卫生，防止发霉变质。还要加强消毒和灭虫工作，提升日常饲养管理环境。

（五）创伤性网胃心包炎

创伤性网胃心包炎是牛采食时吞下尖锐的金属异物，进入网胃内，由于网胃收缩异物损伤网胃壁而引起的炎症。

1. 临床症状 临床上以顽固性的前胃弛缓和触压胃壁疼痛为特征。牛的行动和姿势异常，多取前高后低的姿势，起卧谨慎，忌下坡转弯，排粪、尿时表现痛苦，触压网胃躲闪。病初体温升高，可至40℃，后降为正常转为慢性炎症。

2. 防治 加强饲喂管理，有条件的可在饲喂前过电磁筛，严防金属物进入饲料。治疗方法除对症保守治疗外无良法，手术效果不理想，尤其是当金属异物与网胃内壁发生粘连时。

（六）瘤胃臌气

该病是由肉牛食用易在胃部发酵的草料引发（图 3－66）。例如，采食大量绿肥草、豌豆藤等豆科类植物或食用腐败生菌的干草料，进而引发肉牛食管阻塞和创伤性网胃炎及腹膜炎等病症。

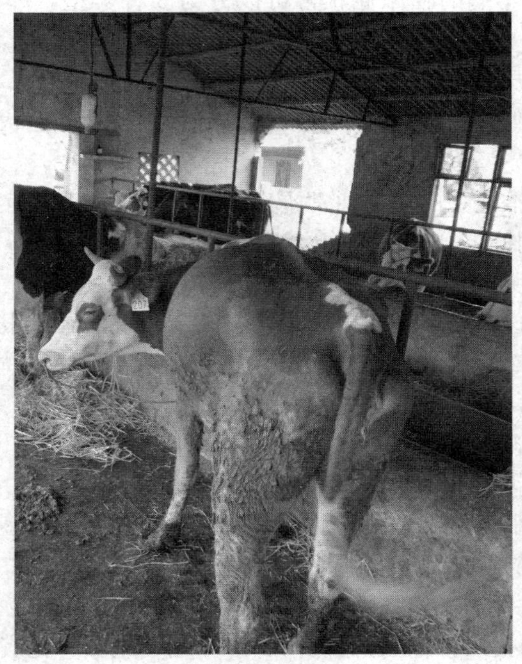

图 3－66　牛瘤胃臌气

（图片由华中农业大学郭爱珍团队提供）

1. 临床症状　肉牛胃部膨胀的高度超过脊背，后蹄踢腹。在此过程中肉牛表现得非常痛苦，无食欲，呼吸系统功能受损。症状严重者甚至张嘴呼吸，眼球充血，若不及时医治，可能会造成因呼吸系统异常引发的肉牛窒息。

2. 防治　治疗原则是停止发酵。

①将导管插入肉牛胃中来回抽动以释放胃中气体，或直接在肉牛脊背突起的地方将针管刺进胃部释放气体，同样能达到释放气体的效果，但为了避免被再次感染，针管在刺进脊背之前要进行仔细消毒和清洗。

②让患病的肉牛服用 15g 左右的鱼石脂，鱼石脂有制止食物发酵的作用，可以有效缓解胃部膨胀。同时，也可以配合使用 200g 左右的花生油和 30～60 片消胀片（二甲硅油 15mg/片），给肉牛服用也可以起到明显的消胀作用。

第五节　生产面临的主要非疾病风险

一、自然灾害风险

我国肉牛生产方式较为原始多样、生产水平极不平衡、生产设施设备比较简陋、生产条件一般较差，加之气候生态环境复杂，自然灾害多样，可能会面临水灾、雪灾、旱灾、高温、低温等自然灾害。

水灾：连续大量降雨，或短时间内突降暴雨，或由于各种原因导致的邻近水库、湖塘、河流等堤坝损毁，造成牛场不同程度的被淹，或由此引发的山体滑坡、泥石流所导致的牛场不同程度的被毁，定义为牛场水灾。

雪灾：连续大量降雪，或短时间内突降暴雪，导致牛场建构筑物和设施设备不同程度的损毁、外部交通中断、通讯受阻、供电不畅、草场被较厚的积雪覆盖，使肉牛生产不能正常进行，甚至不同程度地危及牛的基本生存条件，定义为牛场雪灾。

旱灾：连续长时间不降水或降水量远低于正常年份，导致牛场地下水位严重下降、地表水源干涸、草场产草量严重下降、大气干燥，不同程度地影响牛的正常饮水与放牧，使肉牛生产不能正常进行，甚至危及牛的健康与生命，定义为牛场旱灾。

高温灾害：夏季连续长时间高温（气温远高于正常年份）或高温高湿相伴，导致牛只处于持续热应激状态，肉牛生产性能严重下降，危及牛只的健康甚至生命，定义为牛场高温灾害。

低温灾害：冬季连续长时间低温（气温远低于正常年份）或低温高湿、低温风雪相伴，导致牛只处于持续冷应激状态，肉牛生产性能严重下降，危及牛只的健康甚至生命，定义为牛场低温灾害。

二、市场风险

主要包括市场需求变化、政策时效性变化和同业竞争三个方面，它们都具有渐进性、规律性、可测性、可控性的特点。肉牛经过育肥后能否销售出去直接关系到养殖者的经济效益，及时确定销售市场及确定售价较高的市场极为重要。面对市场风险，养殖户要积极了解国家的宏观政策和经济形式，要以平和的心态对待行情变化。当风险来临时，要对整个养殖周期的每个环节进行总结，进一步加强管理，合理控制成本投入。良好的经营管理和经营环境的营造可以降低这类风险造成的损失。

三、经营风险

原料风险：肉牛育肥场的主要原料为饲料，其产量和价格受地区环境条件、自然灾害、季节性变化以及市场饲料价格波动的影响。

牛源风险：我国的肉牛生产发展很快，很多经营者都已经意识到肉牛的快速育肥效益良好。因此，从事这一工作的人也越来越多，导致存在竞争牛源的问题，近年来牛源已经呈现出紧张的情况。

销售市场风险：肉牛经过育肥后能否销售出去是关系到整个肉牛生产过程的价值能否体现的关键环节，及时确定销售市场非常重要。

质量安全风险：近年来，一些畜产品出现质量问题，其中一个重要原因是企业加工和农户养殖脱节，大部分都存在中间环节，企业千方百计多挣钱，对畜产品质量无须承担责任。养殖户难以获得稳定的效益，经常是效益好时规模快速膨胀，出现亏损时规模急剧萎缩，这也是导致多年来畜产品市场大起大落的原因之一。另外，企业难以获得稳定的原料供应，无法实现对原料质量的控制，因此产品质量安全事件时有发生，而一旦出现质量安全事件，会对畜牧业造成巨大的冲击。

第六节　肉牛养殖保险相关技术要点

一、肉牛保险概况

我国是世界第三大牛肉生产国，近年来我国肉牛年末存栏量约为 8 000 万头。巨大的市场需求，促进了肉牛养殖业的发展，肉牛养殖及其配套的肉牛养殖保险已经成为致富增收和产业扶贫的好项目，肉牛养殖保险已成为推进畜牧业精准脱贫的有力抓手。与此同时，肉牛的养殖具有周期较长、投资大、繁殖率低的特点，在养殖过程中容易出现养殖风险，对养殖户造成严重的打击，所以产业对保险的市场需求比较旺盛。但由于产业集中度较低、标的识别难、缺乏保费财政补贴等多方面原因，我国肉牛养殖保险承保覆盖率长期保持极低水平，承保覆盖率仅为 1%～2%，导致广大肉牛养殖户对风险保障的需求不能得到满足。

二、肉牛保险主要产品简介

为便于产品开发及业务推动，将肉牛养殖保险简单划分为牦牛养殖保险、一般性肉牛养殖保险和犊牛养殖保险。

（一）牦牛养殖保险

2010 年中央第五次西藏工作座谈会首次统筹研究西藏和四省藏区加快发展、维护稳定的问题，充分体现了党中央对藏区的特殊关怀。为进一步贯彻会议精神，紧紧抓住国家支持藏区发展的重要机遇，围绕中央关于藏区经济社会发展的总体思路，从改善农牧民生产生活条件，提高农牧业发展水平，培育特色优势产业，保护高原生态环境等方面出发，结合藏区农牧业实际情况，藏系牦牛保险应运而生。

青藏高原特定的气候条件、地理环境导致该地区牦牛生产很大程度依赖于自然条件。同时，青藏高原平均海拔 4 000m 以上，辐射强烈，日照多，气温低，积温少，气温随高度和纬度的升高而降低，冬季干冷漫长，大风多，夏季温凉多雨，冰雹多，四季不明，雪灾、干旱、暴雨、大风、冰雹、霜冻等气象灾害以及由此引发的山体滑坡、泥石流等次生衍生灾害发生频繁。一旦发生大面积灾害，相当一部分农牧民难以承受，短期内无法恢复生产，日常生活将受到极大影响。通过开办藏系牦牛保险，分散自身经营风险，缓解灾害打击，减少收入波动，一定程度上能解除他们的后顾之忧。

2010 年，牦牛养殖保险被纳入中央财政补贴范围。2016 年，财政部印发《中央财政农业保险保险费补贴管理办法》，对于主要牦牛养殖地区的中西部地区，在省级及省级以下财政至少补贴 30%的基础上，中央财政对中西部地区补贴 50%。目前，开展的牦牛养殖保险几乎全是中央财政补贴型产品，鲜有开展地方财政补贴型及商业性产品。牦牛养殖保险的开办地区主要分布于西藏、青海、云南、四川等西部地区。

（二）肉牛养殖保险

一般口头上常说的肉牛养殖保险为狭义的肉牛养殖保险，即从所有肉牛品种中剔除有中央财政补贴的牦牛养殖保险部分。狭义的肉牛养殖保险一般不含有中央财政补贴（单独申请中央奖补的地区除外），但因为肉牛产业常被作为贫困地区扶贫攻坚工作的重要抓手和突破口，肉牛养殖保险在贫困地区常享有省级或县级财政补贴。同时，由于肉牛养殖资产重、汇报周期较长、扶贫融资需求大等特点，肉牛养殖保险可作为融资主体获取融资的增信手段。肉牛养殖保险的保险标的可以为全生命周期的肉用牛（犊牛至屠宰）、除犊牛阶段外的肉用牛、基础母牛等，但一般不承保单独的犊牛，仅承保犊牛一般需另外开发犊牛养殖保险。

（三）犊牛养殖保险

由于犊牛的死亡风险较其他饲养阶段明显较高，并且短期内标的价值变化较大，所以若单独仅对肉牛的犊牛阶段进行承保，一般需要单独开发针对性产品，主要目的包括：根据风险水平适当提高费率（较普通肉牛养殖保险）、增设绝对免赔或相对免赔，根据当地生产实际设置保险金额，根据犊牛品种的体长、体重变化情况设置比例赔付等。另外，犊牛养殖保险除了适用于肉牛和犊牛外，也可根据实际开发为同时适用于奶牛犊牛的产品。

三、肉牛保险承保理赔技术要点

（一）承保条件

除所有保险承保时都应当遵循的可保利益原则外，肉牛养殖保险承保时还应当满足以下条件：①饲养场所在当地洪水水位线以上的非蓄洪区内，并且不在传染病疫区内；②投保的牛品种必须在当地饲养1年以上（含）；③投保牛饲养管理正常，无伤残，无疾病，能按免疫程序接种且有记录，经畜牧兽医部门和保险人验体合格；④其他承保条件，如畜龄要求、存出栏量、其他政府相关要求等。

（二）保险责任和责任免除

肉牛保险的保险责任通常包括：①疾病、疫病，如炭疽、巴氏杆菌病、口蹄疫等；②自然灾害，如洪水、雷击、暴风、暴雨、台风、龙卷风、雹灾、雪灾等；③意外事故，如难产、应激等。

除上述责任外，还可根据实际需要，设置其他保险责任，如政府扑杀、繁育能力等。

责任免除一般包括：

①被保险人（或其雇佣人员）的故意行为或重大过失；②未按行业防疫要求或标准履行防疫职责；③政府扑杀行为以外的行政行为或司法行为；④因病死亡不能确认无害化处理；⑤由观察期内患有的疫病导致标的死亡的；⑥特定事件导致死亡的，如走失、被盗、互斗、中毒、淘汰、屠宰等；⑦根据保险合同载明的免赔率计算的不予赔偿的免赔额；⑧保险标的遭受保险事故引起的各种间接损失。

（三）保险期间

按批次承保的，保险期间应与标的养殖周期相一致，一般最长不超过1年。大部分肉牛品种的养殖全周期虽长于1年，但单个肉牛养殖户常未对肉牛生长的全生命周期进行饲养，而往往只负责肉牛养殖过程中的某一阶段，如将新生牛犊饲养至架子牛阶段后出售、购入架子牛育肥至成牛后屠宰等。此时按批次承保的保险期间就不应简单设置为1年，而是应与养殖户对一个批次肉牛的饲养时长相一致，如仅饲养犊牛阶段的保险期间应设为4个月（根据不同品种等具体生产实际有所差异，下同）、仅对架子牛进行育肥的保险期间应设为8个月等。

除了按批次承保外，肉牛养殖保险也可按年承保。此时无须考虑养殖户对每一批次肉牛的实际饲养期间，但保险数量应做相应调整。

（四）保险金额

政策性肉牛养殖保险的保险金额与其他政策性险种一样，由政府部门出台的保险方案为准，常见的单位保额一般在 8 000～12 000 元。商业性肉牛养殖保险的保险金额则一般由保险双方参照保险标的的市场价值协商确定，同时为防范道德风险，部分风险需由被保险人自留，故单位保额一般最高不超过市场价值的 70%。需要特别说明的是，对于肉牛这种在保险期间内，随着标的发育成长，市场价值会发生较大变化的，参照的市场价值应为保险期间内标的预计可达到最高价值阶段时的预期市场价值。

（五）保险费率

肉牛养殖保险的保险费率应参考当地长期肉牛死亡率平均值（设有比例赔付的可相应下调），适当上浮以包含费用成本后进行确定。影响一个地区肉牛死亡率的因素通常包含品种、气候、疫病、技术条件等。对风险程度明显较低的现代化规模养殖场或风险程度明显偏高的养殖散户，可通过开发专用条款或费率调整系数在具体业务中合理调节费率，使之与具体业务风险相匹配。

对于仅饲养肉牛某一特定阶段的被保险人，费率厘定还需参考该饲养阶段的预期风险大小，如犊牛阶段标的的死亡率往往高于全生命周期的平均水平，此时费率应根据当地犊牛的平均死亡水平进行上调。同时，由于承担的风险还跟风险敞口期有关，其他条件不变的情况下，保险期间越长，保险费率应当越高。

在生产实际情况相同的情况下，按批次承保与按年度承保的费率水平应相同，保费应随两者的承保数量不同而不同。

（六）保险数量

肉牛养殖对防疫隔离的要求相对生猪养殖较低，一般养殖场允许外来人员经过简单消毒后进入场区。同时，我国肉牛养殖产业集中度相对较低，以中小养殖户为主，单个万头以上大型养殖场极少，这也使人工清点保险数量的做法具有很高的可操作性。在少数无法实现人工清点的情况下，也可根据养殖场规模、饲养场地大小、相关饲养防疫记录估算养殖数量。按批次承保的，保险数量应为每批次实际饲养数量。按年度承保的，保险数量应为保险期间内该养殖场的预计年出栏量。

（七）赔偿处理

肉牛与育肥猪一样，在短期内体重、体型会发生明显的变化，市场价值也会随之逐步增长。因此肉牛养殖保险的赔偿处理不能简单粗暴的直接按照保额赔付（除非单位保额已低于保险期间内标的所能达到的最低市场价值），而是应当依据保险的“损失补偿原则”，根据标的月龄、尸重、尸长与标的在保险期间内该指标所能到达的最大值的比例进行赔付。赔偿比例可不与生物指标比例完全一致，赔款不得高于出险时标的的市场价值，并且应当低于市场价值一定数额以被保险人风险自留的方式防范道德风险。典型的肉牛不同生长期每头赔偿比例见表3-3，表中具体数值需根据本地业务实际情况调整。

表3-3 肉牛不同生长期每头赔付比例对照

尸重（kg）	101～150	151～250	251～300	301～350	351～399	400及以上
赔付比例（%）	40	55	70	80	90	100

当条款有扑杀责任时，在保险期间内发生政府对保险标的的扑杀事件造成被保险人损失的，也应进行相应赔偿，但需要注意：一是需有政府部门发布扑杀令或其他可证明扑杀事件的政府文件；二是赔付金额也需根据尸长、尸重等生物指标进行比例赔偿，由于政府未提供被扑杀相关信息或其他原因导致保险公司不能获得被扑杀标的生物指标信息的，应取某一中间比例进行赔偿；三是政府对被保险人有进行扑杀补助的，理赔应按照损失补偿原则以保险金额或市场价值扣减扑杀补助后赔偿其剩余部分。

第四章　羊养殖技术与保险手册

我国是养羊大国，养羊历史悠久，羊饲养量和羊肉产量均居世界首位。随着人们对食品安全要求的提高和对羊肉营养价值的认知转变，羊肉的消费量逐年增加。羊的养殖投入成本和疫病风险较生猪、奶牛相对较低，是我国实施精准扶贫和乡村振兴、助力农牧民脱贫致富的适宜畜种。近年来，我国羊产业正处于转型升级阶段，羊的饲养量相对稳定，规模化程度稳步提升，产业发展逐渐从数量型向质量型转变。

我国羊品种资源丰富，分布广泛，羊产业作为畜牧业的重要组成部分，近五年内迅猛发展，尤其是受非洲猪瘟影响，羊肉在我国肉类产量的比例也有所增加，万只以上的羊场不断增多，因此，从生产和消费的角度看，羊产业发展还有巨大的空间。

第一节　生理特性、生长阶段及主要品种

一、生理特性

（一）羊的生活习性

1. 采食性杂，择食性强　羊采食能力强，饲料范围广，各种牧草、作物秸秆、秕壳、糠渣、嫩枝叶、废弃蔬菜、瓜果均可作为饲料食用，尤其善于啃食短的牧草，放牧时常选择灌木植物的幼嫩叶进行采食。羊舌上的苦味感受器发达，喜食苦味的灌木、半灌木及蒿属植物。

2. 环境适应性强　羊对不良环境的适应性良好，主要表现为抗寒耐热，抗饥渴耐粗饲，耐粗放管理，发病率低。

3. 合群性强　羊的合群性很强，放牧时虽分散，但不离群，遇惊吓或驱赶会马上集中。可利用此特性，训练一只好头羊，更利于放牧管理。

4. 嗅觉灵敏　羊的嗅觉较视觉、听觉更为灵敏，具体表现在3个方面：

（1）识别羔羊。羔羊出生后母羊吮乳时，母羊通过嗅其臀部来辨识是否是自己所产的羔羊。

（2）辨别饲草。羊在采食时可通过嗅觉对饲草的气味进行区分，以选择蛋白质多、粗纤维少、没有异味的牧草采食。

（3）辨别食物和饮水的清洁度。羊爱清洁，凡被污染、践踏或霉变的食物或水都会拒食。

（二）羊的消化生理特点

1. 反刍　羊属于反刍类家畜，有复胃，包括瘤胃、网胃、瓣胃和皱胃，绵羊的胃总容积约 30 L，山羊约 16 L，各胃室容积占总容积的比例有很大区别。瘤胃容积大，主要用于储藏短时间内采食的未经充分咀嚼而咽下的大量饲草，待休息时反刍；瓣胃对食物起机械压榨作用，皱胃黏膜腺体分泌胃液，主要是盐酸和胃蛋白酶，对食物进行化学性消化。

反刍是指反刍草食动物在食物消化前把食团吐出再咀嚼和再咽下的活动。其机制是通过饲草刺激网胃、瘤胃前庭和食管沟的黏膜，反射性引起逆呕。反刍是羊的重要消化生理特点，反刍停止是疾病的征兆，不反刍会引起瘤胃臌气。羊在吃草后，稍有休息，便开始反刍。反刍中也可随时转入吃草的状态。反刍姿势多为侧卧式，少数为站立式。反刍一般周期性进行，每次 40～60min，有时1～2h，反刍时间与采食时间比值为（0.5～1）：1。昼夜反刍时间绵羊约为 198min，山羊为 280min。

2. 瘤胃微生物的作用　瘤胃是反刍动物特有的消化器官，是食物的贮存库，除机械作用外，瘤胃内有广泛的微生物区系活动，主要微生物有细菌、原虫和真菌，其中起主导作用的是细菌。瘤胃是一个复杂的生态系统，反刍家畜摄取大量的草料主要靠瘤胃（包括网胃）内微生物参与的复杂的消化代谢转化为畜产品。

（1）消化碳水化合物。羊食入的碳水化合物在瘤胃内受多种微生物分泌酶的综合作用，使其发酵和分解形成挥发性低级脂肪酸（VFA），这些酸被瘤胃壁吸收，随血液循环进入肝，合成糖原，提供能量。由于瘤胃微生物的发酵作用，羊采食饲料中大约有 55%～95%的碳水化合物和 70%～95%的纤维素被消化。

（2）合成微生物蛋白质。饲料中的植物性蛋白质，通过瘤胃微生物分泌酶的作用，最后被分解为肽、氨基酸和氨；饲料中的非蛋白氮物质，如尿素等，被分解为氨。在瘤胃内能源供应充足和具有一定数量的蛋白质条件下，瘤胃微生物可以合成微生物蛋白质。微生物蛋白质含有各种必需氨基酸，且比例合适，组成较稳定，生物学价值高，随食糜进入皱胃和小肠，作为蛋白质饲料被消化。因此，通过瘤胃微生物作用可提高植物蛋白质的营养价值。

（3）脂类氢化作用。羊采食的大部分牧草是由不饱和脂肪酸构成，瘤胃微生物可将饲料中的脂肪分解为不饱和脂肪酸，并将其氢化形成饱和脂肪酸。

（4）合成维生素。瘤胃微生物可合成 B 族维生素，同时还能合成维生素 K。

二、生长阶段

羊的适应性较强，自然生长的羊的寿命在12年左右，人工饲养羊的寿命稍长，在15年左右。目前，我国羊的规模化程度较低，很多地区仍以散养或较小规模的养殖方式为主。我国羊的品种资源丰富，生产方向也有肉用、毛用、皮用、乳用等区分。因此，不同品种的羊的生长速度、繁殖性能和出栏时间有很大差别。目前，规模化羊场主要开展肥羔生产，羊在6～8个月出栏，母羊可以实现2年3产且多胎。而对于一些地方特色品种，尤其以放牧为主的羊，如岗巴羊等，出栏时间可达到3～4年。

（一）羊羔期

羊羔期是指羔羊从出生到断乳的时期。目前，我国羔羊多在3～4月龄时断乳，规模化集约化饲养多采用早期断乳，即羔羊出生后40～60 d断乳，还有采用出生后7 d左右断乳，用代乳品进行人工哺乳的断乳方式。羔羊在断乳前的主要营养来自乳汁，这一时期羔羊的瘤胃发育不健全，消化机能不完善，乳汁直接由食管进入真胃，不经过瘤胃的作用，在真胃和小肠内被消化吸收。羔羊的生长发育速度快，先天免疫力差，体温调节能力差，极易发病死亡。

（二）育成期

育成期是指羔羊从断乳到第1次配种的时期。这一时期育成羊各器官各系统均处于生长旺盛阶段，骨骼和肌肉生长迅速，消化器官及功能逐渐发育完善，生殖系统逐渐成熟。受到品种、个体、饲养管理、气候环境等因素的影响，羊的性成熟年龄存在一定的差异。公羊性成熟年龄一般为6～10月龄，母羊性成熟年龄一般为5～8月龄，体重是成年羊的40%～60%。虽然性成熟的羊已具备了繁殖后代的能力，但此时羊身体的生长发育尚未充分，若过早配种繁殖，不利于羊的生长发育，对以后的繁殖也会有不良影响。因此，公、母羔在断乳后，一定要分群管理，以免偷配。初配年龄是指羊的身体发育基本完成，能够进行正常的配种繁殖的年龄。初配年龄一般以体重为依据，体重为成年羊体重的70%以上时可以开始配种。

（三）成年期

成年期一般指羊1～1.5岁及以上的时期。此时期羊各项生理机能已完全成熟，能量代谢水平稳定，生产性能水平达到最高。

三、主要品种

我国地方绵羊品种资源丰富，从高海拔的青藏高原到地势较低的东部地区均有分布。列入《中国畜禽遗传资源志·羊志》的地方绵羊品种或遗传资源共有42个。以下是一些代表性品种。

（一）绵羊

1. 西藏羊 西藏羊（Tibetan sheep）又称藏羊、藏系羊，属粗毛型地方绵羊品种（图4-1）。主产于甘孜藏族自治州、阿坝藏族羌族自治州和凉山彝族自治州。西藏羊主要分布于西藏自治区及青海、甘肃、四川、云南、贵州等地，依据生态环境，结合生产、经济特点，可分为高原型、山谷型和欧拉型。

图4-1 西藏羊（左：公羊，右：母羊）
（国家畜禽遗传资源委员会，2011. 中国畜禽遗传资源志·羊志）

高原型藏羊：体格较大，体型呈长方形；体躯长，胸深广，前胸开阔发达，背腰平直，四肢粗壮，蹄呈黑色或深褐色，蹄质坚实；头粗糙，额部宽，鼻梁隆起，公羊角粗大，呈螺旋状或捻曲状，尖端朝外，向左右延伸，母羊角扁平，较公羊角小。成年公羊平均体重51.0 kg，成年母羊平均体重43.6 kg；成年公、母羊年平均剪毛量分别为1.4～1.72 kg、0.84～1.2 kg；母羊一般年产1胎，1胎1羔；屠宰率43.0%～47.5%。

山谷型藏羊：体格较小，结构紧凑，体躯似圆筒状，颈稍长，背腰平直；头呈三角形，鼻梁隆起，额部微凸，公羊角短小，向上向后弯曲，母羊多无角，部分有小钉角。后肢多呈刀状，矫健有力，蹄质结实，善爬山远牧。尾短小，呈圆锥形，有白色、花斑、黑色被毛。成年公羊平均体重约40.0 kg，成年母羊平均体重约32.0 kg；年剪毛量0.8kg～1.5 kg；屠宰率约48.0%。

欧拉型藏羊：藏系绵羊的一个特殊生态类型，体格高大，早期生长发育快，肉羊性能好。头稍长，呈锐三角形，鼻梁隆起，公母羊绝大多数有角，呈微螺旋状向左右平伸或略向前，尖端向外。四肢高而端正，背平直，胸、臀部发育良好，尾呈扁锥形，体躯毛色较杂。成年公羊体重（75.85±14.8）kg，成年母羊体重（58.51±5.62）kg，成年羯羊屠宰率约为50.0%。

2. 乌珠穆沁羊 乌珠穆沁羊（Ujumqin sheep）以其优质羔羊肉而著称，属肉脂兼用粗毛型绵羊地方品种（图 4－2）。原产于内蒙古自治区锡林郭勒盟东部乌珠穆沁草原，主要分布在东、西乌珠穆沁旗和阿巴哈纳尔旗、阿巴嘎旗，属蒙古羊。

图 4－2　乌珠穆沁羊（左：公羊，右：母羊）
（国家畜禽遗传资源委员会，2011. 中国畜禽遗传资源志·羊志）

乌珠穆沁羊体质结实，体格较大，头大小适中，额稍宽，鼻梁隆起，耳大下垂或半下垂，公羊多数有半螺旋状角，母羊多数无角，体躯长，四肢粗壮，全身骨骼坚实，结构匀称，背腰宽，肌肉丰满，尾肥大，尾宽稍大于尾长，尾中部有一纵沟，稍向上弯曲，肉用体型明显。毛色混杂，以黑头羊居多。成年公羊平均体高（72.9±3.5）cm，成年母羊平均体高（67.4±2.6）cm。公羊体重 71.0～84.0 kg，母羊体重 54.0～64.0 kg。6 月龄平均胴体重 17.9 kg，屠宰率 50.0%，平均净肉重 11.8 kg，净肉率为 33.0%，年产羔率 113.0%。

乌珠穆沁羊适于天然草场终年大群放牧饲养，具有生长快、产肉量高、性成熟早等特点，对寒冷有良好的耐受性。同时，乌珠穆沁羊也是做纯种繁育胚胎移植的良好受体羊，后代羔羊体质结实抗病能力强，适应性较好。

3. 小尾寒羊　小尾寒羊（Small-tail Han sheep）属肉裘兼用型绵羊地方品种（图 4－3）。原产于黄河流域的山东、河北及河南一带，主要分布在山东的梁山、嘉祥、汶上、郓城、鄄城、巨野、东平、阳谷和东阿等县及毗邻地区，河北的平原农区和河南省濮阳市台前县以及安阳、新乡、洛阳、焦作、济源、南阳等地。

小尾寒羊体形匀称，侧视略成正方形；鼻梁隆起，耳大下垂；短脂尾呈圆形，尾尖上翻，尾长不超过飞节；胸部宽深，肋骨开张，背腰平直；体躯长呈圆筒状，四肢高，健壮端正；公羊头大颈粗，有较大的三棱形螺旋状角，角根粗硬；前躯发达，四肢粗壮，母羊头小颈长，半数有小角或角基，形状不一，极少数无角；全身被毛白色，少数在头部及四肢有黑褐色斑点、斑块。

成年公、母羊的体重分别为 63.5～121.1 kg 和 53.8～72.7 kg；1 周岁前生长发育快，有较大的产肉潜力，3月龄公、母羔断乳重分别为（27.7±0.71）kg和（25.1±0.96）kg。小尾寒羊性成熟早，母羊5～6月龄发情，公羊6月龄性成熟。母羊常年发情，绝大部分可1年2产或2年3产，年平均产羔率267.1%。

小尾寒羊适于小群放牧或舍饲，不宜大群放牧和爬坡远牧。具有早熟、产羔多、生长发育快、体重大、肉质好、羊毛及裘皮品质好、耐粗饲和舍饲的特性。小尾寒羊是我国发展肉羊生产或杂交培育肉羊品种的优良母本。

图4-3　小尾寒羊（左：公羊，右：母羊）
（国家畜禽遗传资源委员会，2011. 中国畜禽遗传资源志·羊志）

4. 湖羊　湖羊（Hu sheep）是我国特有的白色羔皮用型绵羊地方品种（图4-4）。主产于太湖流域的浙江省湖州市、嘉兴市和江苏省的苏州市，分布于浙江、江苏、上海等地。

湖羊体格中等，公、母湖羊均无角，头狭长，鼻梁隆起，耳大下垂，颈细长，体躯狭长，背腰平直，腹微下垂，尾扁圆，尾尖上翘，四肢偏细而高；全身被毛白色，腹毛粗、稀而短，体质结实，初生羔羊被毛呈水波纹状。湖羊早期生长发育快，在正常的饲料条件和管理下，6月龄羔羊体重为成年羊体重的70%以上，成年公羊体重约为80 kg，成年母羊体重约为52 kg；成年羊屠宰率约为52.0%，肉质细嫩无膻味；湖羊性成熟早，母羊6～8月龄即可配种，常年发情，产羔率随胎次增加而增加，一般每胎产羔2只以上，经产母羊平均产羔率277.4%。

湖羊是世界著名的多羔绵羊品种，羔皮性能佳，是开展经济杂交的优良母本。

5. 滩羊　滩羊（Tan sheep）属轻裘皮用型绵羊地方品种（图4-5）。原产于宁夏回族自治区贺兰山东麓的洪广营地区，分布于宁夏黄河沿岸各地。

滩羊体格中等，体质结实；鼻梁稍隆起，耳有大、中、小3种；公羊角呈螺旋形向外伸展，母羊一般无角或有小角；背腰平直，胸较深；四肢端正，蹄质结

图 4-4　湖羊（左：公羊，右：母羊）
（国家畜禽遗传资源委员会，2011. 中国畜禽遗传资源志·羊志）

实。滩羊属脂尾羊，尾根部宽大，尾尖细呈三角形，下垂过飞节；体躯毛色纯白，多数头部有褐、黑、黄色斑块；毛被中有髓毛细长柔软，无髓毛含量适中，无干死毛，毛股明显，呈长毛辫状。

滩羊成年公羊平均体重（55.4±14.3）kg，成年母羊平均体重（43.7±9.1）kg。二毛皮是滩羊的主要产品，即羔羊1月龄左右、毛股长度达8 cm时宰剥的毛皮，其特点是：毛色洁白，毛长而呈波浪形弯曲，形成美丽的花纹，毛皮轻盈柔软。滩羊每年剪毛2次，公羊春毛平均产毛量为1.5～1.8 kg，母羊为1.6～2.0 kg，净毛率60.0%。滩羊6～8月龄性成熟，属季节性繁殖，成年母羊1年产1胎，多为1羔。

图 4-5　滩羊（左：公羊，右：母羊）
（国家畜禽遗传资源委员会，2011. 中国畜禽遗传资源志·羊志）

6. 哈萨克羊　哈萨克羊（Kazakh sheep）属肉脂兼用粗毛型绵羊地方品种，原产于天山北麓、阿尔泰山南麓，分布于北疆各地及甘肃、青海毗邻地区（图 4-6）。

哈萨克羊毛色以棕红色为主，部分头肢呈杂色。多数公羊有粗大的螺旋形角，母羊半数有小角；头大小适中，鼻梁明显隆起，耳大下垂；背腰平直、四肢高粗结实，肢势端正；尾宽大，外附短毛，内面光滑无毛，呈方圆形，多半在正中下缘处由一浅纵沟对半分为两瓣，少数尾无中浅沟，呈完整的半圆球；被毛异

图 4-6 哈萨克羊（左：公羊，右：母羊）
（国家畜禽遗传资源委员会，2011. 中国畜禽遗传资源志·羊志）

质，头、肢生有短刺毛，腹毛稀短。

哈萨克羊夏、秋两季各剪毛 1 次，羔羊于当年秋季剪羔毛。1 周岁羊屠宰率为 42.5 %。5～8 月龄性成熟，初配年龄 18～19 月龄，母羊秋季发情。

哈萨克羊是新疆主要羊系品种之一，具有体质健壮，放牧性能好，适应性广，耐粗饲，增膘快，产肉多等独特的优良特性。

7. 多浪羊 多浪羊（Duolang sheep），又名麦盖提大尾羊，属肉脂兼用粗毛型绵羊地方品种（图 4-7）。中心产区位于新疆维吾尔自治区喀什地区的麦盖提县，主要分布于叶尔羌河流域莎车县的部分乡（镇）。

图 4-7 多浪羊（左：公羊，右：母羊）
（国家畜禽遗传资源委员会，2011. 中国畜禽遗传资源志·羊志）

多浪羊体躯被毛为灰白色或浅褐色（头和四肢的颜色较深，为浅褐色或褐色）；体质结实，体大躯长，肋骨拱圆，胸深而宽，前后躯较丰满，肌肉发育良好，头中等大小，鼻梁隆起，耳长而宽；公羊绝大多数无角；母羊一般无角；脂尾较大且平直，呈方圆形，尾纵沟较深。

成年公羊平均体重（96.3±15.7）kg，成年母羊平均体重（74.1±12.5）kg。

1 周岁公羊屠宰率 55.8%。性成熟早，一般公羔在 6～7 月龄性成熟；母羔在6～8 月龄初配，1 岁母羊大多数已产羔。一般 2 年产 3 胎或 1 年产 2 胎，而且双羔率较高。

8. 苏尼特羊 苏尼特羊（Sunite sheep）又称戈壁羊，属肉脂兼用粗毛型绵羊地方品种（图 4－8）。中心产区位于内蒙古自治区锡林郭勒盟的苏尼特左旗和苏尼特右旗，乌兰察布市的四子王旗、包头市的达茂旗和巴彦淖尔市的乌拉特中旗均有分布。

苏尼特羊全身被毛白色，体质结实，结构均匀，骨骼粗壮；头大小适中，鼻梁隆起，耳大下垂，眼大明亮，颈部粗短，公、母羊均无角；背腰平直，体躯宽长，呈长方形，尻稍高于鬐甲，后躯发达，大腿肌肉丰满，四肢强壮有力，脂尾小呈纵椭圆形，中部无纵沟，尾端细而尖且向一侧弯曲。

产肉性能好，瘦肉率高，成年羯羊胴体重（36.5±1.5）kg；屠宰率为（54.3±1.1）%。苏尼特羊公、母羊 5～7 月龄性成熟，1.5 周岁达到初配年龄。属季节性发情，年平均产羔率 113.0%。

图 4－8 苏尼特羊（左：公羊，右：母羊）
（国家畜禽遗传资源委员会，2011. 中国畜禽遗传资源志·羊志）

9. 巴美肉羊 巴美肉羊（Bamei mutton sheep）是以德国肉用美利奴羊为父本，当地细杂蒙古羊为母本培育而成的第一个肉毛兼用品种，具有生长快、宜舍饲、耐粗饲、抗逆性强、适应性好、性成熟早等特点（图 4－9）。巴美肉羊被毛为白色，呈毛丛结构，闭合性良好；体格较大，骨骼粗壮结实，肌肉丰满，公、母羊均无角，颈短宽；背腰平直，四肢坚实，短瘦尾下垂。成年公羊体重约 110kg，胴体重（55.3±1.9）kg，屠宰率约 50.0%。母羊呈季节性发情，一般集中在 8～11 月发情，产羔率 126.0%。

10. 无角陶赛特羊 无角陶赛特羊（Poll Dorest sheep）原产于澳大利亚、新西兰，以雷兰羊和有角陶赛特羊为母本，考力代羊为父本进行杂交，杂交羊再与有角陶赛特公羊回交，再选择无角后代培育而成。无角陶赛特羊具有早熟，生长发育快，全年发情和耐热及适应干燥气候等特点，是世界上最优秀的肉用绵羊

图 4-9　巴美肉羊（左：公羊，右：母羊）
（国家畜禽遗传资源委员会，2011. 中国畜禽遗传资源志·羊志）

品种之一（图 4-10）。无角陶赛特羊遗传力强，是理想的肉羊生产的终端父本，我国所引原种除进行杂交利用外，也有部分地区进行小群纯种繁育，饲养量在逐年增加。

无角陶赛特羊头短而宽，耳大适中，公、母羊均无角，胸宽深，体躯长，被毛白色；成年公羊体重 90 kg～110 kg，成年母羊体重 65 kg～75 kg，母羊常年发情，产羔率 144.0%。与我国甘肃河西地区小尾寒羊杂交改良效果明显，杂交一代 4 月龄羔羊宰前活重、胴体重、净肉重及屠宰率均较相同条件下的小尾寒羊提高 12%～15%。

图 4-10　无角陶赛特羊（左：公羊，右：母羊）
（国家畜禽遗传资源委员会，2011. 中国畜禽遗传资源志·羊志）

11. 杜泊绵羊　杜泊绵羊（Dorper sheep）原产于南非，简称杜泊羊，是英国有角陶赛特羊和南非黑头波斯土种绵羊杂交培育而成的肉用型绵羊品种。杜泊羊分为白头和黑头 2 种，公羊头稍宽，鼻梁微隆，母羊鼻梁多平直（图 4-11、图 4-12）。耳较小，颈长适中，胸宽而深，体躯浑圆，背腰平宽，四肢细短端正，蹄质坚实。杜泊羊产肉性能好，舍饲育肥 6 月龄体重达 70 kg，肥羔屠宰率 55.0%，净肉率 46.0%，瘦肉率高，适于肥羔生产。近年来，杜泊羊广泛用于经济杂交和一些地方土种羊的群体改良，效果较好。

图 4－11　杜泊羊（左：公羊，右：母羊）

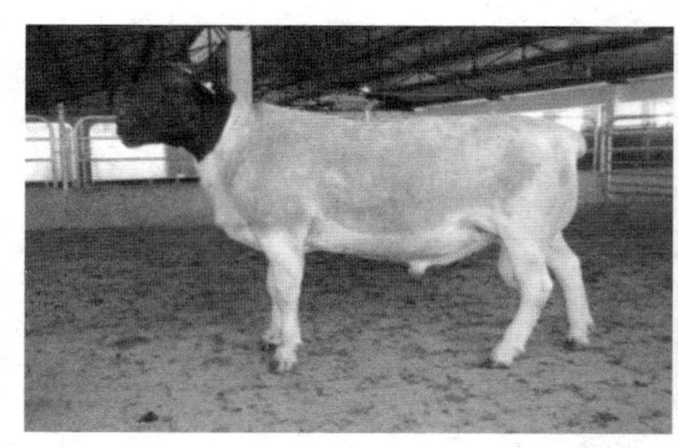

图 4－12　杜泊羊（左：公羊，右：母羊）

（二）山羊

1. 西藏山羊　西藏山羊（Tibetan goat）属高寒地区肉、绒、皮兼用型山羊地方品种（图 4－13）。原产于青藏高原，分布于西藏自治区全境及四川省的甘孜藏族自治州、阿坝藏族羌自治州及青海省玉树、果洛藏族自治州。

西藏山羊被毛杂色，体格中等，体躯呈长方形；公、母羊均有角、颌毛和须；耳长灵活，鼻梁平直，鬐甲略低，胸部深广，背腰平直，尻较斜，尾小上翘。西藏山羊被毛为双层，平均产绒量成年公羊 400～600 g，母羊 300～500 g，屠宰率约 47%。多数母羊 1 年 1 产，产羔率 100.0%～140.0%。

2. 黄淮山羊　黄淮山羊（Huanghuai goat）俗称槐山羊、安徽白山羊或徐淮白山羊，属皮肉兼用型山羊地方品种（图 4－14）。原产于黄淮平原，主要分布于河南、安徽、江苏 3 个省接壤地区。全身被毛白色有光泽，毛短有丝光，绒毛很少。分为有角、无角两个类型，具有颈长、腿长、腰身长的“三长”特征。体格中等，体躯呈长方形。

成年公羊平均体重（49.1±2.7）kg，成年母羊平均体重（37.8±7.4）kg，

图 4－13　西藏山羊（左：公羊，右：母羊）
（国家畜禽遗传资源委员会，2011. 中国畜禽遗传资源志·羊志）

平均屠宰率为（51.3±3.85）%。黄淮山羊皮板品质好，呈浅黄色或棕黄色，细致柔软，油润光亮，弹性好，是优良的制革原料。母羊 1 年 2 产或 2 年 3 产，产羔率 332.0%。

图 4－14　黄淮山羊（左：公羊，右：母羊）
（国家畜禽遗传资源委员会，2011. 中国畜禽遗传资源志·羊志）

3. 成都麻羊　成都麻羊（Chengdu grey goat）俗称四川铜羊，属肉皮兼用型山羊地方品种（图 4－15）。原产于四川省成都市的大邑县和双流区，分布于成都的县（市、区）。

成都麻羊全身被毛呈赤铜色、麻褐色或黑红色；从两角基部中点沿颈脊延伸至尾部有一条纯黑色毛带，沿两侧肩胛经前臂至蹄冠也有一条纯黑色毛带，从角基部前缘经内眼角沿鼻梁两侧至口角各有一条纺锤形浅黄色毛带，形似“画眉眼”；体格中等，头大小适中，额宽微突，鼻梁平直，竖耳；公母羊多有角，呈镰刀状；公羊及多数母羊下颌有毛髯，部分羊颈下有肉垂；腰背宽平，尻部略斜，四肢粗壮，蹄质坚实。成年公羊体重约 43.31 kg，成年母羊体重约 39.14

kg，屠宰率46.8%。常年发情，年产1.7胎。

图4-15 成都麻羊（左：公羊，右：母羊）
（国家畜禽遗传资源委员会，2011. 中国畜禽遗传资源志·羊志）

4. 马头山羊 马头山羊（Matou goat）属肉皮兼用型山羊地方品种（图4-16）。原产于湖南、湖北西部山区，主要分布于湖北、湖南等地，陕西、四川、河南等地亦有分布。

图4-16 马头山羊（左：公羊，右：母羊）
（国家畜禽遗传资源委员会，2011. 中国畜禽遗传资源志·羊志）

马头山羊被毛以白色为主，粗硬无绒毛，公羊被毛较母羊长。公、母羊均无角，皆有胡须，部分颌下有肉髯；眼睛较大而微微鼓起，鼻平直，公羊耳大下垂，母羊耳小直立；颈细长而扁平，体躯呈圆桶型，胸宽深，背腰平直，部分羊背脊较宽（俗称“双脊羊”），十字部高于鬐甲，尻稍倾斜；四肢坚实，蹄质坚硬，呈淡黄色或灰褐色；尾短小而上翘。1周岁公羊的屠宰率约54.7%，母羊屠宰率约50.2%。母羊常年发情，平均产羔率270.0%。

5. 云岭山羊 云岭山羊（Yunling goat）又名云岭黑山羊，属肉皮兼用型山羊地方品种，是云南省山羊中数量最多、分布最广的地方良种山羊（图4-17）。主产于云南境内云岭山系及其余脉的哀牢山、无量山和乌蒙山延伸地区，通称为云岭山羊。被毛以黑色为主，体躯近似长方形，头大小适中，额前凸，鼻梁平直，两耳梢直立，公、母羊均有角，呈倒八字形；颈长短适中，鬐甲稍高，背腰平直，胸宽而深，肋微拱，尾粗而上翘；四肢短而结实，蹄质坚实呈黑色。云岭山羊周岁屠宰率达46.6%，公羊6~7月龄性成熟，母羊4月龄性成熟，一般1年产1胎或2年产3胎，产羔率115.0%。

图4-17　云岭山羊（左：公羊，右：母羊）
（国家畜禽遗传资源委员会，2011. 中国畜禽遗传资源志・羊志）

6. 贵州白山羊　贵州白山羊（Guizhou white goat）属肉用型山羊地方品种（图4-18）。原产于贵州省黔东北，分布在贵州遵义、铜仁两地，黔东南苗族侗族自治州、黔南布依族苗族自治州也有分布。

图4-18　贵州白山羊（左：公羊，右：母羊）
（国家畜禽遗传资源委员会，2011. 中国畜禽遗传资源志・羊志）

贵州白山羊被毛以白色为主，其次为麻、黑、花色，被毛较短，少数羊鼻、脸、耳部皮肤上有灰褐色斑点。体型中等，头大小适中，额宽平，鼻梁平直，多数羊有角，角向同侧后上外扭曲生长；四肢端正、粗短，蹄质结实。成年公羊体重（34.15±2.22）kg，成年母羊体重（31.9±2.37）kg，贵州白山羊肉质细嫩，肌肉间有脂肪分布，膻味轻。成年公羊胴体重（16.74±3.65）kg，屠宰率为53.0%左右，净肉率平均为40.0%。母羊全年发情，产羔率212.5%。

7. 圭山山羊　圭山山羊（Guishan goat）属乳肉兼用型山羊地方品种（图4-19）。原产于云南省石林县，主要分布于桂山山脉及昆明的西山及呈贡等地。全身毛色多呈黑色，部分羊肩、腹呈黄棕色，部分头部呈褐色；被毛粗短、富有光泽，体躯似长方形，头小，额宽，耳小，鼻直，绝大部分羊有角。成年羊屠宰率45.0%，母羊泌乳期为5～7个月，春、秋两季发情，产羔率160.0%。

图4-19　圭山山羊（左：公羊，右：母羊）
（国家畜禽遗传资源委员会，2011.中国畜禽遗传资源志·羊志）

8. 南江黄羊　南江黄羊（Nanjiang yellow goat）属肉用型山羊品种，是国家地理标志产品（图4-20）。南江黄羊被毛黄褐色，毛短、富有光泽，体格较大，后躯丰满，体躯近似圆桶形；面部多呈黑色，鼻梁两侧有一条浅黄色条纹；前胸、颈、肩和四肢上端着生黑而长的粗毛；公母羊大多数有角，耳长大而下垂，颈较粗，四肢粗壮。成年羊宰前体重（50.45±8.38）kg，胴体重（28.18±5.0）kg，屠宰率57.0%左右。肉质细嫩多汁，膻味轻，口感好。母羊常年发情，1年产2胎或2年3胎，平均产羔率205.0%。

图4-20　南江黄羊（左：公羊，右：母羊）
（国家畜禽遗传资源委员会，2011.中国畜禽遗传资源志·羊志）

9. 关中奶山羊 关中奶山羊（Guanzhong dairy goat）是我国培育的优良乳用山羊品种，主产于陕西关中地区的富平、三原和泾阳等县（图 4－21）。体质结实，乳用体型明显，被毛白色较短，部分羊体躯、唇、鼻及乳房皮肤有大小不等的黑斑；母羊背腰平直而长，腹大不下垂，尻部宽长，乳房大，多呈方圆形，乳头大小适中。据测定，关中奶山羊平均年产乳量 684 kg，鲜奶乳脂率 4.1%。

图 4－21 关中奶山羊（左：公羊，右：母羊）
（国家畜禽遗传资源委员会，2011. 中国畜禽遗传资源志・羊志）

10. 崂山奶山羊 崂山奶山羊（Laoshan dairy goat）属我国培育的优良乳用山羊品种（图 4－22），中心产区位于山东省胶州半岛。崂山奶山羊全身被毛纯白色，毛细短；公、母羊大多无角，有肉垂；母羊乳房基部宽广、体积大、发育良好。平均泌乳期 240d，平均产乳量随胎次增加，第 3 胎可达（613.8±52.3）kg。

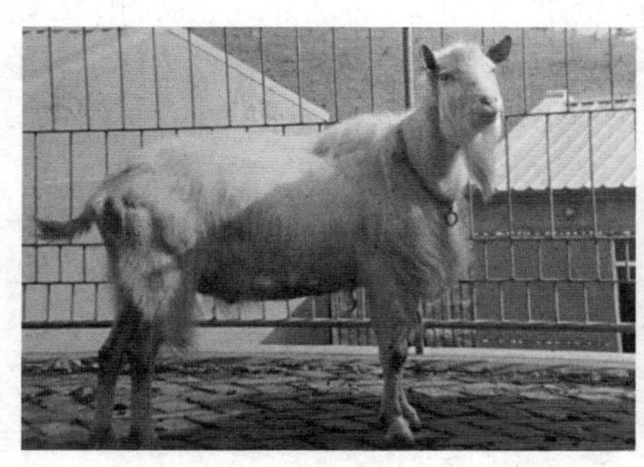

图 4－22 崂山奶山羊（左：公羊，右：母羊）
（国家畜禽遗传资源委员会，2011. 中国畜禽遗传资源志・羊志）

11. 萨能奶山羊 萨能奶山羊（Saanen dairy goat）原产于瑞士，是世界上最优秀的乳用山羊品种之一（图 4－23）。萨能奶山羊于 1904 年由德国传教士及其侨民带入我国，1932 年我国从加拿大大量引进，后又两次从瑞士引进，经多年选育，成为适应我国农区条件下的高产奶羊群体。萨能奶山羊全身被毛白色，短毛，具有奶畜典型的“楔形”体型。体格高大，头长、颈长、体长、腿长，多数羊无角，偶有肉垂。成年公羊体重75～95kg，成年母羊体重55～70kg，泌乳性能良好，泌乳期一般8～10个月，年产乳量600～1 200kg。

图4-23 萨能奶山羊（左：公羊，右：母羊）
（国家畜禽遗传资源委员会，2011. 中国畜禽遗传资源志・羊志）

12. 波尔山羊 波尔山羊（Boer goat）是世界上著名的肉用山羊品种（图4-24）。原产于南非，具有体型大、生长快、产肉多、耐粗饲、繁殖力强等特点。全身被毛白色，头、耳、颈部均长着红褐色花纹，额宽，眼大，鼻呈鹰钩状，耳长而大，宽阔下垂；公羊角粗大，向后、外弯曲，母羊角细而直立；颈粗短，胸宽深，体躯深而宽阔，尾平直，上翘；蹄质坚实，呈黑色。成年公羊体重90～130 kg，成年母羊体重60～90 kg，肉用性能好，8～10月龄屠宰率达48.0%。母羊可全年发情，产羔率193.0%～225.0%。

图4-24 波尔山羊（左：公羊，右：母羊）
（国家畜禽遗传资源委员会，2011. 中国畜禽遗传资源志・羊志）

第二节　养殖条件

一、羊舍

通过良好的羊场选址与建设，能够防止养殖场发生重大疫病，为羊提供良好的动物福利，促进羊生产性能最大限度的发挥。

（一）场址选择及布局规划

1. 地形和地势　羊场应选择在环境干燥、地势较高、通风良好并具有良好排水系统的地方同时应充分利用自然地形，如河川、沟壕、树林等作为场界的天然屏障。切忌在低洼易涝、通风不畅的地方建场，过湿过热的环境会对羊的生长发育和繁殖性能产生影响，并造成疾病传播。

2. 符合当地畜牧发展规划　选址前应到所在地行政管理部门了解畜牧养殖发展规划，禁止在基本农田以及禁养区内建设养殖场。

3. 符合动物防疫条件　从保护人和动物安全出发，养殖场的位置与居民生活区、生活饮用水源地、学校、医院等公共场所的距离符合国务院兽医主管部门规定的标准，远离大型化工厂、采矿厂、皮革厂、肉品加工厂、屠宰厂等污染源。

4. 疫病情况　对选址地区进行详细的调查，确保选址地未被污染且未发生过重大传染病，避免在疫区建场，羊场的位置应是有利于疫情防控和隔离封锁的地区。

5. 通讯　交通方便，供电良好，网络通畅，切忌在无路、无电、无讯号的死角位置建场。

6. 水源　羊场应有符合饮用水标准的水源，水源充足、水质良好，离饲羊舍距离近而便于取用。给羊群供应的水源最好是消毒过的自来水、流动的河水、泉水或深井水。避免选择在严重缺水或水源被严重污染以及容易受寄生虫侵害的地区建场。

7. 功能分区　从生物安全的角度出发，一般按主风向和坡度走向依次分为五个功能区，如图 4－25 所示。

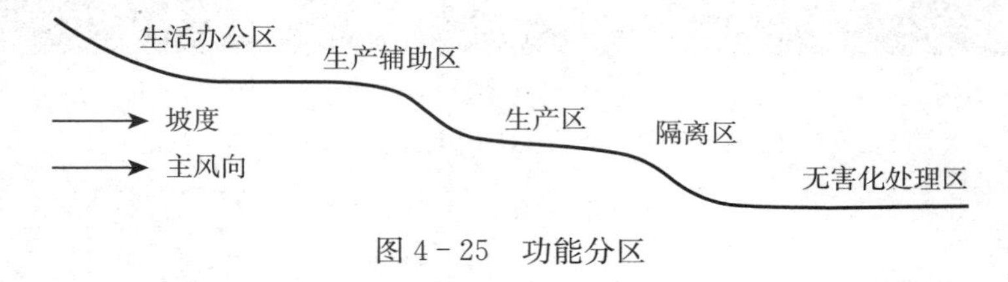

图 4－25　功能分区

（1）生活办公区。包括办公室、财务室、接待室、技术室、化验室、档案资料室、职工宿舍等，生活办公区要和生产区严格分开。场外运输的车辆和外来人员只能在此区域活动。由于此区域和外界联系频繁，故在其大门处设立消毒池、门卫室和更衣室。

（2）生产辅助区。生产辅助区处于生产区和管理区的中间过渡带，包括青贮窖、饲料库、精饲料加工间、氨化池、干草棚等，与生产区相邻。

（3）生产区。生产区是养殖场的核心，该区的规划与布局要根据生产规模确定。主要包括羊舍及辅助生产设施。羊舍分为成年羊舍、育成羊舍、羊羔舍、产羔舍，相邻羊舍的间距不少于15m。场区内要求道路直且线路短，运送饲料、动物的道路不能与除粪道通用或交叉。

（4）隔离区。包括兽药诊疗室、病羊隔离舍，新进羊检疫舍。

（5）无害化处理区。包括病死羊焚烧设施、废弃物处理设施和粪便污水处理设施。

8. 饲草与饲料　考虑饲草和饲料的供应条件，保证饲草与饲料来源稳定，供应充足。

9. 地理位置　引进新品种建场要充分考虑生态条件以满足引入品种的要求，羊场建在主要发展品种的中心产区，以便就近推广，避免大运大调。

（二）圈舍的一般性要求

建舍应根据防疫隔离要求，考虑场地的风向、光照、水源及排水、排污等条件，进行合理建舍。

1. 建筑形式　相比猪舍和鸡舍，羊舍建筑较为简单。不同的建筑样式、建筑结构以及建筑材料对羊舍环境的影响差异很大，选择合理的建筑形式须综合考虑当地的地理环境和气候条件。

根据羊舍四周墙壁封闭的严密程度，羊舍可划分为封闭舍、开放与半开放舍和棚舍3种类型。全封闭式羊舍四周墙壁完整，保温性能好，适合较寒冷的地区采用（图4－26）；开放与半开放舍，三面有墙；全开放式羊舍（图4－27）一面无长墙；半开放式舍（图4－28）一面有半截长墙，保温性能较差，通风采光好，适合于温暖地区，是我国较普遍采用的类型；棚舍只有屋顶而没有墙壁，防太阳辐射能力强，适合于炎热地区。

在气候差异较大的地区，大多采用的羊舍建筑形式是三面封闭、南面敞开或南面设半截墙的半开放式，育成舍、繁殖母羊舍和公羊舍多采用这种模式。该类羊舍夏季通风较好，冬季也能起到一定的御寒效果。除了半开放舍，卷帘舍（图4－29）也逐渐成为流行的羊舍类型，羊舍的两侧或单侧纵墙上安装半自动或全自动卷帘结构，夏季卷帘卷起，加大通风；冬季放下卷帘形成舍内封闭结构，具有一定的保温性能。

根据羊舍屋顶的形式，羊舍可分为单坡式、双坡式、拱式、钟楼式、双折式等类型。单坡式羊舍跨度小，自然采光好，适用于小规模羊群和简易羊舍选用；双坡式羊舍跨度大，保暖能力强，但自然采光和通风都较差，适合于寒冷地区采用，是最常用的一种类型。在寒冷地区，还可选用拱式、双折式、平屋顶等类型；在炎热地区可选用钟楼式羊舍。

图 4-26　全封闭式羊舍

图 4-27　全开放式羊舍

图 4-28　半开放式羊舍

图 4-29　卷帘式羊舍

2. 羊舍的面积和高度　羊舍面积应根据具体的生产方向、品种、性别、年龄以及生理状况和气候条件的不同而进行差异性的选择（表 4-1）。但无论面积大小，都必须保持饲养舍内的空气新鲜且干燥，冬春季节要做好相应的防寒保温措施，夏季高温时段要做好防暑降温工作。同时应给羊群配备充足的运动场所，供羊群适量运动所用。

表 4-1　各阶段羊只所需面积

类别	面积（m^2）
产羔母羊	1.4～2.0
群养公羊	1.8～2.2
种公羊	4.0～6.0
成年羊和育成羊	0.8～1.2
育肥羔羊	0.6～0.8
3～4 月龄羔羊	占母羊面积的 20%

3. 羊舍门窗　羊舍门窗应根据当地环境、气候设计，起到夏季通风、冬季保温的作用，同时又能保证充足的光源。门宽 2.5～3.0m，高 1.8～2.0m，可设为双扇门，便于大车进入羊舍作业。窗宽 1.0～1.2m，高 0.7～0.9m，窗台距地面高 1.3～1.5m。

4. 建筑材料　羊舍的建筑材料应因地制宜，就地取材，以经济实用为基本原则，在能力范围内可以稍微提高标准，避免以后生产中经常损坏，从而增加养羊生产及羊舍的维修成本。

5. 饲槽

（1）固定式长型水泥槽。主要是由砖、土坯及混凝土砌成。通常槽体高 23 cm，槽内径宽 23 cm，深 14 cm，槽壁用水泥砂浆抹光，槽的长度一般和羊圈长度一致。此种饲槽在施工方面较简便，造价比较低廉，结实耐用，还可以阻止羊跳入槽内，不影响采食和添草料、拌料和清扫等工作。

（2）移动式长型饲槽。用木板和铁皮制成，一般制作比较简单且便于携带，可作为放牧补饲槽，主要作用为对冬春舍饲羔羊、育成羊以及病弱羊只进行补饲。饲槽的大小和尺寸可灵活掌握，一般饲槽一端高一端低，横截面为梯形。大多为长 1.5～2 m，上宽 35 cm，下宽 30 cm。为防止饲喂时羊只攀踏翻槽，饲槽两端最好安置临时安装拆卸方便的固定架。若为铁皮饲槽，应在其表面喷以防锈涂料。

（三）配套设施

现代羊场建设要购置一些常用设备，主要包括用于饲料加工、青贮、粪便及污水处理、病死畜无害化处理、消防、消毒、给排水的设备。

羊场建设时要配套建设饲草料贮存设施，在进羊前，青贮窖按饲养 4 个月青贮饲草需要量建设，草库按饲养 5 个月干草需要量建设。

羊场可采用水塔、蓄水池或压力罐供水，供水能力按存栏 1 000 只羊，日供 5 t 水设计。由于草料易燃，一般大型草库附近要修建消防池，并贮存一定的水以便不时之需。生产和生活污水采用暗沟排放，雨雪等自然降水采用明沟排放。

羊场由于有饲草料加工等设备，因此电力安装时电力负荷等级要求应为民用建筑供电 3 级，自备电源的供电容量不低于全场电力负荷的 1/4。场内主干道应与场外运输线路连接，其宽度为 5～6 m，支干道宽度为 2～3 m。应对空旷地带进行绿化，绿化覆盖率不低于 30%。

羊场内需要备有羊只活动分群栏，可用于羊只鉴定、分群、防疫注射、药浴、称重、驱虫等操作。分群栏用多个栅栏连接而成，通道宽度比羊体稍宽，羊只在其中只能单独前进而不能回头。通道长度视需要而定，其两侧可设置若干个与通道等宽的活动门，通过此门的开关方向决定羊只去向，门外可用栅栏围成若干个贮羊圈。

大中型羊场受配母羊较多，为使发情母羊适时配种，优秀种公羊得以充分利用，应建造人工授精室。人工授精室应设有采精室、精液检查室和输精室。人工授精室要求保温、明亮，采精和输精室要求温度为 20 ℃左右，精液检查室要求温度为 25 ℃。输精室应足够大，采光系数不应小于 1∶15。为节约投资，提高棚舍利用率，也可在不影响产羔母羊及羔羊正常活动的情况下，利用一部分产羔室作为人工输精室。

羊舍的清粪设施目前有2种模式，即人工清粪和机械清粪（刮板清粪）。人工清粪适用于小规模羊场，机械清粪适于规模化羊场。漏缝地板—刮板系统的优点是可以有效降低冬夏季节舍内的氨气、二氧化碳和甲烷等有害气体浓度，但刮板清粪耗电量大，且容易损耗，寿命一般不超过2年，因此其使用和推广其有局限性。为提高刮板清粪的效率，应考虑羊舍平面尺寸，不能盲目选择刮板清粪，一般畜舍长度超过80 m时机械的使用效率较低。需要注意的是，刮板清粪需配套建设漏缝地板，冬季冷风和贼风容易通过漏缝吹入舍内，导致羊群腹泻，母羊甚至出现关节炎、产后瘫痪等疾病。因此，设置刮粪板时应考虑羊场所在区域的风向和风速，且舍外进风处应采取适当封闭措施，防止冷风窜入舍内。

二、饲料

（一）按饲料原料进行分类

1. 粗饲料　粗饲料是指干物质中粗纤维的含量在18%以上的一类饲料，主要包括干草类、秸秆类、农副产品类以及干物质中粗纤维含量为18%以上的糟渣类、树叶类等。这类饲料的营养价值较低，消化能含量一般不超过10.5 MJ/kg，有机物质消化率约65%，是羊不可或缺的营养来源，玉米秸秆、稻草、藤蔓类以及糟渣类等是目前羊养殖业中常用的粗饲料。

2. 青绿饲料　青绿饲料是指自然水分含量在60%以上的一类饲料，包括牧草类、叶菜类、非淀粉质的根茎瓜果类、水草类等，是羊的必备日粮。不同生长阶段的羊摄取的青绿饲料的量不同。饲喂青绿饲料时应防止农药中毒、亚硝酸盐中毒和氢氰酸中毒。

3. 青贮饲料　青贮饲料是由含水分多的新鲜植物性饲料经过密封、发酵后形成，主要用于喂养反刍动物。青贮饲料比新鲜饲料耐储存，营养成分强于干饲料，气味酸香、柔软多汁、适口性好、营养丰富、利于长期保存，是家畜优良的饲料来源。常用青贮原料禾本科的有玉米、黑麦草、无芒雀麦；豆科的有苜蓿、三叶草、紫云英；其他根茎叶类有甘薯、南瓜、苋菜、水生植物等。青贮饲料是羊的基础饲料，饲喂量以日粮的40%左右为宜。

4. 能量饲料　能量饲料是指干物质中粗纤维的含量低于18%，粗蛋白质含量低于20%的一类饲料，主要包括谷实类、糠麸类、淀粉质的根茎瓜果类、油脂类、草籽树实类等。能量饲料淀粉含量高、易消化、水分少、粗纤维含量低、适口性好，是舍饲养羊的最佳选择，但用量不可过大。目前常用的能量饲料以玉米居多。

5. 蛋白质饲料　蛋白质饲料是指自然含水率低于45%，干物质中粗纤维含量在18%以下，粗蛋白质含量在20%以上的一类饲料，主要包括植物性蛋白质饲料、动物性蛋白质饲料、微生物蛋白质饲料等。植物性蛋白饲料包括豆类籽实、饼粕、糟渣等；动物性蛋白质饲料包括鱼粉、肉粉、肉骨粉、羽毛粉、血粉、蚕蛹粉、蚯蚓粉和蝇蛆粉等；微生物蛋白饲料主要指单细胞蛋白质饲料，主要是指通过发酵方法生产的酵母菌、细菌、霉菌及藻类细胞生物体等。蛋白质饲料蛋白含量高，无氮浸出物少，灰分含量高，钙磷丰富，利于吸收利用，还含有丰富的维生素。

6. 矿物质饲料 矿物质饲料包括工业合成或天然的单一矿物质饲料，多种矿物质混合的矿物质饲料以及添加有载体或稀释剂的矿物质添加剂预混料。主要有食盐、钙磷类补充原料。

7. 维生素饲料 维生素饲料是指人工合成或提纯的单一维生素或复合维生素饲料，但不包括某项维生素含量较多的天然饲料，分为脂溶性维生素饲料和水溶性维生素饲料。脂溶性维生素饲料有维生素 A、维生素 D、维生素 E、维生素 K，水溶性维生素饲料包括维生素 C 和 B 族维生素。

8. 饲料添加剂 饲料添加剂是指各种用于强化饲养效果，有利于配合饲料生产和贮存的非营养性添加剂原料及其配制产品。如各种抗生素、抗氧化剂、防霉剂、黏结剂、着色剂、增味剂以及保健与代谢调节药物等。

（二）不同类型和不同阶段羊所采食的饲料类型

1. 羔羊 羔羊出生后饲喂足量的初乳后，从第 2 天起可以使用代乳粉。代乳粉目前主要有两类：常规代乳粉（蛋白质含量 20.0%～22.0%，脂肪含量 15.0%～20.0%）和高蛋白代乳粉（蛋白质含量 28.0%，脂肪含量 15.0%～20.0%）。羔羊不同增重水平对于代乳粉营养成分的需求不同。羔羊如果日增重为 0.4 kg，代乳粉蛋白质含量为 23.4%即可，而如果日增重为 1.0 kg，代乳粉蛋白质含量为 28.7%才能满足营养需求。如果按照常规代乳粉（粗蛋白含量 20.0%和粗脂肪含量 20.0%）饲喂，羔羊无法获得足够的蛋白质。

2. 羔羊育肥 羔羊育肥阶段既是脂肪沉积的过程，也是骨骼生长发育的重要阶段，因此羔羊育肥采用的是高能量高蛋白的饲养模式。随着育肥羔羊的生长，其采食量逐渐增加，日粮的精粗比例从 3∶7 逐渐过渡到 1∶1，维持日粮粗蛋白水平 14%左右，增加能量饲料的添加量，育肥期日粮的代谢能在 12～13MJ/kg，以确保羔羊日增重达到最大值，增加肉羊的肥度，提高羊肉的质量。育肥期羔羊自由饮水和采食粗饲料，精饲料每天饲喂 2～3 次，根据羊只体重的大小、健康状况和增重效果，参照饲养标准随时改变育肥方案和技术措施。

3. 成年羊育肥 成年羊是指 2 岁以上的公羊、母羊和羯羊，这些羊在断乳后只进行放牧或者饲喂粗饲料，并没有用精饲料育肥，相当于肉牛的架子牛阶段。成年羊育肥属于高能量阶段，育肥以谷物饲料为主，肉羊日粮饲喂方式应从单一的粗饲料逐渐过渡到精饲料类型，到育肥后期日粮精粗比例最高可达到 3∶2，日粮粗蛋白水平维持在 12%左右，代谢能值根据育肥阶段从 10MJ/kg 逐渐增加到 16MJ/kg，日粮干物质采食量从 0.8 kg 增加至 1.6 kg，育肥羊自由饮水，粗饲料粉碎后少添勤加，自由采食，精饲料每天饲喂2～3次。

4. 种公羊 在非配种期放牧饲养时，回圈后通常补饲精饲料1 kg，补饲干草2 kg；如果采用全日舍饲，每天每头种公羊需要饲喂优质干草或玉米秸秆加工处理饲料2～2.5 kg、多汁饲料1～1.5 kg、混合精饲料0.4～0.6 kg。在配种期要提供丰富多样的粗饲料，日粮中的蛋白含量保持在16.0%～18.0%，可以适当添加一些动物性蛋白饲料。饲喂方式为少量多次，每天青饲料的供应量为1.0～1.3 kg，精饲料为1.0～1.5 kg，配种任务较重时应给种公羊补饲2～3个鸡蛋或者是1.2 kg的脱脂乳；放牧可适当减少补饲次数。

5. 母羊 空怀期间，应给母羊饲喂0.3 kg左右的精饲料，0.4 kg左右的干草和0.6 kg左右的青草。在配种前的1个月开始使用配合饲料，使其膘情恢复，促进发情。

妊娠前期，应给母羊饲喂0.6 kg的青草，0.3 kg的苜蓿和0.35 kg左右的精饲料，另外还需要添加0.1%左右的微量元素。妊娠后期，应给母羊饲喂精饲料0.8 kg左右，干苜蓿0.6 kg左右，干草0.5 kg左右，钙和磷以及维生素和微量元素的用量应当适当的提升，以适应胎儿生长发育的需要。

哺乳期母羊在产后1～3 d是否进行补饲首先要看母羊的膘情和泌乳情况而定，如果母羊膘情好，乳汁充足就可以不加或少加精饲料，主要以优质干草为主，添加少量麸皮和切碎的胡萝卜等，但新鲜牧草，尤其是紫花苜蓿之类的豆科类鲜牧草不可多喂，以免因为乳汁浓稠引起羔羊消化不良或母羊乳腺炎。

产后3～4 d，母羊产乳消耗大，可以增加优质干草、青草、青绿饲料和精饲料的供给，母羊在泌乳高峰时期所需的营养是空怀母羊的3倍，这个时期一定要注意补充维生素、矿物质和微量元素（胡萝卜素、维生素A、维生素D、钙、磷）。对于贫硒严重的地区，要在羔羊出生后7 d注射亚硒酸钠、维生素E，防止出生羔羊患上心肌病。

对于体重为50～60 kg哺育双羔羊的母羊，在饲喂优质饲草的情况下也要饲喂0.6～0.7 kg含饼类40.0%左右的精饲料，青干草和优质苜蓿干草各1 kg，多汁饲料1.5 kg；对于产单羔母羊应每天饲喂混合精饲料0.4～0.5 kg，青干草和优质苜蓿干草各1 kg，多汁饲料1.5 kg；产多羔的母羊由于妊娠期间负担重，营养物质消耗多，需要更多的精饲料了来补充母羊的体力。

哺乳后期可以适当降低母羊营养水平，适当补充精饲料以保持母羊八成膘情，一般每天喂给母羊精饲料0.2～0.4 kg，纯种和高产母羊每天应喂给精饲料0.4～0.5 kg。日粮中精饲料标准可调整为哺乳前期的70.0%，根据母羊体况酌情补饲精饲料。

（三）饲料配方

科学配制饲料是肉羊生产系统工程中的一个重要环节，通过科学配制饲料，保证羊全面摄取营养，生产优质、安全的羊肉产品。同时，减轻养殖业对环境的污染。合理的饲料配方还可以降低养殖成本，对于公母羊以及处于不同生长阶段的羊，应设计不同的饲料配方。

1. 肉用山羊育肥期混合精饲料配方 玉米57.0%、麸皮10.0%、炒豆饼19.0%、高粱8.0%、骨粉1.5%、食盐1.0%、石粉0.5%、添加剂3.0%（每1kg混合料中加五水硫酸铜55mg、七水硫酸亚铁129mg、七水硫酸锌260mg、硫酸锰220mg、碘化钾0.14mg、亚硒酸钠0.14mg、氯化钴0.53mg）。

2. 肉用公母繁殖山羊混合精饲料配方 玉米38.0%、麸皮15.0%、炒豆饼11.0%、高粱30.0%、骨粉1.5%、食盐1.0%、石粉0.5%、添加剂3.0%（每1kg混合料中加五水硫酸铜55mg、七水硫酸亚铁129mg、七水硫酸锌260mg、硫酸锰220mg、碘化钾0.14mg、亚硒酸钠0.14mg、氯化钴0.53mg）。

3. 成年山羊（1岁以上）育肥饲料配方 玉米59%、葵花饼32%、酵母饲料5%、食盐1%、重钙2%、添加剂1%。

4. 肉用断乳羔羊饲料配方 玉米50%、麸皮30%、炒豆饼20%。喂量：1月龄50～70 g，2月龄100～150 g，3月龄200 g，4月龄250 g，5月龄350 g，6月龄400～500 g。盐混入精料中，如有苜蓿干草，可占饲料总量30%～60%。

5. 羔羊育肥饲料配方 玉米62.0%、麸皮12.0%、豆粕8.0%、棉粕12.0%、石粉1.8%、磷酸氢钙1.2%、尿素1.0%、食盐1.0%、预混料1.0%。该配方含粗蛋白质约18.0%，消化能约12.94MJ/kg。

随着舍饲肉羊饲养量的增加，集约化程度、养殖水平都有所提高。不同地域、品种、性别、生理阶段的羊，饲料配方都应根据养殖的实际情况进行科学配置，不断调整，不断优化。

三、管理要点

（一）种公羊的管理要点

种公羊要求保持中上等膘情，体质结实，性欲旺盛，精子活力强且精液品质好。种公羊数量少，价值高，是提高羊群繁殖性能和生产性能的关键。种公羊应单独组群饲养，对于有放牧条件的最好常年放牧，并给予一定的补饲；舍饲种公羊，在提供优质全价日粮的基础上，每天安排4～6h的舍外运动。种公羊圈舍要宽敞坚固，保持清洁、干燥，定期消毒。要尽可能防止公羊互相斗殴。要定期检疫和注射有关疫苗，做好体内外寄生虫病的防治工作。平时要认真观察种公羊的精神、食欲等，发现异常，立即报告兽医人员。

种公羊饲养可分为配种期和非配种期两个阶段。种公羊在非配种期饲料以牧草为主，每日适量补充精饲料。配种期种公羊消耗营养和体力较大，需要的营养较多，特别是对蛋白质的需求加大。一般在配种前1～1.5个月应加强营养，逐渐增加日粮中的蛋白质、维生素和矿物质等。到了配种期，根据配种次数的多少，补喂2～4枚鸡蛋和适量的大麦芽、小麦胚，优质青、干草应任其采食，适当喂些胡萝卜等。

（二）繁殖母羊的管理要点

对繁殖母羊要求常年保持良好的饲养管理条件，以完成配种、妊娠、哺乳和提高生产性能等任务。母羊舍要求干燥、保暖、清洁、通风良好。

1. 空怀母羊 空怀母羊阶段管理主要任务是恢复体况。在配种前1.5个月，应对母羊加强饲养、抓膘、复壮，为配种、妊娠贮备足够营养。

2. 妊娠母羊 母羊妊娠期一般为5个月，分为妊娠前期和妊娠后期。妊娠前期指妊娠后的前3个月，该时期胎儿发育缓慢，所需营养较少，但要持续保持良好的膘情和体况。舍饲母羊应尽量进行适当的放牧和运动。妊娠后期指妊娠后的最后2个月，该时期胎儿生长迅速，所需营养较多，初生重的85.0%是在这个时期完成的，为满足妊娠母羊的生理需要应增强补饲。禁止饲喂发霉、腐败、变质、冰冻的饲料，禁止无故捕捉、惊扰羊群，以防造成流产。

3. 哺乳母羊 哺乳期一般为3～4个月，分为哺乳前期和哺乳后期。哺乳前期即羔羊出生后2个月，此时母乳是羔羊的主要营养物质来源。为提高泌乳量，满足羔羊快速生长的需要，应加强母羊的饲养。尽可能多地提供优质饲草、青贮或微贮、多汁饲料，精饲料要比妊娠后期略有增加，饮水要充足。母羊泌乳量在产后40d达到高峰，60d后开始出现下降，这个泌乳规律与羔羊胃肠机能发育一致。60d后，随着泌乳量的减少，羔羊瘤胃微生物区系逐渐形成，利用饲料的能力日益增强，生长发育从以母乳为主的阶段过渡到了以饲料为主的阶段，此时便进入母羊的哺乳后期。哺乳后期羔羊已可采食饲料，母乳营养已不再满足羔羊生长的需要，应以饲草、青贮或微贮为主进行饲养，可以少喂精饲料。羔羊断乳前几天，要减少母羊的多汁料、青贮料和精饲料喂量，以防乳腺炎的发生。哺乳母羊的圈舍应经常保持清洁干燥。胎衣、毛团等污物要及时清除，以防羔羊吞食。

（三）哺乳羔羊的管理要点

哺乳羔羊是指断乳以前的羔羊。初生羔羊体温调节能力差，对外界温度变化敏感，要注意做好保温防寒工作。保持羔羊生活环境的清洁、卫生、干燥，加强运动，增强疾病的抵抗力。

1. 尽早摄取初乳 母羊产后5d以内分泌的乳称为初乳，含有丰富的蛋白质、脂肪、矿物质等营养物质和抗体。羔羊出生后，应尽早吃到初乳，对增强羔羊体质、抵抗疾病和排出胎粪具有重要作用。对初生孤羔，应寻找保姆羊寄养，尽快吃到初乳。对初生弱羔、初生母羊或护仔行为不强的母羊所产羔羊，需要人工辅助羔羊吃乳。

2. 吃好常乳 常乳是母羊产后第6d至干乳期以前所产的乳汁，是羔羊哺乳时期营养物质的主要来源，因此一定要让羔羊吃足吃好。分散养殖户可以让羔羊随母哺乳；规模较大的羊场可采用人工哺乳，人工哺乳时要注意给羔羊分群，定时定量定温喂乳；人工哺乳时可选用羔羊专用代乳粉，羔羊增重效果良好，还可减少疾病发生的概率；若用牛奶或奶粉易引发羔羊痢疾。

3. 适时开食 羔羊出生后1周可开始训练吃草，有利于促进羔羊消化器官的生长发育；出生后2周可以训练吃料，将粉碎的精饲料或颗粒饲料撒在草中，吃草时带入嘴里，习惯后便可单独饲喂。乳与草料过渡期要注意日粮的能量、蛋白质营养水平和全价性。后期乳量不断减少，以优质干草与精饲料为主，乳仅作为蛋白质补充饲料。

4. 早期断乳 目前我国羔羊多在3～4月龄断乳。有的国家对羔羊采用早期断乳，在生后1周左右断乳，然后用代乳品进行人工哺乳；也有采取出生后40～60d断乳的方法，断乳后饲喂植物性饲料，或在优质人工草地上放牧。

（四）育成羊的管理要点

育成羊是指羔羊断乳后到第1次配种时期的羊。此阶段羊正处于骨骼和器官充分发育的时期，因此，做好本阶段的饲养管理可以促进生长发育。管理要点是要保证优质饲料的供应和充足的运动。育成羊的饲养管理可分为育成前期和育成后期两个阶段。育成前期指刚断乳不久的羔羊逐步吃草吃料这一过渡的时期。刚断乳的羔羊虽然生长发育快，但是瘤胃功能发育不完善而且容积有限，对粗饲料的消化利用率较差，此时育成羊的日粮应以混合精饲料为主（若条件允许可饲喂全价颗粒饲料），并补充优质干草和青绿多汁饲料。育成前期的育成羊要完成驱虫工作和免疫接种工作，同时预防各种疾病的发生。育成后期的羊瘤胃功能趋于完善，可以采食大量的农作物秸秆和牧草，同时还需添加一定量的精饲料和优质青干草以及青贮饲料。育成羊的骨骼生长迅速，需要补充足够的钙、磷等矿物质元素。此外为了防止佝偻病的发生，还要保证维生素A和维生素D的充足供给。为了防止发生早配现象，育成羊要按性别单独组群放牧或舍饲。

（五）日常管理要点

1. 编号 编号是识别羊只个体的重要手段，是养羊业生产和育种工作的一项基本技术措施。目前常用的方法是打耳号法。耳标由塑料制成，有圆形和长方形2种。用耳标钳在耳根软骨部打孔，打孔时要避开血管，打孔前要用碘酒充分消毒，防止感染。习惯编号的方法是第1个字母代表出生年份的最后一位数，接着打羊的个体号，每个个体号编几位数应根据生产和育种的需要、养羊的规模等因素决定。

2. 剪毛 不同品种羊，剪毛次数不同。细毛羊、半细毛羊只在春天剪毛1

次，粗毛羊一般春秋两季各剪毛1次。剪毛具体时间依当地气候变化而定。春季剪毛，要在气候变暖并趋于较稳定时进行。我国西北牧区春季剪毛，一般在5月下旬至6月上旬，青藏高寒牧区在6月下旬至7月上旬，农区在4月中旬至5月上旬。秋季剪毛多在9月进行。

剪毛多采用手工剪毛和机械剪毛2种方法。剪毛可以从羊毛品质较差的羊开始。在不同品种羊中，可先剪异质毛羊，后剪同质毛羊，最后剪细毛羊和半细毛羊。同一品种中，剪毛顺序为羯羊、试情公羊、育成羊、母羊和种公羊。这样可使剪毛人员用价值较低的羊只熟练技术，减少损失。剪毛时，患皮肤病的羊留在最后剪。

3. 修蹄 羊蹄如果长期不修，角质生长过长或出现畸形，会影响行走，还会引起腐蹄病，使四肢变形，引起食欲下降。因此应经常检查和修剪。修蹄一般在春季和夏季进行。羊蹄角质被雨水浸软后容易修整，故可以在雨后进行修蹄。但要注意修整后要将羊放在干燥地面上饲养几天。修蹄方法是：一人将羊臀部触地，四肢朝外，在羊后面握住羊两前肢，控制住羊；另一人左手握住需要修整的羊腿胫部，右手握住修蹄剪，剪去角质过长的部分，然后用修蹄刀修剪蹄周围的角质与蹄底接近平齐。不要修剪过度，以免流血或引起跛行。对妊娠母羊要在妊娠初期，站立保定修蹄，以防挣扎引起流产。

4. 去势和断尾 去势俗称阉割。去势的公羊称为羯羊。公羊去势后性情温驯，便于管理，饲料转化率高，肉膻味较轻，羊肉品质更好。公羔出生后2～3周可进行去势，去势一般有结扎法、睾丸摘除法、无血去势器法。

尾巴细长的羊，粪便易污染羊毛，而且妨碍配种，所以羔羊生后1周左右应断尾。断尾方法有断尾器断尾法和胶皮圈断尾法。断尾器断尾，是用一个留有圆孔的木板将尾巴套进，掩盖着肛门部位，然后用灼热的烧烙式断尾器在羔羊第3～4尾椎节间处切断尾巴。烧烙时，要随烧烙轻度扭转羊尾，直至烙断。断尾后创口出血可再烧烙。胶片圈断尾，是将胶皮圈套在羔羊尾椎骨第3～4节间，以阻止血液流通，10～15d羊尾自然干枯脱落。

（六）放牧要点

1. 春季放牧 羊只经过漫长的冬季，膘情较差，体质较弱，产冬羔母羊处于哺乳阶段，加之气候不稳定，容易出现“春乏”现象。春季放牧采用“放牧＋补饲”的方式，以促使羊只快速恢复体力。春季放牧应选择平原、川地、盆地或丘陵及冬季未利用的阳坡。出牧宜迟，归牧宜早，中午可不回圈舍，让羊群多采食牧草。要注意防毒草和蛇，重视羊群驱虫工作，此时驱虫对羊只在夏季体力恢复和抓膘有很大帮助。

2. 夏季放牧 迅速恢复冬春季节所失体膘，抓好伏膘，最好一日三饱。夏季气候炎热，选择高地或山坡等草场放牧，多蚊蝇的低地草场最好作为刈割草地。夏季的放牧强度要大，尽量延长放牧时间。出牧宜早，归牧宜迟，中午让羊群在草场卧憩，使羊群每天尽可能吃饱吃好。夏季放牧注意及时补盐，刺激羊的食欲。

3. 秋季放牧 秋季气候凉爽，白天渐短，是牧草营养价值最高时期，羊只的食欲也较旺盛，采食量较大，是抓膘的高峰时期。秋季气候逐渐变冷，放牧时应由夏季的高处牧场向低处转移，可选择牧草丰盛的山腰和山脚地带放牧，也可选择草高、草密的沟谷，湖泊附近或在河流两岸可食草籽多的草地放牧。若条件允许，草场较宽广，要经常更换草地，使羊群能够吃到喜食的多种牧草。秋季无霜时应早出牧、晚归牧，尽量延长放牧时间。晚秋已有早霜时，放牧时尽量做到晚出晚归，以避免羊吃霜草后患病。中午持续放牧。

4. 冬季放牧 冬季气候寒冷，风雪较多，草地利用率低。因此，进入冬季时首先需要整顿羊群，淘汰老弱羊，出栏当年羔羊，减轻冬季草场压力，保证羊群安全过冬。冬季放牧的要点是保膘、保胎和安全生产。半牧区、牧区冬季漫长，要选择地势较低和山峦环抱的向阳平坦地区放牧，尽量节约草场，采取先远后近，先阴后阳，先高后低，晚出早归，慢走慢游的方式放牧羊群。冬季放牧羊群，不宜游走过远，以防天气变化，影响及时返圈，不易保证羊群安全，如有较宽余的草场，可在羊圈舍附近预留可用草场，便于在恶劣天气时应急。

第三节 产业发展情况

一、整体情况

我国羊产业近几年一直处于稳中有升的态势，生产稳步增长，存出栏及羊肉产量均居世界首位，生产方向由毛用转向肉用，养殖方式逐渐向舍饲和标准化养殖发展，规模化程度不断增高，肉羊生产重心从牧区向农区转移。目前，我国羊存栏3亿只，羊肉产量487.5万t，年出栏100只以上的养殖场比例达38%。我国羊的发展在近10年基本实现了从数量向质量的转变，总体上取得了长足的进展，但仍然存在羊育种基础薄弱、群体性能水平低、单产水平低、肥羔生产比例低、标准化生产程度低等问题。

随着人们生活水平提高及对羊肉认识的转变，羊肉消费更加普及，目前我国羊肉人均消费3.5kg，与羊业发达国家的人均消费量仍有一定的差距。此外，我国羊肉产量有20%以上的缺口，这与我国肉羊生产水平、贸易以及消费习惯都有一定的关系。据中国畜牧业统计，2018年，我国进口绵羊肉近25万t，进口金额占世界绵羊肉进口总金额的13.2%，成为世界第一大绵羊进口国。

目前，受非洲猪瘟及肉鸡行情下降的影响，羊肉价格一直在高位运行，羊肉占我国肉类总产量的比例超过5%，整体肉羊市场行情向好，养殖户养殖积极性高，扩张意愿强烈，导致基础母羊羊源紧张，价格不断攀升，规模化羊场效益凸显。

二、养殖区划与布局

养羊在全国各地分布较广，在全国 31 个省（区）市均有绵羊、山羊饲养，目前我国绵羊存栏 1.6 亿只，山羊存栏 1.4 亿只。绵羊主要分布在我国西部、东北部及华北区，养羊以舍饲、半舍饲和放牧相结合，生产发展较快。山羊主要分布在我国中南、西南和华东区，以舍饲为主，并逐步进入标准化、规模化和产业化生产。据中国畜牧业统计资料，截至 2018 年末，羊存栏量排在前十位的省份有内蒙古、新疆、甘肃、山东、河南、四川、云南、青海、河北和西藏，分别为 6 001.9万只、4 159.7 万只、1 885.9 万只、1 801.4 万只、1 734.1 万只、1 462.9万只、1 336.1 万只、1 268.9 万只、1 179.6 万只和 1 047.1 万只。近年来，我国养羊的重心逐渐由牧区转向农区或农牧交错带转移。2018 年，羊肉产量居前五位的分别是内蒙古、新疆、山东、河北和河南。

三、养殖成本收益

目前，养羊行情好。根据养殖方式、养殖规模不同，养羊收益也有较大的差别。以牧区放牧为例，饲养 1 只育肥羊（如蒙古羊）的年收益为 150～250 元。以规模化场自繁自育的模式为例，饲养 1 只基础母羊（如湖羊）的年收益可达 800～1 000 元。

第四节 常见疾病

一、病毒病

（一）口蹄疫

口蹄疫又称口疮、蹄癀，是由口蹄疫病毒引起的一种急性传染病，也是人兽共患病，以口腔和蹄部皮肤发生水疱和溃烂为特征（图 4-30）。

1. 临床症状 病羊多表现为唇部皮肤病变，少数病变出现在口腔黏膜和体躯其他部位皮肤。病初皮肤出现红斑，很快形成丘疹，少数形成脓疱，然后结痂，痂皮逐渐增厚、干燥、呈疣状，最后痂皮脱落而痊愈。严重病例痂垢融合、龟裂，痂垢下肉芽组织增生，唇部肿胀。口腔病变常出现在齿龈或舌部及上、下颚黏膜，有肉芽样组织增生或浅层坏死灶，病变部被红晕围绕。严重者体温升高至 40.8℃，食欲和精神稍差，口腔病变和唇部病变严重的病羊则采食困难，膘情下降，逐渐瘦弱。一般很少死亡，病程在 20 d 左右。

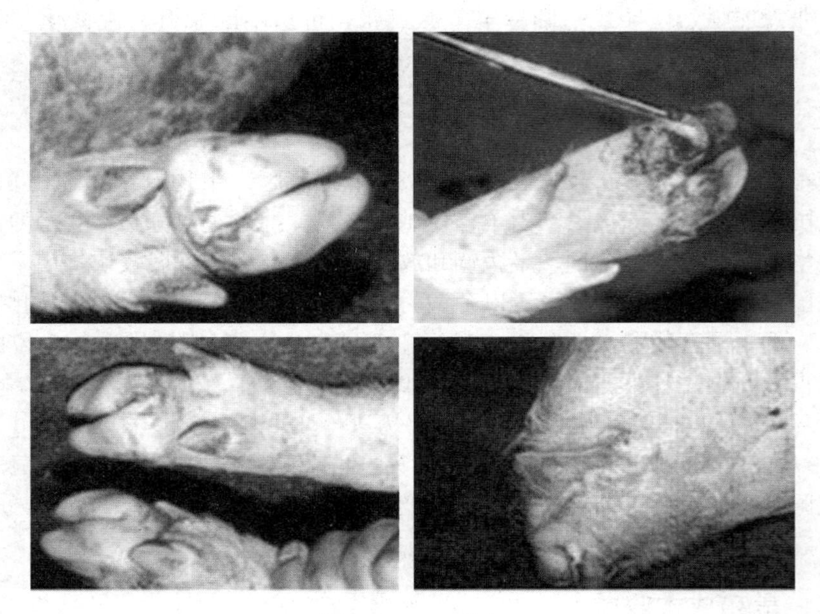

图 4-30 口蹄疫

2. 病变 在口腔、蹄部和乳房等部出现水疱和烂斑，严重者咽喉、气管、支气管和前胃黏膜也偶见烂斑和溃疡；前胃和大、小肠黏膜可见出血性炎症；心包膜有散在性出血点，心肌切面呈现灰白色或淡黄色斑点或条纹，称为“虎斑心”，心肌松软，似煮熟状。

3. 防制 原则上来说，发生感染病例，一般不进行康复治疗，将感染病例全部扑杀以防止疫情扩散。因此，日常管理过程中要做好消毒工作，尽早对羊群进行疫苗注射。

（二）蓝舌病

蓝舌病是一种以昆虫为传染媒介的病毒性传染病，绵羊发病较多。以发热、消瘦、颊黏膜和胃肠道黏膜严重的卡他性炎症为特征（图 4-31）。

1. 临床症状 该病潜伏期为 3～10 d。病初患病羊体温高达 40.5～41.5℃，稽留 5～6 d。表现为精神委顿、厌食、流涎；双唇发生水肿，常蔓延至面颊、耳部；舌及口腔黏膜充血、发绀，出现瘀斑，呈青紫色，严重者发生溃疡、糜烂，致使吞咽困难，口腔发臭；鼻分泌物初为浆液性后为黏脓性，常带血，结痂于鼻孔四周，引起呼吸困难，鼻黏膜和鼻镜糜烂、出血。病羊瘦弱，有的便秘或腹泻，有的下痢带血。病程通常为 6～10 d，发病率为 30%～40%，病死率20%～30%。

2. 病变 各脏器和淋巴结充血、水肿、出血；颈颌部皮下胶样浸润；除口

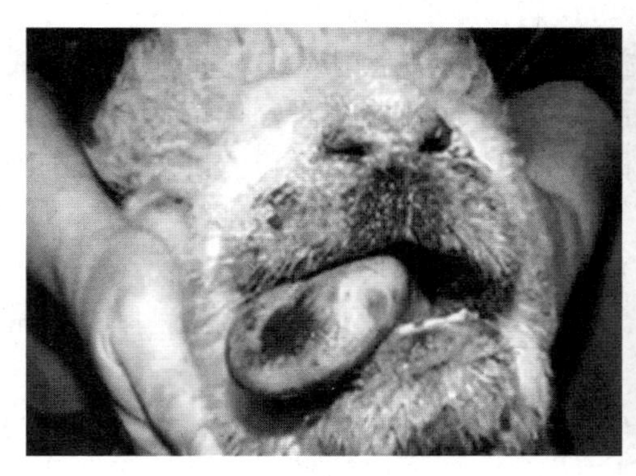
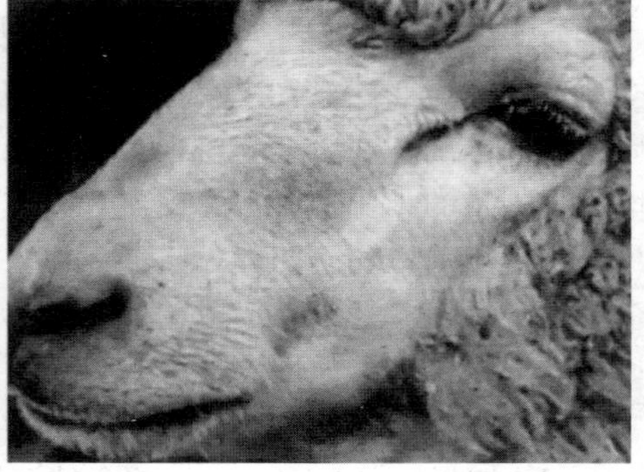

图 4-31　蓝舌病

腔黏膜糜烂、出血外，呼吸道、消化道黏膜及泌尿系统黏膜均有出血点；乳房和蹄冠等部位上皮脱落，但不发生水疱；蹄叶发炎并经常溃烂。

3. 防治　对患病羊要精心护理，避免风吹、日晒和雨淋，给予易消化的饲料，每天用温和的消毒液冲洗口腔和蹄部。可应用磺胺类药物和抗生素预防继发感染。必要时，扑杀患病羊和阳性带毒羊。对于血清学检测呈阳性的动物要定期复检，限制其流动，就地饲养，不能留作种用。

（三）羊痘

羊痘是由羊痘病毒导致的一种急性热性接触性传染病，主要通过呼吸道感染，也可通过损伤的皮肤或黏膜感染发病（图 4-32）。

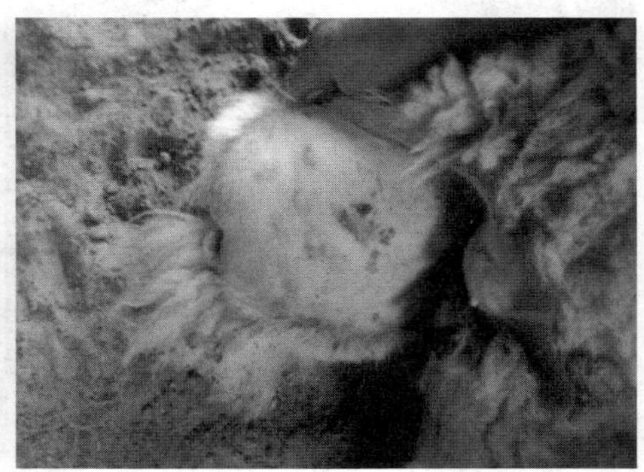

图 4-32　羊痘

1. 临床症状　羊痘一般都有明显的发病症状。羊痘病潜伏期为 6～8 d，病程 2～3 周，羔羊比成年羊易感。羊痘发病初期体温升高至 40～42℃，发病羊出现少食、厌食、食欲废绝、精神萎靡，结膜、眼睑红肿。2～3 d 后，病羊身上无毛或少毛部位出现成片黄豆或蚕豆大小硬状痘疹颗粒，随后化脓、结痂，并且病羊很快消瘦，并伴有呼吸困难、继发感染败血症等疾病，严重的病羊 4～5 d 死亡。

2. 病变 羊痘病变主要表现在表皮内有明显的细胞内及细胞间水肿，形成空泡及气球样变性，真皮有密集的细胞浸润，中央主要有组织细胞和巨噬细胞，周围有淋巴细胞和浆细胞，很少见多形核白细胞浸润。整个部位有许多内皮细胞增生和肿胀的小血管。在真皮血管内皮细胞的细胞质里可以见到嗜酸性包涵体。尸检时可见前胃和第四胃黏膜上，往往有大小不等的圆形或半球形坚实结节，单个或融合存在，严重者形成糜烂或溃疡。咽和支气管黏膜也常有痘疹，肺部则常见干酪样结节和卡他性肺炎区。

3. 防治

（1）加强饲养管理。保持羊舍的清洁卫生，定期严格消毒。一旦发病，迅速将病羊隔离。建筑羊舍应宽敞，做好防暑保温工作。

（2）加强疫苗管理。疫苗保管及使用必须严格按照说明书进行。

（3）免疫防治。每年对羊只注射接种 1 次羊痘疫苗。

（4）药物防治。对患部用 0.1％的高锰酸钾清洗，然后涂上碘甘油、紫药水。

（四）小反刍兽疫

小反刍兽疫俗称羊瘟，是由小反刍兽疫病毒引起的一种急性病毒性传染病，可引起全身感染，引起发热、流鼻涕等早期症状，也常常引起眼部上皮细胞感染，进而引起内眼睑黏膜和眼球结合部黏膜出现炎症（图 4－33）。

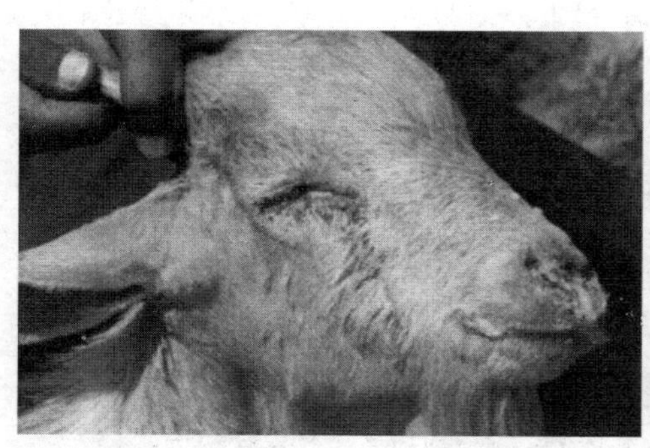
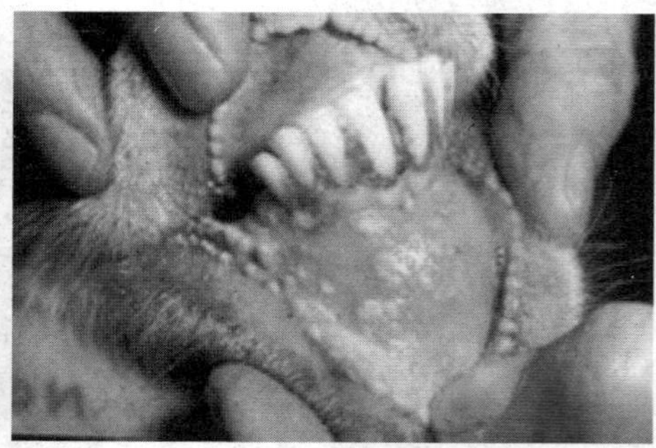

图 4－33 小反刍兽疫

1. 临床症状 该病在临床上往往出现急性发作，潜伏期 3～10d。患病羊只精神颓废，体温高达 40～41℃，食欲减退，鼻镜干燥，鼻腔及口腔内充满黏液，甚至出现鼻孔堵塞、呼吸不畅、口腔黏膜弥漫性溃疡和大量流涎等症状，有时可出现结膜炎（甚至失明）。后期会出现血样腹泻、脱水、体重减轻、呼吸困难、流产等，5～10 d 死亡。肺炎、咳嗽、胸痹和腹部呼吸常有发生。如果伴有寄生虫病或其他疾病，死亡的速度更快。发病率高达 100％，严重暴发死亡率为 100％。

2. 病变 羊感染小反刍兽疫后会出现水肿，口腔和鼻内的黏膜全部或部分坏死，随着疾病的发展，将出现不同程度的糜烂；病羊出现不同程度的气管炎和支气管炎，通过组织学观察肺组织有裸眼可见的多核巨细胞，细胞具有嗜酸性包涵体，并出现斑块状实变。在发病的后期，大多数绵羊会出现脾梗死，并且会发生皱胃糜烂，创面有出血现象存在。在影像学设备下可观察到清晰轮廓，并有一定的规则；病羊直肠、结肠充血或出血，并出明显的特征性条状。

3. 防制

（1）切断病毒的传播途径。消毒前应对羊舍内的粪便、污垢、垃圾和残留饲料进行彻底的清理，并将其进行焚烧或者密封发酵。对衣帽、鞋子、车辆和羊舍等进行消毒。

（2）疫情隔离与扑杀。对发病的羊群进行隔离。禁止外人进入饲料场，禁止羊只到河沟内饮水，改用水槽饮水，尽量减少对草原和水等环境的污染。一经确诊，应即刻对病羊进行淘汰，对所有病死羊和垂死羊做深埋处理，并对周围环境进行清洁处理。

（3）加强饲养管理。对养羊场要做好日常管理。保持圈舍通风、光线良好、清洁卫生，饲料营养均衡。

（五）羊狂犬病

狂犬病又称恐水症，是由狂犬病病毒引起的一种人兽共患的急性、接触性传染病。患病羊表现为狂躁不安和意识紊乱，最终因麻痹而死。

1. 临床症状 病羊惊恐，紧张，直走，不停地狂叫，其叫声嘶哑，撕咬其他羊只，并有跃起攻击人的现象。个别病羊喉头、下颌、后躯麻痹，流涎，吞咽困难。

2. 病变 病羊咽部黏膜充血，胃内空虚，胃内只有少量青草、沙土等，胃底、幽门区及十二指肠黏膜充血、出血。肝、肾、脾充血，胆囊肿大、充满胆汁。脑实质水肿、出血。

3. 防治

（1）预防。扑杀疫点的病畜，并进行无害化处理，野犬和没有进行过免疫的犬应全部扑杀。养犬必须登记注册，并进行免疫接种。疫区与受威胁区的羊和其他易感动物接种弱毒疫苗或灭菌苗。采集疫区及受威胁区犬及其他易感畜的血清进行监测。

（2）治疗。羊和其他家畜被患有狂犬病的动物或可疑动物咬伤时，应及时用清水或肥皂水冲洗伤口，再用0.1%升汞、碘酒或硝酸银等处理，并立即接种狂犬病疫苗。对被患有狂犬病的动物咬伤的羊和家畜最好进行扑杀，以免其危害到人。

（六）羊痒病

羊痒病由朊病毒引起，通常发生于2～4岁的羊，其中3岁多的羊发病率最高。该病可经口感染，也可因体表伤口被含朊病毒的胎盘或体液感染而发病（图4-34）。

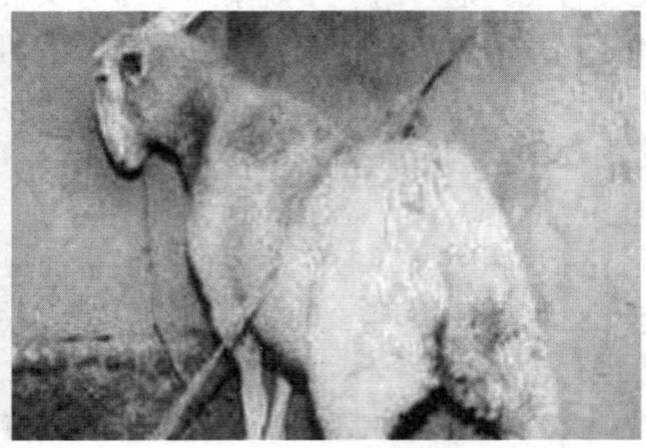

图4-34 羊痒病

1. 临床症状 该病的潜伏期很长，自然感染潜伏期为1～5年，所以1岁以下的羊极少出现临床症状。病羊表现为神经性症状，初期兴奋性增强，易惊，共济失调，头颈或腹肋部肌肉发生频细震颤。发展期病羊出现剧烈瘙痒，常啃咬腹肋部、股部或尾部，或在墙壁、栅栏、树干等物体上摩擦患病部位，羊毛大量脱落，皮肤红肿发炎，甚至破溃出血。病羊体温正常，但日渐消瘦，常不能跳跃。病程几周或几个月。病死率近100%。

2. 病变 典型病理变化为神经中枢组织变性及空泡样变性，无炎症反应。病理解剖和大脑组织学研究结果表明，脑干灰质的神经细胞呈海绵样变性，最终产生空泡，形成海绵样病理变化。神经系统的功能由于这种由轻到重的变化而损害加重，临床表现为意识失常，敏感性、运动和反射能力受到干扰。羊痒病病程很长，最终导致死亡。

3. 防制 目前对该病尚无有效疫苗和药物可预防和治疗。由于羊痒病具有特别长的潜伏期和病程，以及羊痒病病菌的特殊稳定性，采用隔离、消毒等一般性预防措施均无效。因此，坚决不从有痒病病史的地区引进种羊是预防该病的根本措施。

（七）羊传染性脓疱病

羊传染性脓疱病俗称“羊口疮”，引发本病的病原体是传染性脓疱病毒，可感染绵羊和山羊，是一种急性、接触性的传染病。

1. 临床症状 本病的潜伏期一般为2～7d，病变主要部位是口唇、舌面等处皮肤和黏膜，一般称为唇型病变，此类型较为常见。病羊首先在口、唇、鼻镜上发生红斑，逐渐发展成水痘或脓疱，脓疱破溃后形成黄色或棕色的疣状硬痂，痂皮脱落遗留下瘢痕。如果是良性经过，痂垢干燥后经过1～2周脱落而恢复正常。

严重的病例，病变部位相互融合，波及范围可扩大到眼睑、耳等部位，形成大面积的龟裂和污秽痂垢。痂垢下往往出现肉芽组织的增生，使得嘴唇部肿胀，影响采食，病羊逐渐衰弱而死亡。当继发感染葡萄球菌、坏死杆菌等细菌时可引起深部组织的化脓和坏死，加重病情。少数病例可因继发性肺炎而死亡。

绵羊有时发生蹄部病变，称为蹄型病变，山羊发生蹄部病变的较少。病羊蹄部皮肤形成水疱或脓疱，破裂后形成溃疡。病羊走路跛行，卧地不起。有的还有在肺、肝、乳房等处形成转移性病灶，严重的因体身衰弱或败血症而死亡。若发生继发感染可加重病情。

有的病羊阴道出现黏、脓性分泌物，阴唇部位皮肤肿胀、溃疡；有的公羊的阴鞘肿胀，阴茎发生小脓疱和溃疡，称为外阴型病变。蹄型和外阴型病例较为少见，死亡率也不高。

2. 病变　病死山羊，口唇有黑色结痂，延伸至面部，口腔内黏膜有水疱、溃疡和糜烂症状，面部皮下有出血斑。气管环状出血，肺部肿胀，颜色变暗。其他部位眼观无变化。

3. 防治　由于本病传染性较强，防治工作要做到早发现、早治疗，及时控制疫病的蔓延。治疗时建议隔离病羊，针对病羊的患病部位选择不同的治疗手段，病变的口唇部位使用0.1%高锰酸钾溶液冲洗创面，然后涂以2%龙胆紫、碘甘油等药物；蹄部可用3%克辽林洗净，擦干再涂松馏油；乳房部用2%硼酸水冲洗后涂氧化锌鱼肝油软膏。此外对圈舍的用具以及可疑受污染的地方一定要严格消毒，避免威胁健康羊。

二、细菌病

（一）羊快疫

1. 临床症状　病羊往往不出现临床症状，突然死亡（图4-35）。常在放牧时死于牧场或早晨发现羊死于圈舍内。病羊突然停止采食和反刍、呻吟、磨牙、腹痛、呼吸困难，口鼻流出带血液的泡沫，痉挛倒地，四肢做游泳状运动；病程稍长者，表现为卧地，不愿走动，运动失调，食欲废绝，牙关紧闭，步态不稳，易惊厥，里急后重，粪便恶臭且带血和黏液。

2. 病变　羊死后不久腹部迅速膨大，口鼻常有白色或血色泡沫，口内可流出食物。主要病变表现在真胃底部和幽门附近黏膜常有大小不等的出血斑，其表面坏死，出血坏死区低于周围正常的黏膜，黏膜下组织水肿；胸、腹腔、心包大量积液，心内膜（特别是左心室内）和心外膜有多数点状出血；胆囊肿大，肠道和肺的浆膜下也可见出血，尸体迅速腐败。

3. 防治　加强平时的防疫措施，尽量避免人为改变环境条件，减少发病诱因，加强饲养管理，防止严寒袭击，避免羊只采食冷冻饲料，一旦羊群发病，应立即隔离病羊，彻底清扫羊圈，用3%～5%氢氧化钠溶液反复消毒。当本病更严重时，可考虑转移牧场。病程稍拖长者，可肌内注射青霉素，每次80～100万IU，2次/d，连用2～3 d；也可内服磺胺5～6 g/d，连服3～4 d。必要时可静脉注射5%～10%葡萄糖。

图4-35　患病羊突然死亡

（二）羊肠毒血症

1. 临床症状　突然发病，往往在出现可见症状后迅速死亡。病羊表现为全身发抖、步态不稳、抽搐、侧身倒地、头颈和四肢伸开、流涎、磨牙、眼球转动、厌食、反刍停止、腹痛、腹泻等症状，在1～2 d死亡。多死于夜间。

2. 病变　剖检常见腹部膨大，胸腹腔和心包积液，心脏扩大，心肌松软，心外膜和心内膜有出血点。肺呈紫红色，切面有血液流出。肝肿大，呈灰褐色半熟状，质地脆弱，膜下有点状或带状溢血。肾质地如稀泥样，触压朽烂。此外特征变化为肠道，小肠黏膜充血、出血，重病者整个肠壁呈血红色，间而见有溃疡。

3. 防治　给羊群注射“羊快疫、猝狙、肠毒血症三联疫苗”或“羊快疫、猝狙、肠毒血症、羔羊痢疾四联疫苗”。合理饲养管理，保持环境卫生，限制给羊饲喂高浓度精饲料。天气突然变冷时，羊舍应铺褥草保暖。发现病羊及时隔离，刚发病症状较轻的羊可注射青霉素80万IU，后每隔4 h注射1次，对症治疗，能治愈部分羊只。

（三）羊猝狙

1. 临床症状　表现为急性中毒的毒血症症状，多未见到症状就突然死亡。有时发现病羊掉群、卧地，表现不安，衰弱或痉挛，于数小时内死亡。

2. 病变　病理剖检可见十二指肠和空肠黏膜严重充血、糜烂，有的可见大小不等的溃疡，胸、腹腔和心包有大量积液，浆膜有点状出血（图4-36）。死后 8 h，骨骼肌间积聚有血样液体，肌肉出血，有气性裂孔。

3. 防治　可参照羊肠毒血症和羊快疫的防治措施。

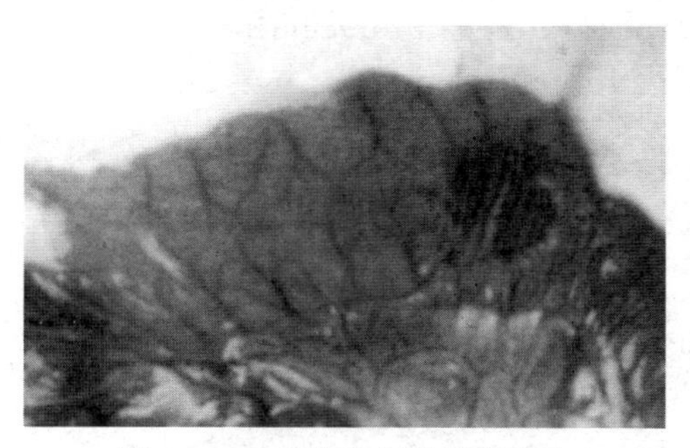

图 4－36　羊猝狙剖检病理变化

（四）羔羊痢疾

1. 临床症状　病初精神沉郁，低头拱背，食欲减退，喜卧，排恶臭黄色或带血的稀便。病羔逐渐虚弱，卧地不起，若不及时治疗，常在 1～2 d 死亡；只有少数病轻的羔可能自愈。有的病羔，腹胀而不下痢，或只排少量稀粪（可带血或呈血便），其主要表现为四肢瘫痪，卧地不起，呼吸急促，口流白沫，最后昏迷，头向后仰，体温降至常温以下。

2. 病变　最显著的病理变化是在消化道，真胃内往往存在未消化的凝乳块，胃黏膜水肿、充血。小肠黏膜充血，发红，肠黏膜坏死，周围有出血环，肠道中充满血样内容物。肠系膜淋巴结肿胀充血、出血。心包积液，心内膜有时有出血点。肺常有充血或瘀斑。

3. 防治

（1）预防。在产羔前期给母羊注射三联四防疫苗，可保证羔羊获取充足的母源抗体，有效预防羔羊痢疾的发生。保持产房清洁干燥，产羔前用 1%～2%氢氧化钠水溶液喷洒羊舍和产房的地面、墙壁及所有用具，进行彻底消毒。经常打扫产房，更换垫料，保持产羔环境干燥。羔羊产出后及时用碘酊消毒脐带。合理管理母羊哺乳羔羊，确保初乳充足，同时避免羔羊感冒受凉。平时注重母羊的饲养管理，抓膘保膘，使所产羔羊体格健壮，抗病力增强。

（2）治疗。羔羊痢疾的治疗方法很多，效果不一，应根据当地的条件和效果选择试用。①土霉素 0.2～0.3 g 或再加胃蛋白酶 0.2～0.3 g 加水灌服，3 次/d。②先灌服含福尔马林 0.5%的 6%硫酸镁溶液 30～60 mL，6～8 h 后再灌服 1%高锰酸钾溶液 10～20 mL，2 次/d。

（五）羊布鲁氏菌病

1. 临床症状　一般无明显症状，妊娠母羊流产是本病的主要症状（图 4－

37)，开始仅为少数，后逐渐增多，流产前食欲减退，喜卧、口渴，阴道流出黄色液体。流产常发生在妊娠后的3～4个月，其他可能出现的症状有早产、产死胎、乳腺炎、关节炎、跛行、公羊睾丸炎和附睾炎。部分山羊可发生流产2～3次，山羊群流产率可达40%～90%。

图4-37 羊布鲁氏菌病

2. 病变 病变主要发生在羊生殖器官，胎盘绒毛膜下组织胶样浸润充血、出血、水肿和糜烂，胎儿真胃中有淡黄色或白色黏液絮状物，脾和淋巴结肿大，肝出现坏死灶，肠、胃和膀胱的浆膜与黏膜下可见有点状或线状出血。公羊发生该病时，可出现化脓性坏死性睾丸炎和副睾炎，睾丸肿大，后期睾丸萎缩，关节肿胀和不育（图4-38）。该病需通过临床症状病理解剖和实验室检查相互配合，才能做出正确的诊断。

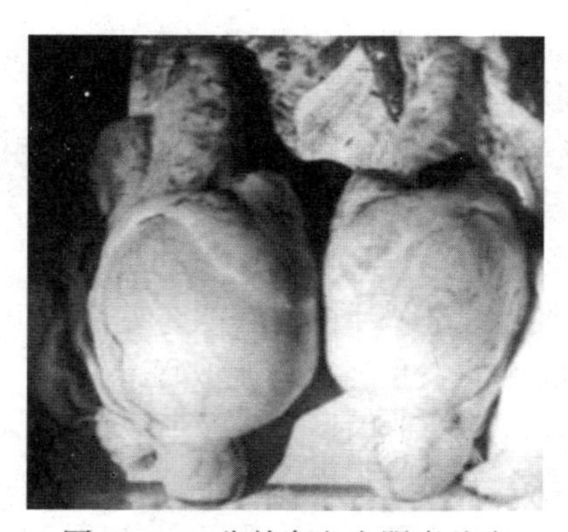

图4-38 公羊睾丸炎阴囊肿胀

3. 防制 加强预防工作，定期进行检疫。羔羊每年断乳后进行1次布鲁氏菌病检疫，成羊2年检疫1次或每年预防接种而不检疫。对检出的阳性羊要捕杀处理，不能留养或给予治疗；对当年新生羔羊通过检疫呈阴性的，需饮服或注射“猪2号弱毒活菌苗”。羊群受感染后无治疗价值，以淘汰为宜，严禁健康羊与假定健康羊接触。必须对污染的用具和场所进行彻底消毒；对价值昂贵的种羊，可在隔离条件下治疗，用0.1%高锰酸钾溶液冲洗阴道和子宫，必要时用磺胺和抗生素治疗。

第五节　生产面临的主要非疾病风险

随着羊产业的迅速发展，养殖专业户面临的非疾病风险日趋复杂。想取得较高的养殖效益，实现养殖健康可持续发展，必须加强羊养殖非疾病风险的科学预测和管理。结合生产实际，养羊普遍存在自然风险、市场风险和技术风险等非疾病风险因素。面临这些生产中的非疾病风险，只有正确认识养殖风险与收益间的关系、多渠道分析研究降低风险发生的可能性才能整体上降低羊只的养殖风险。

一、自然灾害风险

在羊养殖生产的过程中，养殖户首先要面临自然风险，即自然灾害。自然灾害包括暴风雪、暴雨、洪水、干旱、地震、飓风、高温等，将对养羊环境造成巨大的破坏，不仅造成羊只伤亡，还会造成疫病的传播，导致养殖户积极性丧失和从业人员流失。自然灾害直接影响养殖户的经济效益，在生产实践中，专业养殖户一定要采取各种应急预案和有效措施，切实降低因自然灾害导致生产经营失败的概率。

二、市场风险

对于羊养殖户而言，市场风险是羊产业所面临的第二大风险类型。大部分羊养殖户都会对畜禽产品的市场价格波动保持着较强的敏感性，因为市场价格波动会成为影响养殖户获益的关键性因素。总的来说，羊产业所面临的市场风险主要有以下几个方面：一是供求关系。市场经济体制下，供求关系决定了产品的价格，当供给与需求不平衡时，产品的市场风险就会增加。二是饲养成本。当粮食作物减产时将预示着羊饲料的供给能力降低，导致饲料原料价格上涨，养殖户的养殖成本增加，从而加大养殖风险。近几年，豆粕、玉米的价格不断上涨，增加了养殖户的成本和压力，影响了养殖户的生产积极性，导致许多养殖户退出行业。此外，羔羊的重量和价格也是影响养殖成本的重要因素。三是国际形势。我国正式加入世界贸易组织（WTO）后，全球农产品价格主要受到美元、欧元、日元等国际流通货币的汇率和利率的波动影响，我国羊产品价格受到国际和国内双重压力。在全球经济一体化的今天，羊产品在国际市场中的价格波动会直接带给养殖户市场风险。

想要规避市场风险就需要组织养殖户与企业建立紧密的利益关系，积极发展“订单养殖业”，鼓励企业与农牧民签订羊产品收购合同，确定合理的利益分配和风险均担机制，使养殖户从加工或销售环节获得部分利益，建立多方满意、互利互惠的利益联结综合体，是保障和提高养殖户收入的长效措施，也是共同抵御市场风险，分担市场风险的有效机制。鼓励羊养殖户以草牧场、基础母羊、种公羊、资金、设备、技术等要素入股，依托合作社和龙头企业的带动作用，通过完善发展股份制利益联结机制，推行“户繁场育”“放母收羔”，以及“整村推进，点面开花”的生产模式，将养殖户有机组织起来，实现从分户单干到抱团发展，可以有效提高生产效率，降低生产成本，达到优势互补，实现互惠互利。羊养殖户在提高生产水平的同时，更要注重市场导向，依托资源优势，以产业化发展为方向，以特色品牌化经营为重点，不断提高羊产品综合加工和精深加工水平，延长产业链条和产品附加值，设立产品营销专卖店和销售专柜，建立农超对接营销网络，参展当地举办的各类农畜产品博览会，提高产品知名度，扩大产品销量，尽快形成特色品牌化市场竞争优势。加快追溯管理平台建设力度，推进从养殖、屠宰加工、物流配送、终端消费等全产业链的无缝监管，实现来源可追溯、去向可查证、责任可追究的全程追溯体系管理，保障羊产品优质高价，加快羊产业持续健康发展。

三、技术风险

不同于传统畜牧养殖业，现代养殖业都加大了对技术的应用力度，从育种、品种改良、饲料、添加剂、兽药、科学化标准化的养殖管理等方面，无不彰显着科技对养殖业的影响。科学技术一方面为养殖业的增产增收和风险防范提供了有效手段，另一方面由于技术本身的缺陷和技术使用失败也会产生新的风险。通常情况下，羊养殖面临的技术风险主要集中在如下两方面：一是畜种资源。优良品种是提升羊只生产效力的关键，也是提升养殖经济效益的重点，引进国外优良品种改良当地品种，充分利用杂交优势，提高养殖经济效益。否则养殖效益低，没有利润空间或利润空间变小，更会增加养殖风险。二是饲养管理。目前，国内饲料质量安全问题得到显著提高，但是产品结构不合理、营养价值不高且不全等问题普遍存在，这在很大程度上降低了专业养殖户的养殖效益，存在一定的养殖风险。使用全日粮养殖技术，科学饲养，引进全价配合饲料，使用一些维生素、微量元素、氨基酸、蛋白质等饲料添加剂作为补充，以解决羊只生长缓慢等问题，从而达到降低养殖风险目的。

四、政策风险

羊产业的发展也面临着政策风险。羊产业政策风险的表现形式很多，首先体现在政策本身的不合理性所导致的风险。总体来说，从我国现有的畜牧业发展水平来看，过快地推进规模化养殖会造成一大批不合格规模化养殖场的产生，导致公共政策资源的浪费并产生更多的风险，所以规模化养殖推进政策本身就存在一定的不合理性。其次，畜牧业政策风险体现在政策的变化所带来的风险，而政策调整的一个重要方向就是通过政策引导，禁止和控制散户养殖，从而引导畜牧产业从散户养殖为主向规模化养殖为主的方向发展。这些政策一方面有利于控制动物疫情传播，另一方面也缩小了散养户畜禽产品的销售渠道，导致散户养殖的存在空间进一步被挤压。

五、环境污染风险

有些小型的羊养殖场缺乏化粪池等垃圾综合利用的设备，对养殖中产生的垃圾不能进行环保利用，仍旧存在污水直排、垃圾堆放等问题，造成一定的环境污染，严重影响周边环境。同时周围环境中滋生的细菌等有害物质也会随着风、水源和土壤反向进入养殖场危害羊只。环境污染导致的风险主要有以下几类：一是水质污染的风险。因大部分中小养殖户的环境保护意识薄弱，以及资金与污染处理设备的缺乏，片面追求养殖的规模，把有限的资金全部都投入到养殖生产当中，对环境污染处理设施的投入很少，很多环节都产生了大量的垃圾。例如羊只的排泄物中存在大量的氮磷元素，不经处理随意排放会导致水体氧容量下降，造成水体营养丰富化，这种被污染的水源一旦用于农田灌溉，会因氨氮含量过高而造成烧苗、农作物倒伏、晚熟、产量下降或绝收；进入水中的养分会加速水体中微生物以及藻类的大量生长，快速消耗水体中的养分，导致水生生物大面积死亡，水体出现恶性变质，进而丧失饮用功能；当排泄物随着自然系统的循环进入到地下水系统后，一些病原微生物，甚至还有寄生虫，会破坏水库中的生态平衡，对水质产生严重的污染，使其丧失饮用价值；粪便中病原菌如大肠杆菌、沙门氏菌、李氏杆菌、马立克氏病病毒、蛔虫卵等不仅会直接威胁畜禽的自身健康，降低畜禽养殖的经济效益，还会引起人兽共患病，甚至可能引发重大公共卫生事件。二是土壤污染的风险。在养殖业的生产经营中，羊只每天会产生大量的粪便，其中含有丰富的氮、磷、钾等营养物质和有机物，很多农户会选择用羊只的粪便作为有机肥施用到农田中，如果养殖户不及时有效处理粪便，会造成土壤污染，对土壤中原本微生物造成损伤使土壤的成分和性质发生改变，破坏土壤的原有功能，对农作物和动物会产生毒害作用；同时还会对水源造成污染，给人们的饮水带来较大安全隐患。三是臭味臭气的风险。在羊只养殖生产经营中，很多养殖场不重视气体排放，羊只食用的蛋白质会被代谢为氮以及臭气，会对周围环境产生较大的污染；同时从体内排出的恶臭气体中的甲烷、氨气会对当地的空气造成污染。在养殖过程中对牲畜场地粪便若未及时清除，或清除后没有及时处理，这些粪便所产生的气体进入到空气中污染大气，会导致动物应激，严重污染当地自然环境，影响当地居民健康，引起呼吸道疾病。

第六节　羊保险相关技术要点

一、羊保险概况

近年来，我国羊产业发展速度和全国各地区规模化羊场企业布局加快，市场活跃度持续上升，活羊和羊肉产品市场价格呈现持续上涨趋势，特别是受到非洲猪瘟疫情作用，使羊产品替代消费、产业关注度与投资热情增加。为在突发事件发生时增强养殖企业和养殖户抗风险能力，保障养殖稳定发展和农牧民增收，多地区根据不同养殖模式和情况，开展了羊保险项目，羊保险涵盖对羊养殖过程中由于自然灾害、意外事故或疾病造成羊只死亡的损失提供保障，也涉及保障羊养殖的市场风险，如羊只收益保险等。

在各类羊保险中，藏系羊保险是在2010年中央第五次西藏工作座谈会后，为改善农牧民生产生活条件，提高农牧业发展水平，培育特色优势产业，保护高原生态环境，结合藏区农牧业实际情况而产生的一种地方特色品种保险，藏系羊属于中央财政补贴险种标的。当前，藏系羊保险业务开办地区主要涉及四川、甘肃、青海、云南和西藏自治区。

二、羊保险主要产品简介

（一）养殖保险

养殖保险通常指传统意义上的羊只死亡保险，主要保障羊养殖的死亡损失风险，育肥羊、基础母羊、种羊等均可作为保险标的，保险责任包括但不限于主要疾病和疫病，暴雨、洪水（政府行蓄洪除外）、风灾、雷击、地震、冰雹、冻灾等自然灾害，以及火灾、爆炸、建筑物倒塌、空中运行物体坠落等意外事故。而藏系羊的养殖保险，由于藏系羊饲养环境的特殊性，在养殖过程中除了与普通羊只一样面临着主要传统的自然灾害、意外事故、疾病和疫病等风险外，保险责任中通常还会考虑冻饿、野生动物袭击伤害以及雪灾发生后造成饲料供给中断，进而导致藏系羊死亡的风险。

（二）价格保险

价格保险是以羊只作为保险保障客体，以羊只价格波动带来养殖收入损失为保险责任，重点保障养殖户因羊只市场价格下跌遭遇市场风险的损失，是相较于传统羊死亡保险的一种创新型保险产品。比较典型的代表是羊收益保险，此类保险的保险责任除了传统的自然灾害、意外事故、疾病和疫病外，保险期间内当保险羊只平均销售价格低于保险约定价格时，保险人也负责赔偿。保险条款中要明确保险羊只平均销售价格的采集方式，通常参考当地政府相关权威管理部门发布的保险羊只市场销售价格数据；保险约定价格参照羊只市场平均销售价格，由农牧部门、保险公司、养殖大户等共同协商确定，以保险单载明为准。

三、羊保险承保理赔技术要点

（一）承保条件

1. 投保人资格和信誉审核　①羊保险的保险标的必须对投保人具有可保利益。②饲养人需具有饲养保险品种羊只的经验。③投保人的诚信度对保险工作开展至关重要，投保单内容填写需经投保人核实确认。

2. 保险标的饲养环境和健康状况　①草场植被要符合野外放牧的要求，避开野兽常出没的地方，选择平坡、半坡放牧饲养。②场址的选择和场内建筑物的布局必须符合畜牧兽医部门的要求，避开蓄洪行洪区，建在当地洪水水位线以上；舍内温度、湿度、通风、光照、饲养密度、有害气体的含量必须满足羊只需要。③在承保时，要求标的无伤残、无疾病，经畜牧兽医部门验体合格，营养良好，按免疫程序预防注射接种，从外地购进的保险羊只需有检疫证明等。④从国外或省内外引进的保险羊只对当地环境要有适应期限，通常来讲，从国外引进的必须在当地饲养1年以上才可以承保。⑤每种传染病都存在一定的潜伏期，为提高承保质量，防止羊只带病投保，应根据病的潜伏期来确定观察期的长短，一般为15～20d。在观察期内，保险标的因病所致死亡，保险人不负责赔偿责任。⑥羊只利用年限长短与本身生产性能有关，一般从断乳后开始承保，为了核查饲养管理水平，通常承保时也要求达到一定的体重标准。⑦当爆发某些重要传染病时，国家划定的疫点、疫区、受威胁区不能进行承保，承保时要遵守国家有关规定，只能承保安全区的羊只。

（二）保险责任和责任免除

通常羊养殖面临的主要风险包括自然风险、意外事故和市场风险。自然风险分为两大类：自然因素和疾病、疫病。自然因素主要为气候的不确定性引起的气象风险；疾病、疫病主要为传染病、寄生虫病和普通病。意外事故主要为火灾、固定物体倒塌、空中运行物体坠落等。市场风险是由于市场供求关系发生变化，造成羊只价格波动。

随着生产力发展水平的不断提高，很多地区的羊养殖逐步向着规模化、集约化迈进，一定程度上，人们可通过场址选择和控制环境因素来减轻气象风险对生产的影响。但由于饲养密度大，规模化养殖使得羊只疾病发生的概率也相对较大。因此，在保险责任选择方面，发生概率较小的一些自然风险可列为保险责任，如洪水、冰雹、山体滑坡等；对于火灾、建筑物体倒塌等这类发生概率低，但生产危害大的意外事故，也可列为保险责任。疾病对于羊养殖来说，发生概率较大也较频繁，可将危害较大的几种疾病列为保险责任；而对于常见的一些只会导致零星死亡的疾病（非传染病、普通病），可通过加强饲养管理、提高养殖技术以及预防治疗等方式减少发生，故不列为保险责任。

责任免除方面，为督促被保险人加强饲养管理，防止发生道德风险，保险人会在条款中规定如下责任免除：①被保险人及其家属成员或饲养人员的故意行为或过失所造成羊只的死亡，如不按规定程序和技术要求饲养，不按畜牧兽医部门的规定进行防疫等。所谓故意行为通常指被保险人、饲养人员及其家属明知自己的行为可能产生损害结果，而人为故意造成损失；过失行为是指应当预见自己的行为可能造成损害结果，由于疏忽大意而没有预见，或者已经预见但轻信能够避免而未采取措施防控，以致发生损害结果造成损失；故意行为或过失行为是被保险人的过错，应由被保险人负责，保险人不承担此类责任。②被保险人管理不善造成的损失。如触电、饥饿、中毒、中暑、被盗、走失等所致死亡，不按规定的防疫时间进行防疫以及在药量使用方面疏忽大意等情况，均属被保险人的管理问题，保险人不承担此类责任。③战争、军事行动或暴乱。因这类情况造成羊只损失的破坏范围、损失程度难以估计，损失率难以测定，故将其列为责任免除。④自然淘汰。因畜龄较大，无实用价值（配种、育肥等）或实用价值较低，或因患某些疾病达不到生产性能，丧失饲养价值，需进行淘汰或宰杀，此类情况保险人不承担责任。⑤责任列明以外的灾害及相应费用，如治疗费、药费等。保险责任规定以外的其他疾病、自然灾害和意外事故所致死亡，属于责任免除项。⑥通常羊保险的责任免除还包括保险羊只在疾病观察期内患有保险责任范围内的疾病、保险羊只遭受保险事故引起的各种间接损失，以及按保险合同中载明的免赔条件计算的免赔额等内容。

（三）保险期间

羊保险的保险期间可根据羊只的种类、生长发育规律、生产性能、用途等进行确定。通常，羊保险期间按使用年限确定，以年为单位计算；而对于舍饲养殖的保险肉羊（包括专业育肥及自繁自育），要求按批次投保，保险期间根据实际育肥周期由投保人与保险人协商确定，一般最长不超过5个月，并在保险单中载明。

（四）保险金额

保险人在掌握市场供求变化等规律基础上，应充分考虑被保险人的可保利益，以不超出羊只价值的原则合理确定保险金额，避免保险金额超出羊只本身的价值，从而引起道德风险。确定羊保险金额应综合考虑：①保险羊只的实际价值。实际价值是通过市场价值来评定的，保险人要掌握羊只的市场销售价格、养殖成本（包括物化劳动和活化劳动成本）投入情况等，为合理确定保险金额奠定参考基础。②地区差异。不同地区养殖成本投入存在较大差别，保险人应以低于社会平均成本的金额确定保险金额。③饲养管理水平。羊养殖受疾病和养殖管理水平等因素影响较大，同时也会受到市场供求关系的制约，经营稳定性较差，因此在确定保险金额时应充分考虑这些方面。

通常，羊养殖保险以保障养殖者简单再生产顺利进行为目标，按照饲养成本的一定比例和市场价格等要素确定保险金额，通过计算保险羊只在不同生长期出险所造成的损失，使理赔趋于相对合理，从而保障被保险人至少能够恢复最基本的生产经营。

（五）保险费率

羊保险费率水平通常为 4%～7%，费率的厘定要从当地的实际情况出发，主要需考虑保险风险发生概率的大小、一次最大损失的程度以及保险责任时间的长短等因素。在损失率资料不全和不可靠的情况下，可以从过去本地或邻近地区试办过程中取得的损失率资料为依据，参考外地的费率水平制定本地的试行费率。

（六）保险数量

确定保险羊只数量时，可以根据养殖场规模、饲养场地大小、有关账册、抽样调查等方式测算实际养殖数量。同时，鼓励应用现代信息化管理手段对保险羊只进行可追溯管理。

（七）赔偿处理

1. 出险报案　保险羊只发生死亡，应立即向保险人报案。保险人接到出险报案后，根据报案人报的保单号，查找保险底单，判断灾害事故是否发生在保险单的有效期内。

2. 查勘及赔偿　对保险单有关信息核定无误后，及时赶赴现场进行查勘，做好查勘记录。

（1）询问被保险人或饲养人员。了解灾害发生时间，灾害类型等。如果因疾病死亡，需询问防疫情况、发病症状、采取的治疗措施等具体事项，并查看相关医药单证和兽医诊断结果。

（2）检查饲养环境。根据被保险人的主诉和兽医诊断书，对饲养环境进行巡视检查。如果因疾病死亡，需查看死亡羊只遗留污染物；如果由于意外事故或自然灾害死亡，要有明显的现场痕迹。

（3）检查羊只尸体。根据主诉和饲养环境检查的初步印象，对死亡羊只尸体进行检查验证，判断羊只死亡时间，死亡原因（因疾病死亡还是意外死亡）等事项。如果由于疾病死亡，还要判断造成死亡的疾病是否属于保险责任范围。

（4）严守保险合同。根据现场查勘记录，审核责任，区分保险责任与责任免除。

（5）计算赔偿。核定损失后，依据保险合同有关规定，计算赔偿金额。通常，羊保险赔偿金额计算参考畜龄指标，公式为：赔偿金额＝（保险羊只每头保险金额×不同月龄对应的赔偿比例－每头政府扑杀专项补贴金额）×死亡数量；如果按约定出栏平均体重计算，每只赔偿金额＝每只保险金额×尸重/出栏约定平均体重，赔偿金额＝∑每只赔偿金额，其中出栏约定平均体重由投保人与保险人协商确定，具体以保险单载明为准；当保险羊只在保险期间内，发生确定的价格责任范围内的损失时，通常每只赔偿金额计算方式为：每只赔偿金额＝每只保险金额×（1－保期内平均销售价格/保险合同约定价格），赔偿金额＝∑每只赔偿金额。

肉羊不同月龄对应的赔偿比例示例（表4－2）如下表，可根据实际情况再调整：

表4－2　肉羊赔偿比例

月龄（月）	参考体重（kg）	赔偿比例（%）
3（含）～4（不含）	20（含）～28（不含）	50
4（含）～5（不含）	28（含）～37（不含）	60
5（含）～6（不含）	37（含）～46（不含）	70
6（含）～7（不含）	46（含）～55（不含）	80
7（含）～8（不含）	55（含）～64（不含）	90
8（含）以上	64（含）以上	100

第五章　家禽养殖技术与保险

我国的家禽业历史悠久，至今已有5 000多年。改革开放后，经过多年的发展，家禽业已形成了年产值超过千亿元的巨大产业，是促进农民增收、农业增产的有效途径之一，辐射并带动了诸如设备制造、饲料、兽药、运输、加工等相关产业的发展。在我国的传统饮食文化中曾经将禽肉和禽蛋视为补品，如今禽蛋和禽肉已成为普通消费者的日常食物。禽蛋是最廉价的动物性蛋白质来源。禽肉作为白肉的代表之一，具有鲜香、细嫩、低脂等特点，深受消费者的喜爱。禽产品在提高人民生活水平、改善膳食结构方面起到了重要作用。

目前我国蛋鸡行业主力军仍在农村，由于大多数养鸡企业受制于“小规模大群体”的局限，使得我国蛋鸡的生产力水平与国外发达国家相比，还存在着一定的差距。但随着国家综合实力的提升和人们生活水平的提高，蛋鸡品种推广量也在逐年增长，国产品种市场占有率不断提高。禽肉目前占我国肉类产量的第2位，仅次于猪肉。白羽肉鸡作为饲料转化率最高的畜禽之一，20世纪90年代以来白羽鸡肉产量以年平均14%的速度增长，迅速成长为中国农业产业化中的重要力量。黄羽肉鸡既包括我国土生土长的地方品种，也包括导入外血的仿土鸡。改革开放40年以来，黄羽肉鸡业取得了辉煌的成就，养殖技术不断创新，逐步实现了由分散养殖向集约化、专业化生产的转变，规模化程度越来越高。水禽业近年来也发展迅猛，2011年出版的《中国畜禽遗传资源志·家禽志》共收集水禽资源包括鸭34种，鹅31种。随着国家一系列惠普政策的发布，将进一步促进我国优良水禽种质特性的开发利用与推广，提升水禽种业发展水平和创新能力，增强国际市场竞争力。

家禽养殖作为大农业的一部分，已取得长足的发展。我国人口众多，地大物博，广大农村更是潜力无限，因此，无论从生产还是消费的角度来看，家禽养殖必将迎来一个崭新的春天。

第一节　生理特性、生长阶段及主要品种

一、鸡

（一）生理特性

鸡属于鸟纲、鸡形目、雉科、鸡属。

1. 一般外貌特征 家禽具有适于飞翔的身体构造。经过人类的驯养，大多数家禽不再具有飞翔的能力，但其主要特征仍保留着。鸡的一般特征主要为：全身被羽毛覆盖，头小，没有牙齿，骨骼中有气室，骨骼大量愈合，前肢演化为翼，胸肌与后肢肌肉非常发达，有嗉囊和肌胃，肺小而有气囊，没有膀胱，雌性仅左侧卵巢和输卵管发育，产卵而无乳腺，具有泄殖腔，睾丸位于体腔内，横膈膜只剩痕迹，靠肋骨与胸骨的运动进行呼吸，眼大，视叶与小脑很发达。

2. 鸡的生理特点

（1）新陈代谢旺盛。鸡生长迅速，繁殖能力高，新陈代谢旺盛，具体表现为：①体温高。鸡的体温比家畜高，一般在 40～44℃。②心率高、血液循环快。鸡的平均心率为 300 次/min 以上，而家畜中马仅为 32～42 次/min，牛、羊、猪为 60～80 次/min。同类鸡中一般体型小的比体型大的心率高，幼鸡的心率比成年鸡高；鸡的心率还有性别差异，母鸡和去势鸡的心率比公鸡高。心率除了因品种、性别、年龄的不同而有差别外，同时还受到环境的影响，比如较高的环境温度、惊扰、噪音等，都将使鸡的心率增高。③呼吸频率高。鸡呼吸频率随品种和性别的不同，其范围在 22～110 次/min；同一品种中，呼吸频率雌性较雄性高。此外，鸡的呼吸频率还因环境温度、湿度以及环境安静程度的不同而有很大差异。鸡对氧气不足很敏感，单位体重耗氧量为其他家畜的 2 倍。

（2）体温调节机能不完善。鸡同其他恒温动物一样，依靠产热、隔热和散热来调节体温。产热除直接利用消化道吸收的葡萄糖外，还利用体内贮备的糖原、体脂肪产生热量或在一定条件下利用蛋白质通过代谢过程产生热量。隔热主要靠皮下脂肪、贴身的绒羽和紧密的表层羽片，可以维持正常的体温。散热也像其他动物一样，依靠传导、对流、辐射和蒸发，但由于鸡的皮肤没有汗腺，又有羽毛紧密覆盖而构成非常有效的保温层，因而当环境气温上升达到 26.6℃时，辐射、传导、对流的散热方式受到限制，而必须靠呼吸排出水蒸气来散发热量以调节体温。随着气温的升高，呼吸散热方式表现得更为明显。一般说来，鸡在 5～30℃的范围内，体温调节机能健全，体温基本不变。若环境温度低于 5℃或高于 30℃时，鸡的体温调节机能不能满足需要，尤其对高温的反应更加明显。当鸡的体温升高到 42～42.5℃时，出现张嘴喘气，翅膀下垂，咽喉颤动的状况，这种情况若得不到改善，则会影响生长发育和生产。通常当鸡的体温升高到 45℃时，就会昏厥死亡。

（3）繁殖潜力大。母鸡虽然仅左侧卵巢与输卵管发育和机能正常，但繁殖能力很强，高产鸡年产蛋可以达到 300 枚以上。母鸡卵巢上用肉眼可观察到很多卵泡，在显微镜下则可观察到上万个卵泡。每枚蛋就是一个巨大的卵细胞，这些蛋经过孵化如果有 70%成为雏鸡，则每只母鸡 1 年可以获得 200 多个后代。

公鸡的繁殖能力也很突出。根据观察，1 只精力旺盛的公鸡，每天可以交配 40 次以上，每天交配 10 次左右则是很平常的状态。一只公鸡配 10～15 只母鸡可以获得很高的受精率，配30～40只母鸡所获得的受精率也不低。公鸡的精子不像哺乳动物的精子容易衰老死亡，一般在母鸡输卵管内可以存活5～10d，个别的可以存活30d以上。

禽类要飞翔应减轻体重，因而繁殖表现为卵生，胚胎在体外发育，可以用人工孵化法来进行大量繁殖。当鸡蛋排出体外后，由于温度下降胚胎发育停止，在适宜温度（15～18℃）下可以贮存10～20d，仍可孵出雏禽。因此要发展其繁殖潜力大的长处，必须实行人工孵化。

鸡蛋是卵巢、输卵管活动的产物，是和鸡体的营养状况与外界环境条件密切相关的。外界环境条件中，光照、温度和饲料质量对繁殖的影响最大。在自然条件下，光照和温度等对性腺的作用常随季节变化而变化，所以产蛋也随之而有季节性，春秋是产蛋旺季。但随着现代化科学技术的发展，在现代养鸡业中，这一特征正在为人们所控制和改造，全年均衡高效地产蛋技术已被现代禽蛋生产所广泛应用。

（二）生长阶段

1. 白羽快大型肉鸡　白羽快大型肉鸡从出壳到上市一般划分为2个阶段，即育雏期（0～4周龄）、生长期（5周龄～上市）。

2. 黄羽优质肉鸡　黄羽优质肉鸡从出壳到上市一般划分为3个阶段，即育雏期（0～4周龄）、生长期（5～8周龄）和育肥期（9周龄～上市）。

3. 肉种鸡　根据生长发育和生产特点，肉种鸡生长可划分为3个阶段，即育雏期（0～4周龄）、育成期（5～20周龄）和产蛋期（20周龄～淘汰）。

4. 蛋鸡　根据生长发育和生产特点，蛋鸡生长可划分为3个阶段，即育雏期（0～4周龄）、育成期（5～20周龄）和产蛋期（20周龄～淘汰）。

（三）主要品种

1. 肉鸡　肉鸡一般分为白羽快大型肉鸡和黄羽优质肉鸡。

白羽快大型肉鸡：是目前世界上肉鸡生产的主要类型。其父系主要采用科什尼鸡，也结合了少量其他品种的血缘。母系主要采用白洛克鸡，在培育早期还结合了横斑洛克鸡和新汉夏鸡等品种的血缘。目前根据生产目的又开发出适合西装鸡生产的常规系肉鸡和适合于分割生产的高产肉系肉鸡。

黄羽优质肉鸡：主要集中在我国南方。从针对出口港澳而进行的黄羽优质鸡育种和生产开始，发展到现在，不仅毗邻港、澳的广东、广西以优质鸡生产为肉鸡业的主体，江苏、上海、浙江、福建、湖南、北京等省市优质鸡生产的规模也逐渐扩大。目前我国的黄羽优质肉鸡按生长速度可分为快速型：50～60日龄上市，体重达1.5～1.7kg；中速型：70～90日龄上市，体重达1.3～1.6kg；慢速型：100～120日龄上市，体重达1.4～1.5kg。快速型黄鸡主要以长江中下游的省市如江苏、上海、浙江、安徽等地较为集中并以江苏的南通地区为主要代表。生长速度较快，但对“三黄”特征要求不严。中速型黄鸡主要以广东及珠江三角洲地区为代表，该地区市场中临开产的小母鸡最受市场青睐。慢速型以广西、福建等地为代表，这一类型的鸡均为当地的传统土鸡，一般未经导入杂交，尽管风味独特，但生产性能极低，因而生产数量受到一定限制。

（1）国外优良肉鸡品种。

①爱拔益加肉鸡。爱拔益加肉鸡（Arbor Acres）简称为AA肉鸡（图5-1）。由美国爱拔益加育种公司培育而成，种鸡为四系配套，四个品系均为白洛克型。该鸡特点是生长快，耗料少，适应性强。

图5-1　爱拔益加肉鸡

②罗斯308肉鸡。罗斯308（Ross 308）是英国罗斯育种公司培育成功的优质白羽肉鸡良种（图5-2）。罗斯308的突出特点是体质健壮，成活率高，增重速度快，出肉率高和饲料转化率高；其父母代种鸡产合格种蛋多，受精率与孵化率高，能产出最大数量的健雏。该鸡种为四系配套，商品代雏鸡羽速自别雌雄。商品肉鸡适合全鸡、分割和深加工之需，畅销世界市场。

图5-2　罗斯308肉鸡

③科宝500肉鸡。科宝500（Cobb 500）原产于美国，是美国泰臣食品国际家禽分割公司培育的白羽肉鸡品种，在欧洲、中东及远东的一些地区均有饲养。

科宝500配套系是一个拥有多年历史且较为成熟的配套系。体型大，胸深背阔，全身白羽，鸡头大小适中，单冠直立，冠髯鲜红，虹彩橙黄，脚长而粗。

图5-3　科宝500

（2）国内优良肉鸡品种。国内优良肉鸡品种有京星矮脚黄羽肉鸡和北京油鸡配套系（中国农业科学院畜牧研究所培育）、苏禽黄鸡（江苏省家禽科学研究所培育）、岭南黄鸡（广东省农业科学院畜牧研究所培育）、新兴黄鸡（广东温氏南方家禽育种有限公司培育）、“邵伯鸡”配套系（江苏省家禽科学研究所培育）、雪山草鸡（常州立华畜禽有限公司培育）、京海黄鸡（江苏京海禽业集团有限公司培育）。

2. 蛋鸡　现代蛋鸡一般分为白壳蛋鸡、褐壳蛋鸡和浅褐壳蛋鸡3种类型。

白壳蛋鸡全部来源于单冠白来航鸡变种，通过培育不同的纯系来生产两系、三系或四系杂交的商品蛋鸡。一般利用伴性快慢羽基因在商品代实现雏鸡自别雌雄。

褐壳蛋鸡重视利用伴性羽色基因来实现雏鸡自别雌雄。最主要的配套模式是以洛岛红鸡（有少量新汉夏血统）为父系，洛岛白鸡或白洛克鸡等带伴性银色基因的品种作母系，利用横斑基因作自别雌雄时，则以洛岛红鸡或其他非横斑羽型品种（如澳洲黑鸡）作父系，以横斑洛克鸡为母系作配套，生产商品代褐壳蛋鸡。

浅褐壳（或粉壳）蛋鸡是利用轻型白来航鸡与中型褐壳蛋鸡杂交产生的鸡种。因此，用作现代白壳蛋鸡和褐壳蛋鸡的品种标准一般都可用于浅褐壳蛋鸡。目前主要采用的是以洛岛红型鸡作为父系与白来航型鸡作为母系杂交，并利用伴性快慢羽基因自别雌雄。

（1）国外优良蛋鸡品种。目前，主要的国外优良蛋鸡品种有海兰蛋鸡、伊莎褐壳蛋鸡、罗曼蛋鸡、尼克蛋鸡。

（2）国内优良蛋鸡品种。国内优良蛋鸡品种有京红1号（北京市华都峪口禽业有限公司培育）、京粉1号（北京市华都峪口禽业有限公司培育）、农大褐3号（中国农业大学培育）、新杨绿壳蛋鸡配套系（上海新杨家禽育种中心培育）、仙居鸡（中国浙江地方品种）、白耳黄鸡（中国江西地方品种）。

二、鸭

（一）生理特性

鸭属于鸟纲、雁形目、鸭科、河鸭属。

1. 早熟 鸭具有早熟性，一般麻鸭16～17周龄开始产蛋，部分鸭80～90d即可见蛋；北京鸭22周龄开始产蛋，樱桃谷肉鸭和狄高鸭26周龄开始产蛋。

2. 生长快 肉用型鸭的生长发育快，如樱桃谷肉鸭在良好的饲养条件下，45日龄体重可达3kg，相当于初生重的60倍。北京鸭56日龄体重可达3kg，狄高肉鸭56日龄体重达3.5kg。

3. 保温性强 成年鸭的大部分体表都覆盖羽毛，能阻碍皮肤表面的蒸发散热，因而具有良好的保温性能。同时由于在腹部具有绒羽毛，所以鸭在寒冷的冬季仍然能下水游泳。

4. 抗热能力差 鸭无汗腺，散热能力较差，比较怕热。在炎热的夏季，鸭子喜欢泡在水里或者在树荫下休息，由于采食时间减少，会导致采食量下降，从而造成产蛋量下降。鸭虽无汗腺，但有许多气囊，用于加强呼吸过程，从而达到通过呼吸改善散热的目的。鸭除了能通过呼吸散热外，还可进入水中，通过水进行传导散热。

5. 新陈代谢旺盛 鸭与其他家禽一样，新陈代谢十分旺盛。正常体温为41.5～43℃，心率每分钟160～210次，呼吸每分钟16～26次，对氧气的需要量大。鸭的活动性强，有发达的肌胃，消化能力强，对饥渴比较敏感，因而需要较多的饲料并频繁的饮水。

6. 繁殖力强 蛋用品种每年可产蛋280～300个，肉用品种每年可产蛋180～220个，兼用品种每年可产蛋160～180个。如果以种蛋合格率95%、入孵蛋孵化率80%、出苗率95%计算，则每只蛋用品种的母鸭每年可以繁殖202～216只鸭，每只肉用品种的母鸭每年可以繁殖130～158只鸭，每只兼用品种的母鸭每年可以繁殖115～130只鸭。

7. 生物习性 鸭的骨骼细，前肢演变成了翅膀，家鸭已失去飞翔能力。由于骨骼细，因而在放牧饲养时，切不可乱赶乱踢。鸭没有牙齿，饲料的磨碎加工基本在肌胃中进行，但鸭具有很多沿着舌边缘分布的乳头，这些乳头与嘴板交错，有助于鸭将饲料磨碎，且具有过滤作用，使鸭能在水中捕到小鱼虾。鸭没有膀胱，尿汇集在输尿管形成白色的尿酸盐结晶体，与粪便同时排出体外。

（二）生长阶段

1. 商品肉鸭 根据肉鸭的生长发育规律和生长曲线变化特点可以将肉鸭从

出壳到上市划分为3个阶段，即育雏期、生长期和育肥期。

（1）快大型肉鸭品种。育雏期、生长期和育肥期分别是0～2周龄、3～5周龄和6周龄至上市。

（2）肉蛋兼用型鸭品种。育雏期、生长期和育肥期分别是0～3周龄、4～8周龄、9周龄至上市。

（3）各阶段的生长发育特点。育雏期肉鸭的心血管系统、消化系统、呼吸系统、运动系统（腿肌、腿骨）发育迅速，胸肌发育缓慢；在生长期，胸肌、羽毛发育迅速；在育肥期，胸肌在持续生长，皮脂和腹脂的生长加快，含量迅速提高。

2. 种鸭 根据生长发育和生产特点，种鸭生长可划分为3个阶段，即育雏期（肉种鸭0～4周龄，蛋种鸭0～3周龄）、育成期（肉种鸭5～25周龄，蛋种鸭4～18周龄）和产蛋期（肉种鸭26周龄～淘汰，蛋种鸭19周龄～淘汰）。

（1）雏鸭。

①怕冷。初生雏鸭绒毛稀疏，体温调节能力差，育雏时要求较高的温度。

②消化机能不健全。雏鸭的消化机能尚未发育健全，消化机能弱，应饲喂易于消化的饲料。

③生长速度极快。一定要供应营养丰富而全价的饲料。

④抗病力差。雏鸭对疾病的抵抗能力较差，容易患白痢、脐炎、大肠杆菌病、病毒性肝炎等疾病，一旦发病，难以控制，引起大批死亡。因此，此阶段要做好疾病的防控，进行严格的消毒，及时进行预防性投药，严格按照免疫程序接种疫苗。

（2）育成鸭。

①生长发育较雏鸭慢。以北京鸭为例，雏鸭的初生重为55g左右，1～21日龄相对生长迅速，从21日龄以后体重的绝对增长量快速增加，42日龄体重达3.0kg左右，56日龄起生长速度逐渐降低，然后趋于平稳增长，北京鸭生长至16周龄时，体重接近成年体重；羽毛的生长表现更突出，初生北京鸭绒羽金黄色，随着雏鸭日龄的增长，毛色逐渐变淡，到2周龄时毛色开始转白，长到28日龄时基本上全呈白色，胸腹部羽毛已长齐，到42日龄时全身羽毛丰满，羽色纯白并带有奶油光泽。

②性器官发育快。为了保证青年鸭的骨骼和肌肉充分生长，应严格防止青年鸭性早熟，这有利于提高种鸭的产蛋性能。

③适应性强。青年鸭羽毛渐渐丰满，体温调节能力和御寒能力增强，对外界气温变化的适应能力也随之加强。随着体重的增长，消化器官增大、消化功能逐步完善，贮存饲料的容积增大，消化能力增强，觅食性强。在育成阶段，肉种鸭能充分利用天然动植物性饲料，使生长发育整齐，为产蛋期打下良好基础。

④可塑性强。鸭有较好的条件反射能力，可以按照人们的需要和自然条件进

行训练，形成良好的、容易管理的生活习惯。在饲养育成鸭的过程中，应根据鸭的生长发育情况，制定出合理的饲养管理措施，培养青年鸭形成良好的生活习惯，为产蛋期饲养管理、生产创造良好条件。对活动力强、善于觅食的青年鸭，要培养其形成良好的采食、生活习惯；对活动能力不强的青年鸭，在每次吃饱后，要注意让其洗澡、运动，促使其快速生长。

⑤对外界敏感。生长发育期的鸭群特别机敏，对外界环境变化特别敏感，容易发生惊群。例如，青年鸭对异常的声音、噪声、陌生人、其他动物等十分敏感，能引发大群骚动。这种骚动能给鸭群造成较大伤害，并可能造成不必要的伤亡。在管理上要创造适宜的安静环境，防止外界环境变化使鸭群产生应激。

（3）产蛋鸭。

①胆大。与青年鸭时期相比，开产以后，产蛋鸭胆子逐渐大起来，敢接近陌生人。

②食量大，食欲好。产蛋鸭无论是圈养或放牧饲养，产蛋鸭（尤其高产鸭）最勤于觅食，早晨醒得早，出舍后四处觅食，喂料时响应迅速，踊跃抢食。

③性情温顺，喜欢离群。开产以后的鸭子，性情变得温驯，进鸭舍后单独伏下，安静休息，不乱跑乱叫，放牧时同样喜欢单独活动。

④代谢旺盛，对饲料要求高。由于连续产蛋，消耗的营养物质较多，如每天产1个蛋，蛋重按65g计算，则需要粗蛋白质8.78g（按全蛋含粗蛋白质13.5%计算）、粗脂肪9.43g（按粗脂肪含量占全蛋的14.5%计算）。此外，还需要大量无机盐和各种维生素。饲料中营养物质不全面，或缺乏某几种元素，则会出现产蛋量下降，产蛋时间推迟，蛋壳粗糙或鸭体重下降，羽毛松乱，食欲不振，反应迟钝，怕下水等状况。所以，产蛋鸭要求饲料质量较高。

⑤要求环境安静，生活有规律。鸭子的产蛋时间正常情况在深夜1：00～2：00，此时夜深人静，没有任何吵扰，满足鸭类繁殖后代的特殊要求。如在此时突然停止光照（停电或煤油灯被风吹灭）或有人走近，则会引起骚乱，出现惊群，影响产蛋。除产蛋时间以外的其他时间，操作规程和饲养环境也要尽量保持稳定，禁止外人随便进出鸭舍，避免各种鸟兽动物在舍内流窜。在管理制度上，何时放鸭，何时喂料，何时休息，都应按次序严格执行。如改变喂料餐数，大幅度调整饲料品种，都会引起鸭子生理机能紊乱，造成减产或停产。

（三）主要品种

1. 肉鸭　目前，市场上养殖的肉鸭品种主要有樱桃谷肉鸭、狄高鸭、枫叶鸭、北京鸭、天府肉鸭、番鸭以及骡鸭等。

（1）樱桃谷肉鸭。樱桃谷鸭是英国樱桃谷公司的产品，它是以北京鸭和埃里斯伯里鸭为亲本，经杂交选育而成的商用品种（图5－4）。目前，世界上已有60多个国家和地区都在饲养樱桃谷鸭，是饲养量最大的肉鸭品种。

樱桃谷肉鸭雏鸭羽毛呈淡黄色，成年鸭全身羽毛白色，少数有零星黑色杂羽；喙橙黄色，少数呈肉红色；胫、蹼橘红色。樱桃谷肉鸭体形硕大，体躯呈长方体状；公鸭头大，颈粗短，有2～4根白色性指羽。开产日龄为180～190d；公母配种比例为1：5，种蛋受精率90%以上。父母代母鸭第1年产蛋量为210～220个，可育出初生雏160只左右；商品代7周龄活重3～3.5kg；料肉比（1.8～2.0）：1。

图5-4　樱桃谷肉鸭

（2）北京鸭。北京鸭原产于我国北京近郊，现已遍及世界各地（图5-5）。北京鸭体型硕大丰满，挺拔强健。头较大，颈粗、中等长度；体躯呈长方体状，前胸突出，背宽平，胸骨长而直；两翅较小，紧附于体躯两侧；尾羽短而上翘，公鸭尾部有2～4根向背部卷曲的性指羽。母鸭腹部丰满，腿粗短，蹼宽厚。喙、胫、蹼呈橙黄色或橘红色；眼的虹彩呈蓝灰色。雏鸭绒毛金黄色，称为“鸭黄”，随着日龄增加颜色逐渐变浅，至4周龄前后变为白色羽毛。选育的鸭群年产蛋量为200～240个，蛋重90～95g，蛋壳呈白色。性成熟期150～180日龄。公母配种比例1：（4～6），受精率90%以上，受精蛋孵化率为80%左右。一般生产场每只母鸭可年产80只左右的肉鸭苗。商品肉鸭7周龄体重3.0kg以上。料肉比为（2.8～3.0）：1。北京鸭有较好的肥肝性能，填肥2～3周，肥肝重可达300～400g。

图5-5　北京鸭

（3）骡鸭。采用瘤头鸭公鸭与家鸭的母鸭杂交，产出属间的远缘杂交鸭，称为半番鸭或骡鸭（图 5－6）。骡鸭生长迅速，饲料转化率高，肉质好，抗逆性强。8 周龄平均体重 2.16kg。成年公鸭的半净膛屠宰率 81.4%，全净膛屠宰率 74%；成年母鸭的半净膛屠宰率 84.9%，全净膛屠宰率 75%。胸腿肌发达，公鸭胸腿重占全净膛的 29.63%，母鸭为 29.74%。据测定，鸭肉的蛋白质含量高达 33%～34%，福建和台湾当地人视此鸭肉为上等滋补品。10～12 周龄的瘤头鸭经填饲 2～3 周，肥肝可达 300～353g，肝料比 1∶（30～32）。

图 5－6　骡鸭

2. 蛋鸭

（1）绍兴鸭。绍兴鸭体型小巧、体躯狭长，嘴长颈细，背平直腹大，腹部丰满下垂，站立或行走时躯体向前昂展，倾斜呈 45°，似“琵琶”状（图 5－7）。根据毛色特点不同，可分为红毛绿翼梢系、带圈白翼梢系。绍兴鸭平均开产日龄 104d，平均年产蛋数 307 个，平均蛋重 67g；种蛋平均受精率 95%，平均受精蛋孵化率 89%，无就巢性。

图 5－7　绍兴鸭

（2）金定鸭。金定鸭虹彩呈褐色，皮肤呈白色，胫、蹼橘红色，爪呈黑色（图 5－8）。公鸭头大颈粗，胸宽背阔，腹平，身体略成长方体状，腿粗大有力，喙黄绿色，头颈上部羽毛为深孔雀绿色，具金属光泽。经选育的金定鸭高产系50%开产日龄为139d，500日龄平均产蛋数为288个，平均蛋重72g，蛋壳颜色为绿色。公母鸭配比1∶20时，平均种蛋受精率91%，平均受精蛋孵化率90%，每只母鸭可提供健康母雏95只。

图5-8　金定鸭

（3）连城白鸭。连城白鸭公母鸭外貌极为相似，体躯细长、紧凑，颈细长、胸浅窄、腰平直、腹钝圆且略下垂，躯干狭长（图5-9）。全身羽毛紧贴，呈白色。头修长；喙宽、前端稍扁平，呈黑色，部分公鸭喙呈青绿色；眼圆大、外突、形似青蛙眼；皮肤呈白色；胫、蹼均呈黑褐色，爪黑色。成年公鸭尾端有3～5根卷曲的性羽。

图5-9　连城白鸭

连城白鸭见蛋日龄为90～100d，50%开产日龄为118～125d；300日龄平均产蛋数为122.5个，平均蛋重63g。在公母比例为1∶（20～30）（早春1∶20，夏秋1∶30）条件下，舍饲鸭群平均种蛋受精率87.5%，平均受精蛋孵化率90.8%；放牧鸭群种蛋受精率可超过92%，受精蛋孵化率93%以上，无就巢性。

3. 兼用型鸭

（1）高邮鸭。高邮鸭是我国三大名鸭之一，体型较大，体躯呈长方体状

(图 5－10)。喙豆呈黑色，虹彩呈褐色，皮肤呈白色或浅黄色。公鸭背阔肩宽，胸深，体躯长。喙呈青色略带微黄。头和颈上部羽毛为深孔雀绿色，背、腰部羽毛为棕褐色，胸部羽毛为棕黑色，腹部羽毛灰白色，胫呈橘黄色。母鸭细颈，长身，喙呈青灰色或微黄色，少数呈橘黄色，全身羽毛为浅麻色，花纹细小，镜羽蓝绿色，胫多呈青灰色。

图 5－10　高邮鸭

在舍饲条件下，高邮鸭 56 日龄公、母鸭平均体重为 2 480g，饲料转化率为 3.4∶1。初生～21d 成活率为 96%，22～56d 成活率为 97.8%，50%产蛋率日龄 170～190d，500 日龄产蛋数 190～200 个，蛋重 84g；公母配比 1∶（20～30）时，圈养方式下种蛋受精率为 86%～90%，放牧饲养下种蛋受精率为 90%～93%，平均受精蛋孵化率 90%。

（2）建昌鸭。建昌鸭体型较大，形似平底船，羽毛丰满，尾羽呈三角形向上翘起（图 5－11）。头大、颈粗，喙宽、喙豆呈黑色，胫、蹼呈橘黄色，爪呈黑色。公鸭喙多呈草黄色。头、颈上部羽毛呈翠绿色，颈部下 1/3 处多有一白色颈圈；颈下部、前胸及鞍部羽毛红棕色；腹部羽毛银灰色；尾羽为黑色，向上翘起，尾端有 2～4 根性羽向背部卷曲，俗称“绿头红胸、银肚、青嘴公”。母鸭喙多呈橘黄色，全身羽毛以黄麻色居多，褐麻和黑白花次之。

图 5－11　建昌鸭

建昌鸭开产日龄为 180d 左右，年产蛋数为 140～150 个，平均蛋重 75g，种蛋受精率为 92%～94%，受精蛋孵化率为 94%～96%。

三、鹅

（一）生理特性

鹅属于鸟纲、雁形目、鸭科、雁属。

1. 季节性　鹅繁殖存在明显的季节性，绝大多数品种在气温升高、日照延长的6—9月，卵黄生长和排卵停止，接着卵巢萎缩，进入休产期，一直至秋末天气转凉时才开产，主要产蛋期在冬春两季，即9月或10月开始至次年4月或5月结束。

2. 就巢性（抱性）　我国鹅种一般就巢性很强，除四川白鹅、太湖鹅、豁眼鹅、籽鹅等品种外，绝大多数大中型鹅种及部分小型鹅种都有就巢性，在一个繁殖周期中，每产1窝蛋（8～12个）后，就要停产抱窝，直至小鹅孵出。

3. 择偶性　在小群饲养时，每只公鹅常与几只固定的母鹅配种，当重新组群后，公鹅与不熟识的母鹅互相分离，互不交配，这种现象在年龄较大的种鹅中更为明显。不同个体、品种、年龄和群体之间都有选择性，这一特性严重影响受精率。因此，组群要早，让它们年轻时就生活在一起，产生"感情"，形成默契，提高受精率。但不同品种择偶性的严格程度是有差异的，大群饲养则择偶性下降。

4. 迟熟性　鹅是长寿动物，成熟期和利用年限都比较长。一般中小型鹅的性成熟期为6～8个月，大型鹅种则更长。母鹅利用年限一般可达5年左右，公鹅也可以利用3年以上。

5. 喜水性　鹅喜欢在水中觅食、嬉戏和求偶交配。鹅只有在休息和产蛋的时候，才回到陆地上。因此，宽阔的水域、良好的水源是养好鹅的重要条件。对于采取舍饲方式饲养的种鹅或仔鹅，最好也要设置一些人工小水池，以供鹅洗浴及种鹅交配之用。规模化饲养的商品仔鹅虽然喜水，但仍可实现全程旱养。

6. 合群性　鹅有很强的合群性，不喜殴斗，因此这种合群性使鹅适于大群放牧饲养和圈养，管理也较容易。

7. 耐寒、怕热　鹅全身覆盖羽毛，这些羽毛起着隔热保温作用，鹅的皮下脂肪较厚，因而具有很强的耐寒性。鹅的尾脂腺发达，尾脂腺分泌物中含有脂肪、卵磷脂、高级醇。鹅在梳理羽毛时，经常压迫尾脂腺，挤出分泌物，再用喙涂擦全身羽毛，来润泽羽毛，使羽毛不被水所浸湿，起到防水御寒的作用。在炎热的夏季，鹅比较怕热，喜欢泡在水里，或者在树荫下休息，觅食时间减少，采食量下降，产蛋量下降或停产。

8. 喜食草，觅食力强　鹅可利用的饲料品种比其他家禽广，觅食力强，能采食各种精饲料、粗饲料和青绿饲料，同时还善于觅食水生植物。由于鹅的味觉并不发达，对饲料的适口性要求不高，对凡是无酸败、异味的饲料都会无选择地大口吞咽。鹅的食管容积大，能容纳较多的食物，肌胃强而有力，可借助砂砾较快地磨碎饲料。雏鹅对异物和食物无辨别能力，常常把异物当成饲料吞食，因此对育雏期的管理要求较高，垫草不宜过碎。

9. 敏感性 鹅较性急、胆小，容易受惊而高声鸣叫，导致互相挤压和践踏。因此，要尽可能保持鹅舍的安静，以免造成损失。人接近鹅群时，也要事先做出鹅熟悉的声音，以免鹅骤然受惊而影响采食或产蛋。同时，也要防止猫、犬、老鼠等动物进入圈舍。

10. 夜间产蛋性 禽类大多数都是白天产蛋，而鹅是夜间产蛋，一般集中在凌晨，这一特性为种鹅的白天放牧提供了方便。产蛋窝不足，会导致部分鹅推迟产蛋时间，因此，鹅舍内产蛋窝位要充足，垫草要定期更换。

11. 生活的节率性 鹅具有良好的条件反射能力，活动节奏表现出极高规律性。放牧、收牧、交配、采食、洗羽、歇息、产蛋都有比较固定的时间。而且鹅的这种生活节奏一经形成便不易改变。如原来日喂 4 次的鹅群，突然改为 3 次，鹅会很不习惯，并会在原来喂第 4 次的时候，自动群集鸣叫、骚乱；如原来的产蛋窝被移动后，鹅会拒绝产蛋或随地产蛋；如早晨放牧过早，有的种鹅还未产蛋即跟着出牧，当到产蛋时间时这些鹅会急急忙忙赶回自己的窝内产蛋。因此，一经制定的操作管理日程不要轻易改变。

12. 摄食性 鹅喙呈扁平铲状，进食时不像鸡那样啄食，而是铲食，铲进一口后，抬头吞下，然后再重复上述动作。这就要求补饲时，食槽要有一定高度，平底，且有一定宽度。鹅没有鸡那样的嗉囊，因此鹅每天必须采食足够的次数，防止饥饿。一般每间隔 2 小时采食 1 次，小鹅采食间隔的时间就更短一些，每天必须在 7～8 次以上，因此夜间补饲更为重要。

（二）生长阶段

1. 商品肉鹅 肉鹅从出壳到上市一般划分为 3 个阶段，即育雏期（0～4 周龄）、生长期（5～8 周龄）和育肥期（9 周龄～上市）。

2. 种鹅 根据生长发育和生产特点，种鹅生长可划分为 3 个阶段，即育雏期（0～4 周龄）、育成期（5～28 周龄）和产蛋期（28 周龄～淘汰）。

（三）主要品种

1. 鹅的分类

（1）按体重分。鹅按体重大小分为大型品种鹅、中型品种鹅和小型品种鹅。大型品种鹅：公鹅体重为 10～12kg，母鹅为 6～10kg，如狮头鹅和图卢兹鹅。中型品种鹅：公鹅体重为 5.1～6.5kg，母鹅为 4.4～5.5kg，如浙东白鹅和莱茵鹅。小型品种鹅：公鹅体重为 3.7～5kg，母鹅为 3.1～4.0kg，如豁眼鹅和太湖鹅。

（2）按经济用途分。根据人们对鹅产品的需要和鹅品种自身的特点，可将鹅分为肉用和肝用2种。为此开展的相关专门化品系选育，取得了较大的进步，已经选育出了用于肥肝生产的专用品种（如朗德鹅）和肉用品种（如莱茵鹅和白罗曼鹅等）。我国地方鹅种以肉用为主，部分品种在部分地区兼有绒用和蛋用功能。

2. 国内地方鹅种

（1）狮头鹅。狮头鹅原产于广东省饶平县，属大型鹅种，是世界上3个大型鹅种之一（图5-12）。头大颈粗，背部羽毛及翼羽呈棕色，胸、腹部羽毛呈白色或灰白色。成年公鹅左右颊侧各有一对大、小对称的黑色肉瘤；喙短，呈黑色；颌下咽袋发达，有腹褶；胫、蹼呈橘红色，有黑斑。产地现已从原有鹅群中分离出白羽系，其体型体重与灰羽鹅相似。成年公鹅平均体重8.3kg，成年母鹅平均体重7.5kg。开产日龄235d，年产蛋数26～29个，蛋重212g，就巢性强。10周龄体重公肉鹅为6.2kg，母肉鹅为5.3kg。

图5-12　狮头鹅

（2）浙东白鹅。浙东白鹅原产于浙江省浙东地区，属中型鹅种（图5-13）。

图5-13　浙东白鹅

全身羽毛白色。公鹅肉瘤高突；母鹅颈细长，腹部大而下垂；喙、肉瘤、胫、蹼呈橘黄色。成年公鹅平均体重为6kg，成年母鹅平均体重为4.7kg。开产日龄130～150d，年产蛋数28～40个，蛋重162g，就巢性强。9周龄体重公肉鹅为4.88kg，母肉鹅为3.84kg。

（3）四川白鹅。四川白鹅原产于四川、重庆的平坝和丘陵水稻产区，属中型鹅种（图5－14）。全身羽毛呈白色。公鹅体型稍大，额部有半圆形的肉瘤，颌下咽袋不明显；母鹅体型稍小，肉瘤不明显，无咽袋，腹部稍下垂，少数有腹褶。喙、胫、蹼呈橘黄色。成年公鹅平均体重4.5kg，成年母鹅平均体重4kg。开产日龄200～240d，年产蛋数60～80个，蛋重146g，无就巢性。10周龄体重公鹅3.5kg，母鹅3kg。

图5－14　四川白鹅

（4）豁眼鹅。豁眼鹅原产于山东省烟台市的莱阳地区和辽宁省昌图县，属小型鹅种（图5－15）。全身羽毛为白色，肉瘤呈黄色，喙呈橘黄色，颌下偶有咽袋。典型特征是眼睑为三角形，上眼睑有豁口。胫、蹼呈橘黄色。成年公鹅平均体重4.1kg，成年母鹅平均体重3.7kg。开产日龄190d，年产蛋数80～120个，蛋重130g，无就巢性。肉鹅10周龄平均体重3.08kg。

图5－15　豁眼鹅

（5）太湖鹅。太湖鹅原产于江苏、浙江的太湖流域，属小型鹅种。全身羽毛呈白色，部分鹅在眼梢、头顶部、腰背部出现少量灰褐色羽毛（图 5－16）。肉瘤呈淡黄色，喙、胫、蹼呈橘红色。公鹅肉瘤大而突出；大部分母鹅有腹褶。成年公鹅平均体重 3.6kg，成年母鹅平均体重 3.2kg。开产日龄 180～200d，年产蛋数 60～90 个，蛋重 135～142g，无就巢性。肉鹅 10 周龄平均体重 2.71kg。

图 5－16　太湖鹅

3. 国外引进品种

（1）莱茵鹅。莱茵鹅原产于德国的莱茵州，在欧洲大陆分布很广，产蛋量较高，属中型鹅种。全身羽毛白色，无肉瘤，虹彩蓝色，喙、胫、蹼均呈橘黄色。成年公鹅体重 5～6kg，成年母鹅体重 4.5～5kg。开产日龄 210～240d，年产蛋数 50～60 个，蛋重 150～190g。8 周龄平均体重 4～4.5kg。

（2）朗德鹅。朗德鹅原产于法国西南部靠比斯开湾的朗德省，是世界著名的肥肝专用品种，属中型鹅种。羽毛灰褐色，少数白羽或灰白羽，喙、胫、蹼橘黄色。成年公鹅体重 7～8kg，成年母鹅体重 6～7kg。开产日龄 210d，年产蛋数 30～40个，蛋重 160～200g。仔鹅 8 周龄体重 4.5kg 左右，肉用仔鹅经填肥后重达 10～11kg。肥肝均重 700～800g。

（3）白罗曼鹅。白罗曼鹅原产于意大利，属于中型鹅种。经我国台湾地区引进和培育成为台湾主要的肉鹅生产品种。全身羽毛白色，虹彩蓝色，喙、胫、蹼均呈橘红色。其体型明显的特点是“圆”，颈短，背短、体躯短。成年公鹅体重 7～8kg，成年母鹅体重 6～7kg。年产蛋数 40～45 个，肉鹅 10 周龄平均重 4.5～5kg。

（4）霍尔多巴吉鹅。霍尔多巴吉鹅原产于匈牙利，属于中型鹅种。全身羽毛白色，无肉瘤，虹彩蓝色，喙、胫、蹼均呈橘红色。成年公鹅体重 5～6kg，成年母鹅体重 4.5～5kg。年产蛋数 40～50 个，肉鹅 8 周龄平均体重 4～4.5kg。

4. 培育品种

（1）扬州鹅。扬州鹅由扬州大学和扬州市农业农村局共同培育的新品种，属中型鹅种（图 5 - 17）。全身羽毛白色，偶见在眼梢或腰背部呈少量灰黑色羽毛个体。肉瘤呈橘黄色，公鹅肉瘤大于母鹅。喙、胫、蹼呈淡橘红色。成年公鹅平均体重 5.2kg，成年母鹅平均体重 4.2kg。开产日龄 185～200d，年产蛋数 65～75 个，蛋重 140g，无就巢性。肉鹅 10 周龄平均体重 3.62kg。

图 5 - 17　扬州鹅

（2）天府肉鹅。天府肉鹅是由四川农业大学家禽育种试验场培育的肉鹅配套系。母鹅全身羽毛白色，喙橘黄色，头清秀，颈细长，肉瘤不太明显。公鹅体型中等偏大，额上无肉瘤，颈粗短，成年时全身羽毛洁白。成年公鹅体重 5.4kg，成年母鹅体重 4kg。开产日龄 200～210d，年产蛋数 85～90 个，蛋重 140g，无就巢性。商品代肉鹅 10 周龄平均体重 3.92kg。

第二节　养殖条件

一、禽舍

（一）场址选择及布局规划

育种、营养与科学饲养管理、疾病防治、科学的经营管理、畜牧工程措施是现代养禽生产的五大支柱，而且是一个有机的整体，任何一个环节出现问题，都会造成严重的经济损失。现代化的养殖企业在前四个方面建立起完善的技术体系，在激烈竞争的市场条件下，条件稍差的企业或个体户也能享受到很好的售后技术服务，相关技术问题能够得到妥善解决。而禽场（舍）选址和建筑设计等畜牧工程技术容易被忽视，造成禽场（舍）环境难以控制，为环境条件和疾病控制等埋下安全隐患，且禽场（舍）固定资产投资大，不容易改建，影响时间长，因此应充分重视禽场的选址、规划和禽舍的设计建设等畜牧工程措施，做到禽场（舍）建设标准化，为今后长远发展奠定坚实的基础。

场址选择首先应考虑当地土地利用发展计划和村镇建设发展计划，其次应符合环境保护的要求，在水资源保护区、旅游区、自然保护区等绝不能投资建场，以避免建成后的拆迁造成各种资源浪费。满足规划和环保要求后，才能综合考虑拟建场地的自然条件（包括地势、地形、土质、水源、气候条件等）、社会条件（包括水、电、交通等）和卫生防疫条件，决定建场地址。场址应地势高燥、平坦，位于居民区及公共建筑群下风向。不能选择山谷洼地等易受洪涝威胁地段和环境污染严重区。应尽可能用非耕地，在丘陵山地建场要选择向阳坡，坡度不超过20°，土壤质量符合国家标准的规定，满足建设工程需要的水文地质和工程地质条件，水源充足，取用方便，便于保护，电力充足可靠，符合国家标准的要求。

在禽场选址过程中应给予卫生防疫条件足够的重视，兽医卫生防疫条件的好坏是鸡场成败的关键因素之一。要特别注意附近是否有畜牧兽医站、畜牧场、集贸市场、屠宰场，以及与拟建场的方位关系、隔离条件的好坏等，应远离上述污染源。

不管饲养什么类型、什么品种、什么代次禽的禽场（舍），在考虑规划布局问题时，均要以有利于防疫、排污和生活为原则。尤其应考虑风向和地势，通过鸡场内各建筑物的合理布局来减少疫病的发生，有效控制疫病。

（二）禽舍的一般性要求

1. 鸡舍的一般性要求 鸡舍的合理设计，可以使温度、湿度等控制在适宜的范围内，为鸡群充分发挥遗传潜力，实现最大经济效益创造必要的环境条件。

不论是密闭式鸡舍，还是开放式鸡舍，通风和保温以及光照设计是关键，是维持鸡舍良好环境条件的重要保证，且可以有效地降低成本。

2. 鸭舍的一般性要求 现代禽舍建筑的基本要求是保温、防暑、防潮、光线充足、易于饲养管理。

（1）保温、防暑性能好。育雏舍的保温隔热性能必须要好，其他鸭舍要有利于夏季防暑。

（2）空气调节良好。鸭舍规模无论大小，都必须通风良好，能够保证空气新鲜。

（3）光照充足。主要采用自然光照。充足的阳光照射，特别是冬季可提高鸭舍温度、消灭病原微生物等。

（4）便于冲洗、消毒、防疫和排水。地基和地面最好采用混凝土结构，防止啮齿动物打洞钻入鸭舍。鸭舍的入口处应设消毒池。

3. 鹅舍的一般性要求 鹅舍的建筑设计，总的要求是冬暖夏凉，阳光充足，空气流通，干燥防潮，经济耐用，且设在靠近水源、地势较高而又有一定坡度的地方。鹅是水禽，但鹅舍内忌潮湿，特别是雏鹅舍更要注意。因此，应保持鹅舍高燥、排水良好、通风，且地面应有一定厚度的沙质土。

为降低养鹅成本，鹅舍的建筑材料应就地取材，可建造竹木结构或泥木结构的简易鹅舍，也可建造砖混结构的鹅舍。

（三）配套设施

禽厂需要大量机械设备来支撑其运转，根据其功能不同，又可以分成不同的类别，主要功能和类别见表5-1。

表5-1　鹅舍配套设施及功能

设备名称	主要功能
环境控制设备	提供光照、通风、湿垫风机降温、热风炉供暖
育雏设备	加热保温
笼具设备	提供饲养场所
饮水设备	提供饮水
喂料设备	饲料输送、喂料等
清粪设备	粪污清理等
孵化设备	种蛋运输、分级、清洗、孵化等

二、饲料

（一）家禽的营养需要

饲料费约占家禽经营成本65%，因此要降低家禽的生产成本，首先应降低饲料成本。饲料费的降低不外乎通过提高饲料转化率，给予经济而又能满足家禽营养需要的完全平衡日粮，减少给饲时饲料的浪费等途径。

（二）家禽的饲料配方

饲料是家禽生产的物质基础，饲料配方的优劣，直接关系到养殖企业（户）经济效益的高低。因此，正确设计饲料配方，对畜牧业生产获得最大的经济效益具有十分重要的意义。

饲料配方容纳与包含了现代动物营养、饲料、原料特性与分析、质量控制等先进知识。各项营养指标必须建立在科学的标准基础上，能够满足动物在不同阶段对各种成分的需要，指标之间具备合理的比例关系，生产出的饲料具有良好的适口性和利用效率。科学性是饲料配方设计的基本原则。

（三）配制和选用饲料注意事项

1. 饲料配制过程中应注意的问题　参考颁布的营养标准，结合所饲品种的生理特点确定适宜的营养标准；同时考虑营养的平衡、全价、有效等因素。禽类饲料配方要注意能量蛋白质比例是否适当。任何饲料配方都要实现钙、磷比例协调以及矿物质元素和多种维生素的全面适量添加。要根据品种、生长阶段来决定粗饲料与精饲料、蛋白质饲料与能量饲料以及各种添加剂的用量，否则，都会因使用不当，造成消化吸收率降低。

2. 如何选择商用配合饲料 按饲料的组成划分，饲料可以分为四类，即预混料、浓缩饲料、全价饲料和精饲料补充料。预混料全名叫添加剂预混合饲料，它是由各种添加剂加上载体或稀释剂组成，是配合饲料的最初级产品，不能单独使用。浓缩饲料是由添加剂预混料加上矿物质饲料和蛋白质饲料组成，是配合饲料的一种常用的半成品，也不能单独使用。全价饲料即全价配合饲料，由浓缩饲料加上能量饲料组成，属于成品饲料，可单独饲喂。精饲料补充料指为了补充以粗饲料、青饲料、青贮饲料为基础的草食动物的营养而用多种饲料原料按一定比例配制的饲料，也称混合精饲料，主要由能量饲料、蛋白质饲料、矿物质饲料和部分饲料添加剂组成。精饲料补充料营养不全价，不单独构成饲粮，仅组成草食动物日粮的一部分，用以补充采食饲草不足的那一部分营养。

选料要做到“三忌”：一忌只看价格。价位高的饲料不一定全是好饲料，价位低的饲料不一定是不好的饲料。二忌盲目选择。盲目选择者的思想基础是“都差不多”，这显然不是事实。三忌人云亦云。市场经济的各个领域都是复杂多变的，饲料业也是如此，要相信自己的眼睛，不要相信自己的耳朵。购料要做到“三不”：不购买不卫生的饲料；不购买贮存时间过长的饲料；不购买饲料标签不规范的饲料。

三、管理要点

（一）种蛋的管理

种蛋收集后需要进行筛选，经过消毒后才能进行孵化，有时还要进行运输和短期的贮存。种蛋的质量受种禽质量、种蛋保存条件等因素的影响，种蛋质量的好坏会影响种蛋的受精率、孵化率以及雏禽的质量。

为了提供高种蛋的质量，首先要求种禽生产性能高、饲料营养全面、管理良好、种蛋受精率高、无传染性疾病，尤其是要杜绝或严格控制经蛋传播的疾病。对于种鸡，经蛋传的疾病主要有白痢、白血病和支原体病等。

禽蛋从产出到入库或入孵前，会受到泄殖腔排泄物不同程度的污染，在禽舍内受空气、设备等环境污染。因此，禽蛋的表面附着许多细菌。虽然禽蛋有数层保护结构，可部分阻止细菌侵入，但是不可能全部阻止，随着时间的推移，细菌数迅速增加。细菌进入禽蛋内会迅速繁殖，有时在孵化器内爆裂，污染整个孵化器，对孵化率和雏禽健康有很大影响。因此，种蛋应进行认真消毒。

为了减少细菌穿透蛋壳的数量，种蛋产下后应马上进行第1次消毒，大型种禽场应尽量做到每天多收集几次种蛋，收集后立即进行消毒。种蛋入孵后，可在入孵器内进行第2次熏蒸消毒。种蛋移盘后在出雏器进行第3次熏蒸消毒。种蛋消毒的方法有很多种，在生产中经常使用的是一些操作简单而且能在鸡蛋产下后迅速采取的方法。

如果种蛋贮存时间不超过1周，则要求种蛋库的保存温度是15～18℃；如果种蛋贮存时间为1周以上，则要求蛋库的贮存温度更低，在12～15℃保存时孵化效果所受影响最小，种蛋保存期间应保持温度的相对恒定，最忌温度忽高忽低。

（二）家禽的饲养环境控制

在家禽工厂化生产的今天，饲养环境对家禽生产性能的影响程度越来越显著。家禽的饲养环境可直接影响家禽的生长、发育、繁殖、产蛋、育肥和健康。通过人为控制家禽的饲养环境，使其尽可能满足家禽的最适需要，充分发挥家禽的遗传潜力，减少疾病的发生频率，降低生产风险和成本。

1. 禽舍类型　家禽集约化饲养需要建设禽舍，禽舍的类型成为环境控制的前提。禽舍的类型可以分为开放式、封闭式以及开放和封闭结合式3种类型。

2. 禽舍的温热环境控制　禽舍内的热量主要来自家禽自身的产热量，产热量的大小和家禽的类型、饲料能量值、环境温度、相对湿度等有关。相同体重的肉鸡与蛋鸡，由于肉鸡生长比蛋鸡快，因此肉鸡产热量高；体重较大的鸡单位体重产热量少。降低禽舍温度能增加家禽的散热量，在夏季需要通过通风将家禽产生的过多热量排出禽舍，以降低舍内温度；在天气寒冷时，家禽所产生的大部分热量必须保持在舍内以提高舍内温度。

刚孵化出的雏禽一般需要较高的环境温度，但是在高温低湿时容易脱水，最适宜温度为33～35℃。对成年家禽来讲，适宜温度范围（13～25℃）对其能否达到理想生产指标很重要，成年家禽在超出或低于这个温度范围时饲料转化率降低。蛋鸡的适宜温度范围更小，尤其在超过30℃时，产蛋减少，而且每枚蛋的耗料量增加。在较高环境温度下（大约25℃以上），蛋重开始降低，27℃时产蛋数、蛋重、总蛋重降低，蛋壳厚度迅速降低，同时死亡率增加；37.5℃时产蛋量急剧下降；43℃以上超过3h，鸡就会死亡。

相对来讲，冷应激对育成禽和产蛋禽的影响较小。成年家禽可以抵抗0℃以下的低温，但是饲料转化率降低，同时换羽和羽毛多少也会影响家禽抵御低温的能力。雏禽在最初几周因体温调节机制发育不健全，羽毛还未完全长出，保温性能差，10℃的温度下就可以致死。各种家禽不同的饲养阶段对舍内温度要求不同（表5-2至5-5），鸭和鹅对温度的敏感性要比鸡低，对低温和高温（在有水的情况下）的耐受性均比鸡高。

表 5-2　蛋鸡舍的温度要求

蛋鸡	最佳温度（℃）	最高温度（℃）	最低温度（℃）	备注
0～4 周龄雏鸡（育雏伞）	22	27	10	育雏区温度 33～35℃，第 4 周降至 21℃
整室加热育雏	34	36	32	0～3 日龄
育成鸡	18	27	10	
产蛋鸡	24～27	30	8	

表 5-3　肉鸡舍的温度要求

肉鸡	最佳温度（℃）	最高温度（℃）	最低温度（℃）	备注
0～4 周龄雏鸡（育雏伞）	24	30	20	育雏区温度 33～35℃，第 4 周降至 21℃
4～8 周龄生长鸡	20～25	30	10	
整室加热育雏	34	36	32	0～3 日龄
成年种鸡	18	27	8	

表 5-4　鸭舍的温度要求

鸭	最佳温度（℃）	最高温度（℃）	最低温度（℃）	备注
0～2 周龄雏鸭（育雏伞）	22	30	18	育雏区温度 33～35℃，第 4 周降至 21℃
4～8 周龄生长鸭	20～25	32	8	
整室加热育雏	32	35	28	第 1 周
成年种鸭	18	30	6	

表 5-5　鹅舍的温度要求

鹅	最佳温度（℃）	最高温度（℃）	最低温度（℃）	备注
0～3 周龄雏鹅	19～29	—	—	每周下降 2℃，第 4 周降至 18℃
3 周龄以后	18	—	—	
成年鹅	18	—	—	

禽舍内温度是否合适，可以通过雏禽的表现来判断。温度过高，雏禽会远离热源，张嘴呼吸，垂翅；温度过低，雏禽会在靠近热源的地方扎堆、尖叫；温度合适，雏禽表现安详、均匀分布。

湿度对家禽的影响只有在高温或低温情况下才明显，在适宜温度下无大的影响。高温时，鸡主要通过蒸发散热，如果湿度较大，会阻碍蒸发散热，造成高温应激。低温高湿环境下，鸡失热较多，采食量加大，饲料消耗增加，严寒时会降低生产性能。低湿容易引起雏鸡的脱水反应，羽毛生长不良。鸡只适宜的湿度为60%～65%，但是只要环境温度不偏高或偏低，湿度在40%～72%范围内也能适应。

3. 光照管理 根据鸡对光照颜色的反应，禽舍育成期环境可采用红色光照，产蛋期采用绿色光照。开放式禽舍由于自然光属于不同波长的光混合而成的复合白光，所以一般采用白炽灯泡或荧光灯作为补充光源。白炽灯和荧光灯相比，产热多，光效低，耗电量大，但是其价格便宜，投资少，容易启动，所以两种光源都有使用的价值。从长远来讲，荧光灯的价值更高。

调节光照度的目的是控制家禽的活动性，因此，禽舍的光照强度要根据鸡的视觉和生理需要而定，过强过弱均会带来不良的后果。表5-6列出了不同类型的鸡需要的光照强度，其他家禽的光照强度也可参照执行。

表5-6 鸡对光照强度的需求

项目	年龄	光照强度			
		W/m^2	最佳	最大	最小
雏鸡	1～7日龄	4～5	30	—	10
育雏育成鸡	2～20日龄	2	5	10	2
产蛋鸡	20周龄以上	3～4	7.5	20	5
肉种鸡	30周龄以上	5～6	30	30	10

4. 禽舍空气质量的控制 舍饲家禽的饲养密度较大，每天产生大量的废气和有害气体。为了排出水分和有害气体，补充氧气，并保持适宜温度，必须使禽舍内的空气流通。

禽舍通风按通风的动力方式不同，可分为自然通风、机械通风和混合通风3种。机械通风又主要分为正压通风、负压通风。根据禽舍内气流组织方向，禽舍通风分为横向通风和纵向通风。

第三节 产业发展情况

（一）养殖技术的发展

在肉鸡养殖规模化程度不断提高的同时，全封闭式鸡舍以及自动喂料、饮水、消毒等自动化设备设施得到了大面积使用，养殖过程中的生产规范化、防疫制度化和粪污处理环保化逐渐成为常态和标准配置。2012 年全国共有 250 家养殖场创建为标准化肉鸡示范场，显然肉鸡养殖业的快速发展提升了我国畜牧业标准化规模生产能力。

家禽产业的不断创新与进步对畜牧业的发展起到巨大推动作用，但伴随着家禽业的迅速发展，环境污染、畜产品安全、疫病增多等问题也不断出现。近年来，许多学者、专家提出“健康养殖”概念，用之于家禽则可表述为：一种新型的家禽可持续发展产业，以安全、优质、高效、无公害为主要内涵，注重数量、质量、生态、效益协调发展。目前较为常见的有以下几种：果园林下放养模式、种样结合模式、发酵床生态养殖模式、离地网上平养模式。

（二）肉鸡养殖产业的发展与成就

1. 肉鸡生产总量持续增长　与中国实行对内改革、对外开放 40 年同步，中国肉鸡产业在 40 年间取得了长足发展。肉鸡产业的发展格局不断演变，发展模式不断完善，养殖方式持续改进，经营模式持续变化，技术同步提升，人才同步发展，企业一步步发展壮大，企业家一步步成长走向成功，国际交流和合作逐步加强。与此同时，在鸡肉生产和消费方面及均取得飞速发展，产量已跃居全球第 3 位，仅次于巴西和美国。

40 年来，中国肉鸡生产与消费增长每年均以全球肉鸡生产年增速的 2～3 倍飞速发展。据联合国粮农组织 2019 年更新的数据显示，从 1978 年到 2017 年，中国肉鸡出栏量从 8.75 亿只增长到 94.01 亿只，增长 9.74 倍，平均增长率为 24.3%；1985 年为历史拐点，此后肉鸡出栏量增长加速；在 2012 年突破 90 亿只后，受 H7N9 流感影响肉鸡出栏量出现下降趋势；2016 年肉鸡出栏量开始回升，达到 95.25 亿只的历史最高点。同期，中国肉鸡年存栏量从 7.79 亿只增长到 48.77 亿只，增长了 5.26 倍，平均增长率 13.2%；1978—1998 年，中国肉鸡年存栏量与出栏量差距不明显，在 1998 年二者差距下降到低点后，逐渐增大且逐年上升，到 2010 年二者差距达到高点后回落，在 2014 年降低到 45.40 亿只的低点，此后逐渐回升。

40 年来，全球肉鸡年出栏量从 162.15 亿只增加到占 666.67 亿只（2013 年，全球肉鸡出栏量跨过 600 亿只关口）。从 1978 年到 2017 年，中国鸡肉产量从 87.5 万 t 增长到 1 285.6 万 t，增长 13.7 倍，平均增长率 34.2%。全球鸡肉产量从 2 003.29 万 t 增加到 1.09 亿 t（2014 年，全球鸡肉产量突破 1 亿 t 大关）。

2. 人均鸡肉的消费水平及占肉类消费比例不断增加　鸡肉是我国消费人群最广的肉类产品。改革开放前，受供给约束限制，我国包括鸡肉在内的所有畜产品消费处于低水平阶段。从 1978 年到 2017 年，中国鸡肉人均占有量从 0.91kg 增加到 9.12kg，增长了 9 倍；2012 年，冲破 9kg 关口，达到 9.18kg；2013 年，这一数据达到9.25kg的历史高点；受H7N9流感疫情影响，鸡肉年人均占有量在2014年和2015年分别下降到8.82kg和8.64kg。

联合国粮农组织2019年发布了1991年后的全球鸡肉产值。从28年的变化轨迹来看，中国与全球的鸡肉产值变化具有一定的相似特征。从1991年到2002年，增长均比较缓慢。2002年后均出现明显上升趋势，2013年分别升至历史高点，中国鸡肉产值达到388.78亿美元，全球鸡肉产值达到2 325.05亿美元。此后，受禽流感疫情的影响，中国与全球的鸡肉产值均出现了明显下滑。

3. 肉鸡产业化发展体系基本完成 中国肉鸡产业经过40年的快速发展，已实现了从传统饲养模式向现代化养殖模式的转变：首先，肉鸡产业是中国农业产业发展中成功的代表，它已成为农业产业化最完善、市场化运作最典型、与国际接轨最直接的行业。其次，中国肉鸡产业是科技进步的典范，通过采用新技术、新设备、新工艺，使整个产业的生产效率不断提高，产业化水平日益提升，肉鸡标准化规模养殖逐步提升。再次，肉鸡产业在广大农民脱贫致富、农业产业结构调整、农业产业化建设等方面起着重要的作用。在产业化进程中全面推行了肉鸡综合防疫措施，积极发展生态型、效益型、节约型黄羽肉鸡业，切实解决与养鸡业有关的环境污染问题，实现良性循环，给养鸡业提供了持久、稳定、高产、优质、低耗和高效益的生产环境。

（三）水禽产业发展情况

1. 整体情况

鸭：受非洲猪瘟疫情影响市场猪肉供应量减少，禽肉（鸡肉、鸭肉）发挥着重要替代作用，鸭产品市场供需两旺，肉鸭、蛋鸭产业产值都呈现增加态势。肉鸭种源仍以樱桃谷肉鸭为主，以南特鸭、枫叶鸭等引入品种和利用北京鸭等素材培育的国产肉鸭配套系为辅；蛋鸭种源以绍兴鸭、金定鸭、山麻鸭等本土地方品种及其杂交组合为主；另外，肉鸭市场还有少部分番鸭、半番鸭和麻鸭品种。2019年，白羽肉鸭出栏40.57亿只，番鸭和半番鸭出栏3.59亿只，麻鸭出栏4.62亿只；蛋鸭存栏1.87亿只。近年，受非洲猪瘟的影响，我国鸭产业发展持续向好，肉种鸭存栏、商品肉鸭出栏持续增长，产业效益良好。

鹅：我国是全球最大的鹅生产国和消费国，近年来，鹅的出栏量相对稳定，2019年出栏量为6.6亿只，占全球出栏量的90%以上。我国鹅的养殖品种以地方品种为主体，有地方鹅品种30个（大型1个，中型17个，小型12个），培育鹅品种（配套系）3个，引入鹅品种（配套系）5个。

2. 养殖区划与布局

（1）肉鸭。我国是肉鸭生产和消费大国，饲养区域主要是山东、江苏、四川和广东4省，这些地区江河纵横、湖泊众多，水生动物、植物资源丰富，具有肉鸭养殖优良的自然地理环境。然而，我国肉鸭产业存在起步晚，发展基础薄弱，重产品生产，轻产业培育，生产总量较大以及全国消费市场趋于饱和等特点，而且肉鸭产品的同质化现象较普遍，区域性分布明显，区域布局状况较模糊，区域产业发展不平衡以及区域差异性显著。从我国目前的肉鸭产业生产总体情况来看，出栏量呈现出趋平维稳的态势，除了江苏、山东、四川3省的年出栏量有较大的波动以外，其他主产省份基本保持了相对平稳的生产状况。从全国消费总体情况来看，全国肉鸭产品因其口味独特，营养价值高，越来越受到广大消费者的青睐，烧鸭、烤鸭、熏鸭、酱鸭等鸭肉产品在街头巷尾也随处可见，全国市场需求量逐年攀升也带动了肉鸭产业的生产发展。从全国生产区域的分布情况来看，我国肉鸭主要分布在华东肉鸭产业带（江苏、安徽、江西、山东），华南肉鸭产业带（广东、广西），西南肉鸭产业带（四川、重庆），华中肉鸭产业带（河南、湖北、湖南）。不过近些年，我国肉鸭产业的区域分布格局正在悄然改变，西进东移、北进南移趋势明显。根据我国肉鸭出栏量统计分析，超过1.5亿只的省份分别为山东、江苏、广东、河南、四川5个省。从全国存栏量优势区域来看，全国31省（市、区）总存栏量分布情况中，肉鸭的养殖量在山东、江苏和广东3个省所占的比例较高，山东和江苏连续3年都具有较高的肉鸭出栏规模，总量也远远高于其他省（市、区）。我国肉鸭产业的存栏量优势区域基本上保持了平稳的发展规模。我国肉鸭产业的区域化生产格局比较明显，江苏、四川、山东、广西、广东等省份水域总面积大，具有发展肉鸭产业的良好资源，各地也都逐步发挥资源优势，发展肉鸭产业，逐渐形成了“沿江环湖围海”的肉鸭优势产业带。

（2）蛋鸭。蛋鸭饲养是我国传统的家禽养殖业，近年来发展很快，养殖数量平均每年增长10%～15%，年饲养量约4亿只（产蛋鸭和青年鸭），鸭蛋年产量约550万t，占禽蛋总产量的15%～20%。主要饲养区分布在长江、黄河流域及华南地区等20个省份，山东、四川、江苏、安徽、浙江、湖南、湖北、江西、广西、福建、河南、广东、河北、重庆等14个省（市、区）的蛋鸭存栏量约占全国总量的90%以上。近些年，随着蛋鸭笼养技术的不断发展，未来蛋鸭养殖也可能向西部、北部发展。

（3）鹅。我国鹅肉养殖具有显著的区域性，以羽色为例，除广东省以养殖灰鹅为主外，其他省份均以养殖白鹅为主。广东省是鹅传统养殖和消费大省，受消费习惯影响，养殖品种以灰鹅为主，其中，马岗鹅占70%左右，狮头鹅占20%以上，白沙杂交鹅（白沙鹅是白羽狮头鹅的俗称）、阳春白鹅（主产于广东省阳春市的培育品种）和合浦鹅（主产于广西合浦县的培育品种）占比小于10%，乌鬃鹅和阳江鹅处于保种状态，数量较少。江苏省也是传统的鹅产业大省，养殖品种以扬州鹅、泰州鹅（主产于江苏泰州的培育品种）和三花鹅（主产于江苏扬州的培育品种，因头背有黑色羽斑而得名）为主。江苏省的鹅种生长速度快，种鹅没有就巢性，所以北方很多种鹅养殖户来江苏引种，现已成为山东、河南、安徽，及北方地区的主要养殖品种。四川白鹅和天府肉鹅是四川、重庆等西南地区的主要养殖品种。浙东白鹅主要集中在浙江省象山、舟山、余姚、绍兴等地区。豁眼鹅主要养殖在山东省及东北地区饲养。籽鹅主要在吉林省和黑龙江省饲养。皖西白鹅主要养殖在安徽省和河南省，养殖量较少。溆浦鹅、钢鹅等大部分地方鹅资源处于保种或产区少量饲养状态。生产中也有少量的引进品种，主要有霍尔多巴吉鹅、罗曼鹅、莱茵鹅、朗德鹅、丽佳鹅等。年出栏量超过 1 500 万只的省份有广东、四川、江苏、黑龙江、山东、河南、吉林、辽宁和江西。

我国鹅绝大部分为肉用，只有少部分为肝用，即生产鹅肥肝。鹅肥肝和鱼子酱、松露一起被誉为世界三大美食，是国际上公认的名贵美食，生产鹅肥肝需专用型鹅，如法国的朗德鹅和我国青岛农业大学培育的“青农灰鹅”。受动物福利影响，欧盟国家鹅肥肝生产量有所下降，但我国的出口量并没有大的突破，除了偏见因素外，主要原因还是肥肝等级和品质达不到出口要求。我国年产鹅肥肝750t，生产企业达 500 余家，产量位居世界第三，仅次于匈牙利和法国，主要集中在山东、安徽、浙江、江西等省份。

江苏、广东、浙江、安徽、广西、上海、重庆以及香港是我国肉鹅主要消费市场。江苏省是肉鹅消费大省，消费量估计在 1.2 亿只，产品以盐水鹅和风鹅为主；广东和广西地区鹅产品的主流消费方式有烧鹅、卤鹅、焖鹅、白切鹅，别样消费产品有鹅翅、鹅肠、鹅肝、鹅掌、鹅杂等；上海、浙江以盐水鹅、卤鹅和红烧鹅消费为主；四川、重庆等地以卤鹅消费为主；安徽以腊鹅、板鹅消费为主；北方以卤鹅、红烧鹅和烤鹅消费为主流消费方式。

（四）养殖成本收益

1. 肉鸭

（1）肉鸭养殖前期成本：以批量存栏 10 000 只，小规模标准肉鸭棚舍为例，饲养期设定 40d，年出栏优质肉鸭 70 000 只。鸭舍 2 000m^2，约 18.0 万元；配套网架及饲养器具，约 4.0 万元；工人住房及库房，约 3.0 万元；肉鸭养殖投资成本合计约 25.0 万元。

（2）肉鸭养殖效益：每只肉鸭的纯收入 2 元左右，年养殖 70 000 只，每年纯收入 14 万元左右，两年内可回本并取得收益。

2. 蛋鸭

（1）蛋鸭养殖成本：青年鸭 18 元/只×3 000 只＝5.4 万元；饲料成本 0.16kg/天·只×2.0 元/kg×365d×3 000 只＝35.0 万元，水电、防疫约 1.0 万元，鸭棚折旧 2.0 万元/年，以上各项投入合计 43.4 万元。

（2）蛋鸭养殖收益：3 000 只蛋鸭饲养 1 年，按每只蛋鸡产蛋 280 个，平均蛋重 70g 计算，共产蛋 58 800kg，售价按 7.6 元/kg 计算，蛋的总产值 44.7 万元，淘汰蛋鸭按 20 元/只计算，3 000×20＝6.0 万元，收益合计 50.7 万元。

（3）蛋鸭养殖纯利润：50.7 万元－43.4 万元＝7.3 万元。饲养一只良种蛋鸭，一般一年可获利20元以上。

3. 鹅

（1）肉鹅养殖前期成本：以批量存栏5 000只（1个人的饲养量），饲养期设定70d（育雏20d），年5批次出栏肉鹅25 000只。成鹅舍1 200m^2，约12万元；配套育雏舍300平方米，约3万元；育雏舍网床和加热等饲养设备约5.0万元；工人住房及库房约5.0万元；肉鹅养殖投资成本合计约25.0万元，折旧以10年计。

（2）肉鹅养殖效益：每只肉鹅的纯收入5元左右，年养殖25 000只，每年纯收入10万元左右。

第四节　常见疾病

近些年，随着禽流感、新城疫等禽病的集中爆发和蔓延，造成我国大规模养殖地区大批量家禽死亡，造成了养殖业经济的重大损失，对家禽业有着极为恶劣的影响，一些人兽共患传染病还会给人们的生命和健康带来威胁，致使人心惶惶。其实很多常见禽病的诊断、预防、治疗技术需在早期进行，但是由于我国禽业养殖区域幅员辽阔，养殖人员和养殖技术参差不齐，很多偏远地区较为贫穷，养殖水平极为落后，禽病诊断、预防、治疗仍旧处于初始模式甚至是零基础状态，此外大多数地区禽病常出现季节性多发，尤以雏鸡鸡群发病率高，严重阻碍我国禽病诊断、预防、治疗事业的有效开展。因此，科学、系统、精准地掌握简单、快速且精准的禽病诊断、预防、治疗方法，加强学习和宣传，使之被广泛普及到每一个养殖户已刻不容缓。

一、常见细菌性疾病

（一）大肠杆菌病

大肠杆菌病是鸡的一种常见的由条件性致病菌引起的传染病，是一种主要以致病性大肠杆菌为原发性或继发性病原的细菌性疾病。

1. 临床症状　各种年龄的鸡都可能感染该病，雏鸡感染率较高，特别是20～45日龄的肉鸡发病率最高（图5－18）。恶劣的外界条件和各种应激因素都能促使该病的发生和流行，如鸡群密度过大、空气混浊、营养不良、饮水不洁、过冷过热等。鸡大肠杆菌病还常与沙门氏菌病、传染性法氏囊病、鸡新城疫等并发或继发感染，造成鸡的死亡率上升，增重减慢，产蛋减少，胴体品质降低，给养鸡户造成严重的经济损失。

2. 防治　大肠杆菌是条件性致病菌，因此必须采取综合性防治措施。注意

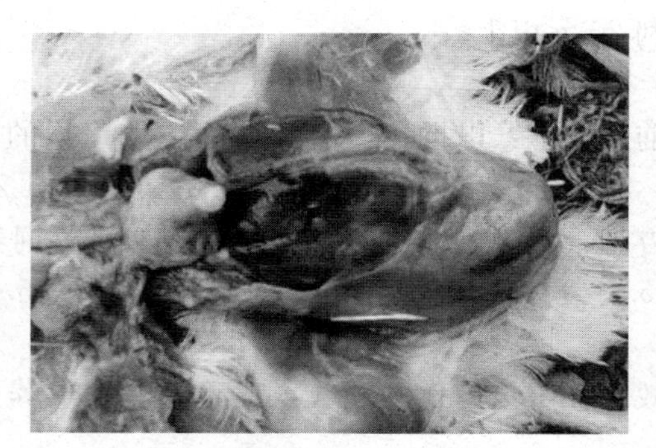

图 5-18　感染大肠杆菌病鸡肝有斑状或点状出血

鸡场卫生，加强雏鸡饲养管理；治疗鸡大肠杆菌病可根据药敏试验结果进行；重视新城疫、传染性法氏囊病、传染性支气管炎等传染病的防治，防止发生继发或并发感染，造成重大损失。

（二）链球菌病

链球菌病是家禽的一种急性或慢性非接触性传染病，由细菌引起，其特征是败血症、发绀、腹泻，成年鸡头部周围有出血区域，幼鸡发生心包炎。具有较高的高死亡率。

1. 临床症状　感染链球菌的病鸡会出现疲乏无力，粪便呈淡黄色，冠及肉髯苍白，消瘦，食欲缺乏（图 5-19）。病鸡体温可高达或超过 42.8℃，并有持续性的菌血症。感染粪链球菌的病鸡的体温可能在正常以下或为 41.7～42.2℃。

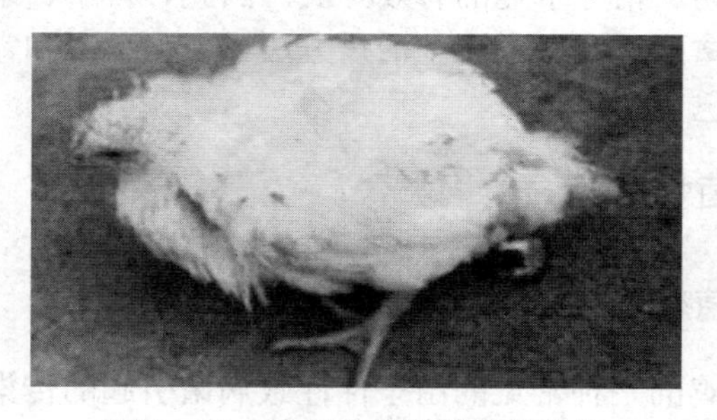

图 5-19　鸡乏力且粪便呈淡黄色

2. 防治　应根据发病鸡体内分离出的病菌作抗生素敏感试验，再选用治疗药物。因为链球菌是革兰氏阳性菌，因此，它们对青霉素、红霉素、新生霉素、油霉素、四环素的呋喃西林等药物较为敏感，在急性感染时疗效较好。慢性病例疗效较差，建议淘汰处理。链球菌病预防应采取综合性防治措施，合理进行饲养管理，加强卫生、消毒制度，及时隔离病鸡，按时清洗禽舍，杜绝传染。还可通过对成年鸡或鸡胚进行病菌培养，以及在雏鸡中进行选择淘汰来消灭链球菌感染。种鸡一旦感染，必须停用，本病在孵化过程中经常发生感染。

（三）鸡白痢

鸡白痢病是雏鸡的一种由沙门氏菌所引起的急性、败血性传染病。其特征是发病急、传播快、死亡率高。出壳后感染的雏鸡，7～10 日龄后开始发病，在2～3周龄发病率达到高峰。鸡白痢病常给养鸡场造成严重的经济损失。

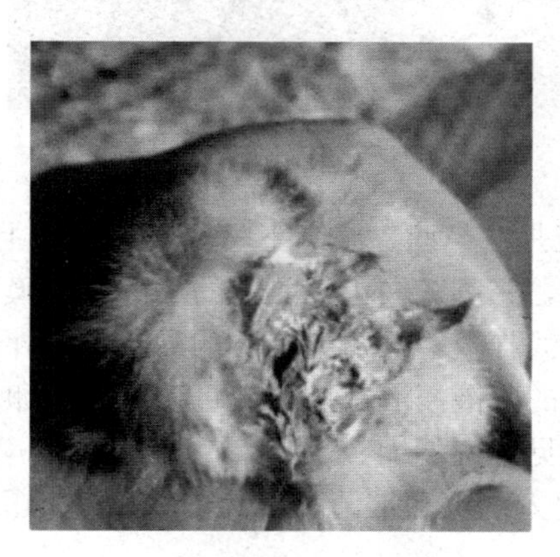

图 5－20　肛门周围绒毛沾有白色粪便

1. 临床症状　发病雏鸡常无任何症状而突然死亡，并很快波及全群，出现多种不同的临床症状。病初，表现精神沉郁、羽毛蓬乱、畏寒怕冷、聚集成堆或靠近热源，尾翅下垂、拱背、闭目缩颈，呈瞌睡状。成年鸡发病不久便出现症状，表现呼吸困难、食欲减退，渴欲增加，出现软嗉症。最急性型无任何症状而突然死亡，稍缓者表现为精神沉郁，病初减食，而后绝食，同时腹泻，肛门周围绒毛被粪便沾污（图 5－20），个别甚至粘塞肛门，最后因呼吸困难及心力衰竭而死亡。病程短的 1d，一般 4～7d，20d 以上的雏鸡病程较长，3 周龄以上发病的很少死亡。耐过的鸡生长发育不良，成为慢性患者和带菌者。

2. 防治　①预防鸡白痢病重要的措施是加强孵化卫生消毒，避免病菌经蛋垂直传播。②治疗鸡痢病可采用抗菌药物治疗，在鸡白痢易感日龄时期用土霉素拌料。③对雏鸡群的鸡舍，最好消除粪便后，用 10％的过氧乙酸冲洗鸡舍。

（四）传染性鼻炎

鸡传染性鼻炎是由鸡副嗜血杆菌引起的一种鸡呼吸道疾病，以鼻腔和鼻窦发炎、流涕、打喷嚏、面部肿胀，并伴发结膜炎为主要临床表现。本病虽不像新城疫那样形成严重的威胁，但会使幼雏育成率降低，产卵期推迟，产蛋鸡停止产卵或产蛋率降低，公鸡睾丸萎缩，加上与败血霉形体的混合感染，导致霉形体的活性受到诱发，引起慢性型呼吸道病。该病是集约化养鸡中最重要疫病之一。

1. 临床症状　多数患鸡可见发热、精神不振、食欲减退。同时流出鼻涕，发病初期量多，呈水样。颊部呈现浮性肿胀，这是本病最特征性的症状（图 5-21）。

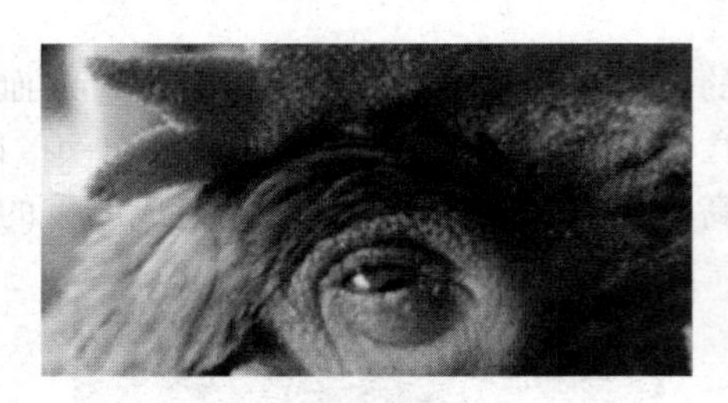

图 5-21　眼睑水肿

2. 病变　主要病变是在鼻腔、眼窝下窦及气管黏膜上呈现急性卡他性炎症。即在鼻腔及眼窝下窦内，充满灰白色的黏稠的黏液，黏膜呈现淡红色的多样性水肿，喉头和器官黏膜呈淡红色，被覆有黏稠的黏液。另外，在下颌部的皮下组织内，多数病例伴有大量的浆液浸润。产蛋鸡可发生由坠卵引起的腹膜炎和软卵泡及血肿卵泡等；公鸡可见睾丸萎缩。

3. 防治　①杜绝引入病鸡和带菌鸡。②疫苗免疫。③药物防治。

（五）坏死性肠炎

坏死性肠炎的病原体为产气荚膜梭状杆菌。该病是鸡的一种散发性疾病，温暖潮湿季节多发，常见于幼龄鸡，以突然发病、急性死亡为特征。球虫病也多见于高温、高湿季节。所以，两病混合感染病例，也多见于夏季多雨时期。鸡坏死性肠炎往往导致肉鸡生长发育缓慢或死亡，对肉鸡生产危害极大。

1. 临床症状　病鸡羽毛蓬乱，闭目呆立，排黄白色或西红柿样稀粪，有的病鸡排内含泡沫的金黄色稀粪，排出粪便多呈竹节状，部分病鸡排白色蛋清样尿酸盐稀便。严重病例，全身瘫痪，两腿后伸趴地，吱吱乱叫，阵发性地乱冲乱撞，夜间有软颈现象出现。

2. 防治　对发病鸡群应及时选用最敏感的抗球虫、抗菌药物治疗。同时，做好卫生消毒，避免重复感染，加喂电解多维等营养物质以提高机体抵抗力。

（六）鸭传染性浆膜炎

鸭传染性浆膜炎，又名鸭疫巴氏杆菌病，是侵害雏鸭的一种慢性或急性败血性传染病。

1. 临床症状　本病潜伏期一般 1～3d，有时可长达 7d。最急性病例常无任何明显症状而突然死亡。急性病例的主要临床症状是嗜睡，缩颈，喙抵地面，两脚软弱，不愿走动，行动迟缓，共济失调，食欲减退或不思饮食；眼有浆液性或黏液性分泌物，常使两眼周围羽毛粘连脱落；鼻孔中也流出浆液性或黏液性分泌物；粪便稀薄，呈绿色或黄绿色，部分雏鸭腹部膨胀，濒死期出现神经失调的症状，如摇头、点头或背脖，两肢伸直呈角弓反张状态；也有病例出现跗关节肿胀，跛行，伏卧不起。

2. 病变 主要病变是浆膜面上有纤维素性炎性渗出物，以心包膜、肝被膜和气囊壁的炎症为主。病程较长的病例，炎性渗出物机化呈干酪样，形成典型的纤维素性心包炎、肝周炎或气囊炎（图 5 - 22）。

3. 防治 加强饲养管理，注意鸭舍的通风、环境干燥、清洁卫生，经常消毒，采用全进全出的饲养制度，接种预防该病的疫苗。甲砜霉素药物等对该病有良好的防治效果。

图 5 - 22 鸭心包炎、肝周炎

二、常见病毒性疾病

（一）禽流感

禽流感是禽流行性感冒的简称，是由 A 型禽流行性感冒病毒引起的一种禽类（家禽和野禽）急性传染病。

1. 临床症状 禽流感的症状依感染禽类的品种、年龄、性别、并发感染程度、病毒毒力和环境因素等而有所不同，主要表现为呼吸道、消化道、生殖系统或神经系统的异常。常见症状有，病鸡精神沉郁，饲料消耗量减少，消瘦；母鸡的就巢性增强，产蛋量下降；轻度直至严重的呼吸道症状，包括咳嗽、打喷嚏和大量流泪；头部和脸部水肿（图 5 - 23），神经紊乱和腹泻。本病的潜伏期可由数小时至数天。其临床表现主要因感染病毒的亚型而呈现不同的症状。

2. 病变 由高致病力病毒引起的病变，其特点是冠和肉垂变化明显，由产生水疱到严重肿胀、发绀、瘀斑和明显坏死，常伴发眶周水肿（图 5 - 24）。有呼吸道症状，排黄绿色粪便，个别严重腹泻，初期采食量微减，随病情严重而下降，体温高等。剖检发现气管黏膜充血、出血，皮下、腹腔、心冠脂肪有出血点，腺胃出血不常见，共性病变主要集中在生殖系统，卵泡充血、出血、变形或变性、破裂形成卵黄性腹膜炎，输卵管内有白色胶冻样或干酪样物。

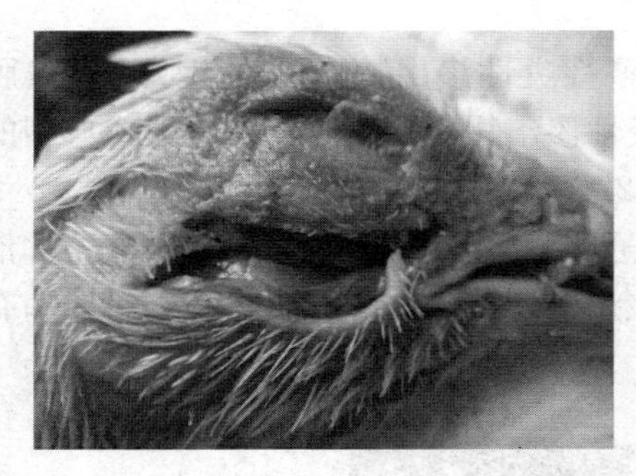

图 5-23　鸡面部肿胀有胶冻样渗出液

图 5-24　鸡冠发绀，肉髯水肿

3. 防制　主要靠加强预防措施。发生本病时要严格执行封锁、隔离、消毒、焚烧病鸡尸体等综合防制措施。在预防方面应进行高密度大剂量的产前多次免疫，分别在 35 日龄颈部皮下注射 H5 疫苗 0.3mL，60 日龄皮下注射 H5＋H9 双价疫苗 0.5mL，120 日龄时颈部皮下注射 H5＋H9 双价疫苗 1～1.5mL，这样能安全度过高峰期。严重感染地区可增加免疫次数，300 日龄后再加强 1 次双价疫苗的免疫接种。

（二）新城疫

鸡新城疫是由鸡新城疫病毒引起的鸡的一种高度接触性、急性、烈性传染病。鸡新城疫又叫亚洲鸡瘟，俗称“鸡瘟”。“鸡瘟”是长期以来人们对禽类疾病的俗称，不仅是禽流感，其他症状相似的禽类疾病也被人们统称为“鸡瘟”。

1. 临床症状　鸡群张口呼吸时有“呼噜呼噜”的声音发出，喙端悬挂黏液，甩头和吞咽动作频繁，嗉囊积水，拉绿色或黄白色稀粪（图 5-25）。后期呼吸困难，冠髯变为青紫色，死后呈紫黑色。鸡新城疫潜伏期一般为 3～5d，根据临床表现和病程，可分为最急性、急性和慢性 3 种类型。

图 5-25　鸡精神不振，拉黄绿色稀粪，有扭头现象

2. 防制　鸡新城疫预防的关键是适时进行免疫接种和实施综合性防治措施：①加强饲养管理，提高鸡的抗病力。②采用喷雾免疫。喷雾免疫相比于肌内注射疗效更加快且方便。③注射疫苗。疫苗可用生理盐水或冷开水稀释，稀释比例为1∶800。④消除可引起本病的各种诱因。从外地引进的种鸡种蛋要严格检疫；防疫卫生工作要制度化、经常化，合理制订鸡群免疫程序，做好预防接种。

（三）鸡传染性法氏囊病

鸡传染性法氏囊病是由传染性法氏囊病毒引起的以破坏鸡的中枢免疫器官——法氏囊为主要发病机理的病毒性传染病，因该病在 1957 年首次确诊于美国东海岸特拉华州的甘保罗镇，因此又称之为甘保罗病。该病不仅会导致鸡只死亡、淘汰率增加、影响增重等直接经济损失，更重要的是病毒损伤法氏囊而导致免疫抑制，使病鸡对大肠杆菌、沙门氏菌、鸡球虫等病原更易感，对马立克病疫苗、新城疫疫苗等免疫接种的免疫应答下降或丧失。

1. 临床症状　本病潜伏期为 2～3d，易感鸡群感染后突然发病，病程一般在 7d 左右，典型发病鸡群的死亡曲线呈尖峰式。病初可见个别鸡突然发病，精神不振，1～2d 可波及全群，病鸡精神沉郁，食欲下降，羽毛蓬松，翅下垂，闭目打盹，腹泻，排出白色稀粪或蛋清样稀粪，内含有细石灰渣样物，干涸后呈石灰样，肛门周围羽毛污染严重；畏寒、挤堆，严重者垂头、伏地，严重脱水，极度虚弱，对外界刺激反应迟钝或消失，后期体温下降。发病后 1～2d 病鸡死亡率明显增多且呈直线上升，5～7d 达到死亡高峰，其后迅速下降。

病死鸡严重脱水，胸肌和腿肌常见线状出血（图 5－26），肾肿大，呈“花斑肾”，并有尿酸盐沉积；法氏囊的变化最为明显，感染后 4～6d 法氏囊肿大（图 5－27），可见出血或有淡黄色的胶冻样渗出液，感染后 7～10d 法氏囊萎缩。变异毒株只引起法氏囊迅速萎缩，超强毒株引起法氏囊严重出血、瘀血，呈“紫葡萄样”外观；肌胃和腺胃交界处常见出血点或出血斑。

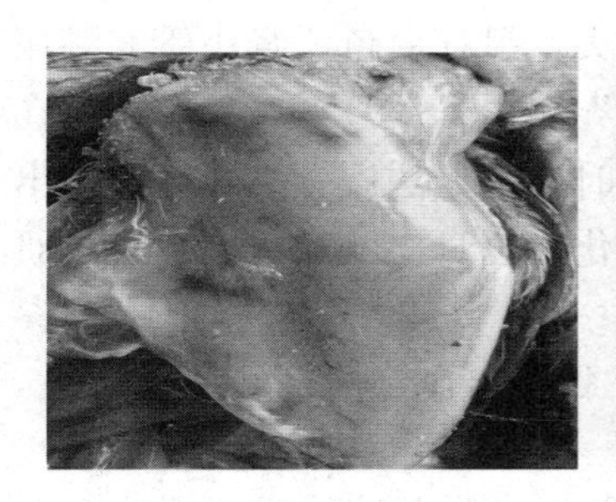

图 5－26　胸肌出血

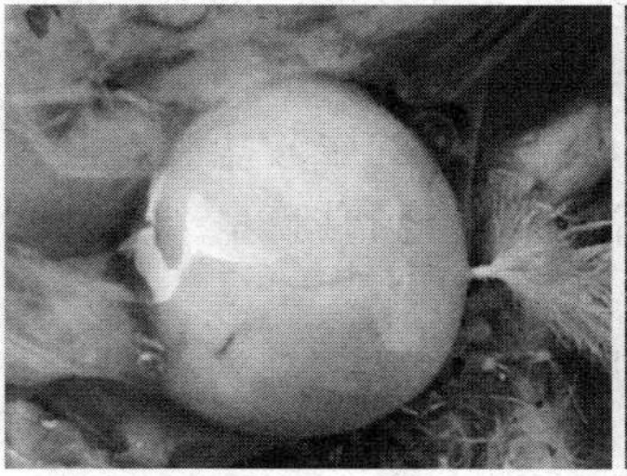

图 5－27　法氏囊水肿

2. 防制

①制订严格的卫生消毒措施与完善的生物安全体系。②加强日常管理，提高

鸡群体质。③根据当地的疫情状况、饲养管理条件、疫苗毒株的特点、鸡群母源抗体水平等来制订免疫程序。

(四)传染性支气管炎

传染性支气管炎是鸡的一种急性、高度接触性的呼吸道疾病。以咳嗽,喷嚏,雏鸡流鼻液,产蛋鸡产蛋量减少,呼吸道黏膜呈浆液性、卡他性炎症为特征。

1. 临床症状 潜伏期1～7d,平均为3d。由于病毒的血清型不同,鸡感染后出现不同的症状。

(1)呼吸型。主要病变见于气管、支气管、鼻腔、肺等呼吸器官。表现为气管环出血,管腔中有黄色或黑黄色栓塞物。幼雏鼻腔、鼻窦黏膜充血,鼻腔中有黏稠分泌物,肺水肿或出血(图5-28)。患鸡输卵管发育受阻,变细、变短或成囊状。产蛋鸡的卵泡变形,甚至破裂。

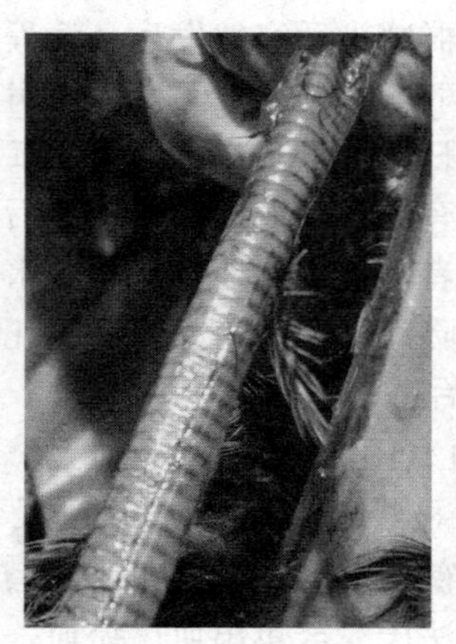

图5-28 气管呈环样出血

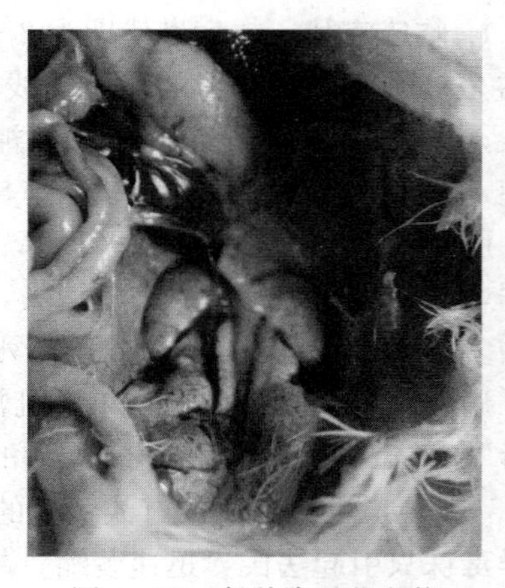

图5-29 肾肿胀呈花斑状

(2)肾型。肾型传染性支气管炎,可引起肾肿大,呈苍白色,肾小管充满尿酸盐结晶,扩张,外形呈白线网状,俗称“花斑肾”(图5-29)。严重的病例在心包和腹腔脏器表面均可见白色的尿酸盐沉着。有时还可见法氏囊黏膜充血、出血,囊腔内积有黄色胶冻状物;肠黏膜呈卡他性变化,全身皮肤和肌肉发绀,肌肉失水。

(3)腺胃型。腺胃肿大如球状,腺胃壁增厚,黏膜出血、溃疡,胰腺肿大,出血(图5-30)。

2. 防制 ①加强饲养管理。降低饲养密度,避免鸡群拥挤,注意温度、湿度变化,避免过冷、过热。加强通风,防止有害气体刺激呼吸道。合理配比饲料,防止维生素缺乏,尤其是维生素A的缺乏,以增强机体的抵抗力。②适时接种疫苗。对呼吸型传染性支气管炎,首免可在7～10日龄用传染性支气管炎

图 5-30　腺胃黏膜糜烂

H120 弱毒疫苗点眼或滴鼻；二免可于 30 日龄用传染性支气管炎 H52 弱毒疫苗点眼或滴鼻；开产前用传染性支气管炎灭活油乳剂疫苗肌内注射每只 0.5mL。对肾型传染性支气管炎，可于 4～5 日龄和 20～30 日龄用肾型传染性支气管炎弱毒苗进行免疫接种，或用灭活油乳剂疫苗于 7～9 日龄颈部皮下注射。而对传染性支气管炎病毒变异株，可于 20～30 日龄、100～120 日龄接种 4/91 弱毒疫苗或皮下及肌内注射灭活油乳剂疫苗。

目前尚无特异性治疗方法，改善饲养管理条件，降低鸡群密度，饲料或饮水中添加抗生素对防止继发感染，具有一定的作用。对肾型传染性气管炎，发病后应降低饲料中蛋白的含量，并注意补充钾离子和钠离子，具有一定的治疗作用。

（五）鸡马立克氏病

鸡马立克氏病是由疱疹病毒引起的一种淋巴组织增生性疾病，鸡是最主要的自然宿主。本病神经型表现腿、翅麻痹（图 5-31），内脏型可见各种脏器、性腺、虹膜、肌肉和皮肤等部位形成肿瘤。

图 5-31　病鸡呈劈叉特征性姿态，翅膀下垂

1. 临床症状　根据临床症状和病变发生的主要部位，鸡马立克氏病在临床

上分为神经型（古典型）、内脏型（急性型）、眼型和皮肤型4种类型，有时可以混合发生。

2. 病变 病鸡最常见的病变表现在外周神经，坐骨神经丛等受害神经增粗，呈黄白色或灰白色，横纹消失，有时呈水肿样外观；病变往往只侵害单侧神经，诊断时多与另一侧神经比较。内脏器官中以卵巢受害最为常见，其次为肝、肾、脾、心、肺、胰、肠系膜、腺胃、肠道等，在上述组织中长出大小不等的肿瘤块，呈灰白色，质地坚硬而致密。有时肿瘤组织在受害器官中呈弥漫性增生，整个组织器官变得很大（图5-32、图5-33）。

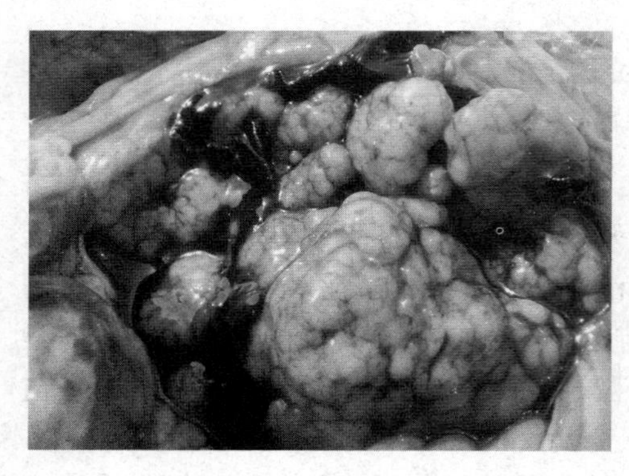

图5-32 卵巢肿瘤

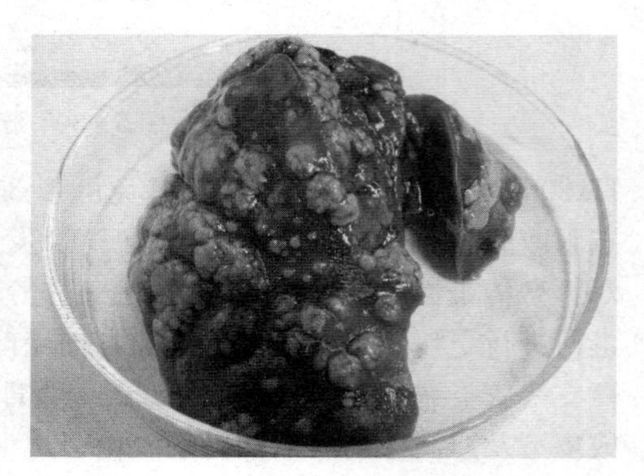

图5-33 肝肿瘤

3. 防制 疫苗接种是防制本病的关键，在进行疫苗接种的同时，鸡群要封闭饲养，尤其是育雏期间应搞好封闭隔离，可减少本病的发病率。雏鸡必须在出壳24h内注射马立克氏病疫苗，注射时严格按照操作说明进行。我国目前使用的马立克氏病疫苗有冻干苗和液氮苗2种。

（六）禽白血病

禽白血病（又称禽白细胞增生症）是由禽白血病肉瘤病毒群的病毒引起的禽类（主要是鸡）各种良性和恶性肿瘤的一种疾病，它包括淋巴细胞性白血病、成红细胞性白血病、成髓细胞性白血病、骨髓细胞瘤、血管瘤、内皮瘤、肾真性瘤、纤维肉瘤和骨化石症等。

1. 临床症状 本病潜伏期长短不一，传播缓慢，发病持续时间长，一般无发病高峰。

（1）淋巴细胞性白血病。自然病例多见于14周龄以上的鸡。临床见鸡冠苍白、腹部膨大（图5-34），触诊时常发现肝、法氏囊和肾肿大，羽毛有时有尿酸盐和胆色素玷污的斑。

（2）成红细胞性白血病。病鸡虚弱、消瘦、腹泻，血液凝固不良致使羽毛囊出血。

图 5-34　腹部明显膨大

（3）成髓细胞性白血病。病鸡贫血、衰弱、消瘦、腹泻，血液凝固不良致使羽毛囊出血。

（4）骨髓细胞瘤。特征病变是骨骼上长有暗黄白色、柔软、脆弱或呈干酪状的骨髓细胞瘤，通常发生于肋骨与肋软骨连接处、胸骨后部、下颌骨和鼻腔软骨处，也见于头骨的扁骨，常见多个肿瘤，一般两侧对称。

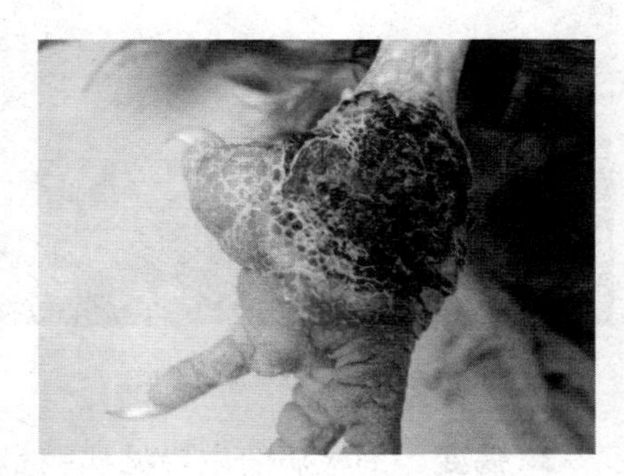

图 5-35　鸡爪血管瘤

（5）血管瘤。见于皮肤或内脏表面，血管腔高度扩大形成“血疱”，通常单个发生（图 5-35）。“血疱”破裂可导致病禽严重失血而死。

2. 病变

（1）淋巴细胞性白血病。剖检（16 周龄以上的鸡）可见结节状、粟粒状或弥漫性灰白色肿瘤，主要见于肝、脾和法氏囊，其他器官如肾、肺、性腺、心、骨髓及肠系膜也可见。结节性肿瘤大小不一，通常单个或大量出现。粟粒状肿瘤多见于肝，均匀分布于肝实质中。肝发生弥散性肿瘤时，均匀肿大，且颜色为灰白色，俗称“大肝病”。

（2）成红细胞性白血病。本病分增生型（胚型）和贫血型 2 种类型。增生型以血液中成红细胞大量增加为特点，特征病变为肝、脾、肾弥散性肿大，呈樱桃红色或暗红色，且质软易脆，骨髓增生、软化或呈水样，色呈暗红或樱桃红色；贫血型以血液中成红细胞减少，血液淡红色，以显著贫血为特点，剖检可见内脏器官（尤其是脾）萎缩，骨髓色淡呈胶胨样。

（3）成髓细胞性白血病。外周血液中白细胞增加，其中成髓细胞占 3/4。骨髓质地坚硬，呈灰红或灰色。实质器官增大变脆，肝有灰色弥漫性肿瘤结节。晚期病例的肝、肾、脾出现弥漫性灰色浸润，使器官呈斑驳状或颗粒状外观。

3. 防制 本病垂直传播，疫苗预防的意义不大，且目前也没有可用的疫苗。减少种鸡群的感染率和建立无白血病的种鸡群是防制本病最有效的措施。

（七）鸭瘟

鸭瘟是由疱疹病毒引起的鸭的一种急性、接触性、败血性的传染病。因发病鸭常见头颈部肿大，故俗称“大头瘟”。

1. 临床症状 病鸭表现为高热、头部肿胀（图 5－36）、缩颈、流泪、眼睑水肿、两翅下垂（图 5－37）、脚麻痹，严重的病鸭伏地不起，排绿色或灰绿色稀粪；产蛋鸭还可表现为产蛋量下降。

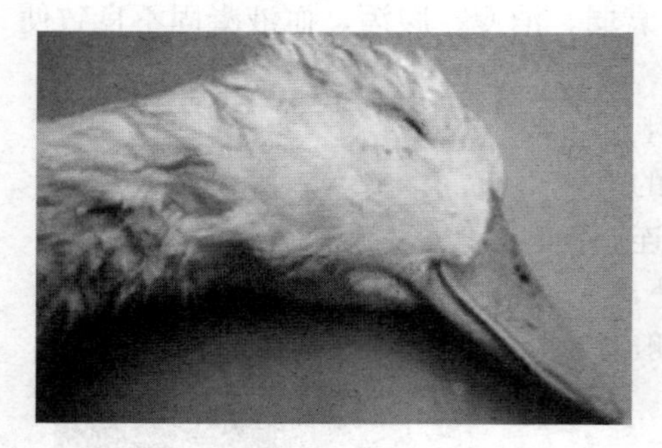

图 5－36 鸭头部肿胀

图 5－37 鸭两翅膀下垂

2. 病变 剖检病变主要见病鸭呈全身急性败血症，颈部以至全身皮下组织及胸、腹腔的浆膜常见有淡黄色胶样浸润物；肝有不规则的灰黄色坏死点，不少坏死点中间有小点出血，或其外围有环状出血带；脾稍肿，部分病例有灰黄色坏死病灶；小肠的外、内表面可见环状出血带（图 5－38）；泄殖腔黏膜有充血、出血、水肿及坏死灶，内夹有较坚硬的物质；产蛋母鸭卵巢、卵泡充血、出血、变形，常见腹膜炎；成年公鸭的睾丸充血或出血（图 5－39）。

图 5－38 鸭肠的外内表面见环状出血带

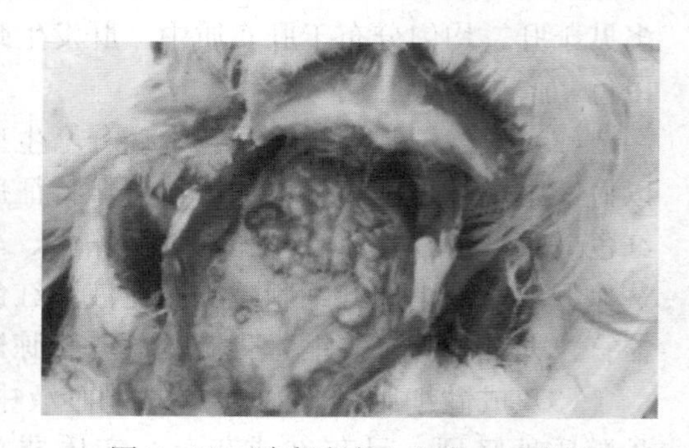

图 5－39 鸭卵泡充血和出血、变形

3. 防制　迄今尚无特效药物可用于治疗，故应以防为主。除做好生物安全性措施外，采用鸭瘟弱毒活疫苗进行免疫接种能有效地预防本病的发生。一旦发生鸭瘟，应及时封锁，严禁病鸭流动，妥善处理病鸭、死鸭及污染物，舍内外环境、场地及用具严格消毒。同时，对受威胁的鸭群和发病鸭群实施紧急疫苗接种。抗鸭瘟高免血清或蛋黄匀浆对发病早期有相当好的预防效果，但待疫情稳定后 10～14d 内仍应紧急接种疫苗。

（八）小鹅瘟

小鹅瘟，又称鹅细小病毒感染、鹅心肌炎或渗出性肠炎等，是发生于雏鹅和雏番鸭的一种急性、败血性、病毒性传染病。本病于 1956 年在我国首次发现并命名为小鹅瘟，其后世界许多国家陆续报道本病。

1. 临床症状　小鹅瘟的潜伏期一般为 3～5d。鹅发病后的临床症状、发病率、死亡率和病程长短随日龄不同而有较大差异。根据病程经过，可分为 3 种类型，1 周龄以内的雏鹅感染常呈最急性型，往往无任何前期症状，一发现即极度衰弱或倒地乱划，不久即死亡。2 周龄内发生的病例一般为急性型，病鹅精神委顿（图 5－40），缩头松毛，步行艰难，离群独处，打瞌睡，继而食欲废绝，喜饮水，严重腹泻，排灰白或淡黄绿色并混有气泡的稀粪；鼻孔流出浆液性分泌物，摇头，口角有液体甩出，呼吸用力，喙端色泽变暗，嗉囊中有多量气体或液体；有些病雏临死前出现神经症状，颈部扭转，全身抽搐，两腿麻痹，1～2d 内衰竭死亡（图 5－41）。2 周龄以上的雏鹅表现为亚急性型，以精神委顿、消瘦、腹泻为主要症状，少食、病程长，病死率一般在 50%以下，有的可自愈，但大部分耐过的鹅在一段时间内都表现为生长受抑制，羽毛脱落。

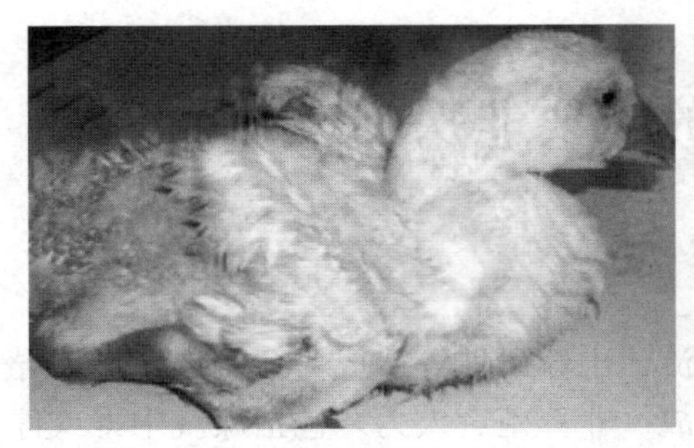

图 5－40　鹅精神委顿，缩头松毛

图 5－41　鹅颈部扭转，全身抽搐

2. 病变　最急性型病例除肠道有急性卡他性炎症外，其他器官一般无明显病变。急性病例表现为全身性败血变化。心脏变圆，心房扩张，心壁松弛，心尖周围心肌晦暗无光，颜色苍白。肝肿大，质脆，呈深紫色或棕黄色，胆囊肿大，充满暗绿色胆汁，脾脏和胰腺充血，部分病例有灰白色坏死点。部分病例有腹水。病死鹅整个小肠黏膜发炎，弥漫性出血，有坏死灶（图 5－42）。本病的特征性病变为小肠发生急性卡他性-纤维素性坏死性肠炎，小肠中下段整片肠黏膜坏死脱落，与凝固的纤维素性渗出物形成栓子或包裹在肠内容物表面的假膜，堵塞肠腔，外观极度膨大，质地坚实，状如香肠。剖开栓子，可见中心是深褐色的干燥的肠内容物。有的病例小肠内会形成扁平带状的纤维素性凝固物。亚急性型更易发现上述特有的变化。直肠黏膜轻微出血，内含黄白色稀粪。一些病鹅的中枢神经系统也有明显变化，脑膜及实质血管充血并有小出血灶。

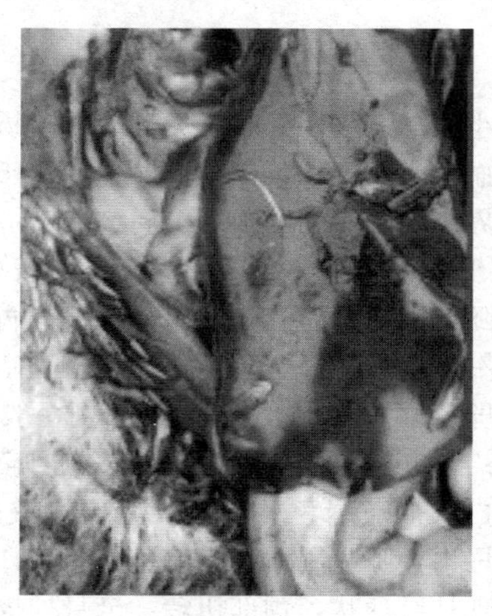

图 5-42　鹅肝肿大、小肠出血

3. 防治　加强饲养管理，不从疫区引种，对鹅群及时免疫接种，对雏鹅采用抗小鹅瘟血清是防治小鹅瘟的一项关键措施。一旦确诊鹅群发生小鹅瘟，尽早注射抗小鹅瘟血清有一定疗效。

第五节　生产面临的主要非疾病风险

一、自然灾害风险

由于火灾、暴风、暴雨、大雪、泥石流、山体滑坡等造成禽舍倒塌，进而导致家禽死亡，造成直接经济损失；意外事故（非养殖者人为）包括煤气中毒或停水、停电等设备故障也可以造成的家禽损失。按照国家有关规定，经畜牧兽医行政管理部门确认为发生疫情，并且经区（县）级以上政府下封锁令，可以对疫区的家禽进行扑杀，同样也能够造成重大的损失。现以实际案例来说明自然灾害的风险。

（一）冰雪灾害

我国在 2008 年 1 月中旬，发生了半个世纪以来最严重的冰雪灾害，不仅给交通、电力供应等带来了严重影响，给人们的生活带来不便，而且给经济造成了巨大损失，对南方养殖业造成巨大冲击；据农业农村部（原农业部）信息显示，我国南方13个省份养殖业受灾面积达9 300多km^2。据统计，寒冷天气使禽畜大量失热，增重速度下降，幼畜、病弱畜、家禽往往经不起寒流降温而造成死亡，一些地方圈舍倒塌损坏，牲畜被砸死，部分渔棚倒塌、围栏网受损，池塘坝塌方，场房倒塌。全国因灾死亡畜禽共计7 455.2万头（只），其中生猪444.7万头、家禽死亡6 738.5万只，特别在湖南、湖北、江西、安徽、四川地区猪仔死亡率较高，直接影响开春后的仔猪补栏进程；另外，随着开春后气温逐渐升高，不少受灾地区陆续发生疫情，这对南方的养殖业无疑是雪上加霜。

湖南、湖北、江苏、浙江等地的家庭养殖公司均遭受了不同程度的灾害损失，大量养殖户鸡舍损坏或倒塌，生产配套设施也受损。在灾害影响最严重时期，雪灾造成交通运输中断，饲料原料运输不畅，使得南方地区饲料涨价，直接导致大部分养殖户得不到饲料供应，给养殖业带来了严重的后果，生产经营秩序受到严重影响。2008年2月中下旬，养殖户大量购进鸡苗，冰雪灾害导致种蛋运输不顺畅使得南方鸡苗量供应不足，因此鸡苗暴涨，快大黄混合苗从1.6元/只涨为2.7元/只。

（二）地震

地震常常会使得禽舍倒塌，家禽死亡，阻断交通，造成严重损失。以汶川地震为例，据不完全统计，地震受灾人数达4 000万以上，使得四川各大养殖公司的禽舍倒塌，造成重大的经济损失。此次地震使四川地区交通运输受阻，由于优先安排运输救灾物资，使得运往四川地区鸡苗受阻。据了解仅广州竹科地区的鸡苗市场每天发往四川地区的黄麻鸡苗占当地市场鸡苗数量的30%以上，快大黄类鸡苗占10%以上，因此直接影响竹科地区的鸡苗量每天增加了40%以上，此前预定发往四川的鸡苗只能发往外地，由于此前未对外地鸡苗市场进行摸索与规划，因此鸡苗价格未能自主定价，导致鸡苗只能贱卖或因外地路途遥远只能在当地直接处理。预计此次地震的影响持续了3个月以上，损失惨重。

四川汶川地震波及之广、危害之大，对于家禽养殖行业影响是巨大的。地震灾难性强，破坏了社会的人力物力财力，打乱了市场经济的平衡，阻断交通，造成电力及饲料供应紧张。灾害造成交通运输中断，饲料原料运输不畅，使得南方地区饲料涨价。另外，饲料运输不畅导致大部分养殖户没有饲料供应，给养殖业带来了严重的后果，生产经营秩序受到严重影响。这种突发状况会导致大批的鸡群产蛋量达不到预想水平，从而增加了淘汰的鸡群数量。淘汰鸡上市数量、价格直接影响肉鸡价格，使得肉鸡价格下降。

（三）水灾和台风

2008年5月中下旬，我国江南、华南和西南东部发生大范围持续性强降雨，一些地区遭受了严重的洪涝灾害，受灾省份达14个，多人死亡。截至2008年6月初，发生在南方部分省份的当年首次大范围强降雨已造成广东、贵州、湖南、广西、江西等省（区）多人死亡、多人失踪。

据广东省防总统计，2008年6月上旬广东省阳江、茂名、江门等8个地级市、26个县、222个乡（镇）143万人受灾，倒塌房屋1 147间，4人死亡，农作物受灾面积87 690hm²，全省直接经济损失63亿元，水灾给各家禽养殖企业造成极大损失。通往鸡场的道路出现塌方，车辆无法通行，由于山体滑坡使电线柱倒塌，鸡场处在停电状态。受到拉尼娜现象影响，2008年天气极其反常，水灾过后台风较以往更多，沿海地区作为养殖的重要地区深受其害。

二、市场风险

家禽养殖的最大风险是来自于疫病的风险，第二大风险则是来自于市场的风险，市场行情的起伏与波动直接影响到家禽养殖经济效益的高低。一般而言，饲料占饲养成本的70%左右，因此饲料价格的高低决定着饲养成本的高低。此外，禽肉、禽蛋以及淘汰家禽的市场价格高低直接影响了养殖的盈亏状况，因此如何防范和规避市场风险成为养殖者面临的重大难题。

（一）正确预测市场的变化趋势

家禽养殖的市场行情难免会有波动，行情好的时候，由于部分企业盲目追求眼前利益，出现一哄而上的局面；而在行情下滑时，许多企业又纷纷缩减规模，使得许多中小养殖户无所适从。不过在行情下滑时，市场经过新一轮的洗牌，淘汰了部分生产者，让坚持下来的生产者有了更多的发展机会，增强了企业进一步发展的市场信心。

如何正确地预测市场的变化呢？例如，在养鸡业可考虑以下方面：一是从市场的供求关系上考虑，通过对国内祖代种鸡存栏数量的分析，推算出市场中父母代鸡以及商品代鸡的总量，结合市场的消费力水平，做一个粗略的判定。二是要从当地的畜牧业生产主管部门以及家禽业协会了解当地养鸡业的适时信息以及相关的政策。三是要与上游龙头企业或供种企业保持密切联系，利用龙头企业对市场信息敏感度高的优势，再结合本地区养鸡业的历史与现状，分析未来养鸡业的可能走势。四是要时常关注国内重要的家禽业专业网络以及报刊，如中国畜牧业信息网、中国家禽业信息网以及《中国家禽》《中国禽业导刊》等，从中及时了解市场行情与信息。五是通过参加家禽行业的形势分析与研讨会，及时了解同行们的想法和关注的热点。

总之，要根据家禽生产的当前形势发展，理性客观地分析，研判一段时期内养殖业的趋势，才能确定适合自己的养殖计划，切不可随波逐流，人云亦云。

（二）开拓市场的销售渠道

目前，养鸡业的市场销售模式可以分为以下3种：第1种销售模式是大中型专业化养鸡场模式。主要特点是集生产、物流、销售于一体，具有自主品牌的鸡蛋或鸡肉产品，其产品主要进入大中型城市的中高端消费市场以及超市。第2种销售模式是“公司＋农户”模式，即在“分散”的农户经营的基础上建立的一种“规模化、集约化”的合同式的生产经营模式。在分散生产的基础上采取集中收购和销售的办法，通过龙头企业的销售网点集中销售。第3种销售模式是自发饲养状态下的分散农户。通过当地的养鸡专一合作社、农村经纪人收购，再由此中介组织批发出售，这些鸡产品大多在三类城市或乡镇，市场基本上处于无序的自由竞争状况。从生产、收购、运输到储藏都比较传统和原始，交易的方式也基本上通过农贸市场完成。

要进一步拓展市场的销售渠道，要从以下几个方面着手：一是要打响禽产品的品牌，让更多的消费者了解。随着人们生活水平的改善，消费者在购买和消费鸡肉或鸡蛋产品时更加看重品牌，在食品安全受到日益关注的当今社会，品牌战略也昭示了生产企业技术水平和素质水平，好的品牌不仅在规范市场中起到良好的带动作用，而且会大大拉动产品消费。二是要做出禽产品的特色，运用产品的差异化特色开拓市场。三是要选择适当的大众传媒，进行宣传推广，丰富禽产品的品牌内涵，让消费者接受。四是在居住相对集中的社区，针对目标消费人群，开辟直销门店，连锁经营，统一形象设计。五是与超市洽谈，让禽产品走上货架。六是对于条件成熟的养鸡从业者而言，可以对鸡肉或鸡蛋产品进行加工，通过对鸡蛋的清洗、消毒、分级、包装，通过对鸡肉的屠宰分割加工成半成品，提高提鸡蛋、鸡肉的附加值，或通过生产出方便的熟制食品，如卤鸡蛋、酱鸡腿、风鸡等，满足不同人群的消费需求，多途径提高禽产品的销售量。

以鸡肉的消费为例，我国的鸡肉消费经历了“整鸡—分割鸡—深或精加工产品—熟食品”4个阶段。20世纪80年代以来，我国肉类科研机构和养禽企业开始注重对禽肉制品新工艺、新设备的研制，加工程度由初加工向深加工方向发展，分割产品越来越多，相继出现了鸡肉火腿肠、鸡肉松、鸡肉串等高附加值的产品，大大增加了鸡肉的市场销售量。

活鸡的销售是我国家禽销售的一条传统渠道，特别是南方，如广东黄羽肉鸡以活鸡销售为主。由于活禽销售需经长途调运，疫病传播风险加大，有的大城市已禁止活禽销售，或加快“农产品集市改为超市”的步伐。为此，规范活鸡消费市场，确保产品安全是促进活鸡市场健康发展的首要因素。在这方面，可以通过建设现代化、软硬件设施先进的活禽交易市场，同时制定活禽市场定期休市消毒制度，取缔卫生条件不合格的活禽交易市场等手段确保活禽的安全，有序交易。如广东省近几年投资新建的了起点高的家禽批发市场，像广州百兴三鸟批发市场、中山东升三鸟批发市场、广州江村家禽批发市场等，规范活禽的交易制度，也大大地增加了活禽的销售量。

（三）如何规避养殖风险

当前，我国养禽业正处在转型提升的关键时期，必须充分依托龙头企业的带动作用，发挥我国家禽产业化龙头企业在引进、示范和推广家禽新品种、先进适用的技术、管理经验等方面的作用，不断地进行生产与技术创新。通过“公司＋农户”“公司＋合作社＋农户”“公司＋经纪人＋农户”等3种典型的养禽合作机制，推广建立各种形式的养禽风险保障机制，密切利益联系，开展二次分配，协调平衡公司、客户利益关系，形成多赢局面，有效地降低养殖户的风险。

此外，蛋鸡生产者也要结合自身特点，探索相应的风险保障机制。特别是要规避疫病的风险。养殖场应全面推行生物安全措施，加强养殖场的卫生管理，按照净化标准和净化程序严格净化，坚决淘汰阳性家禽；无论涉足本行业的新企业或是老企业，在新建场址的选择上首要考虑天然防疫屏障，养殖场一定要远离城镇、交通干线和家禽养殖密集区，最好选择山区或丘陵区，要结合自己企业的中长期发展规划有目的地向非家禽养殖密集区发展。

兽医防疫部门加大加强对散养家禽的饲养管理，引导农户做到各类畜禽分开饲养，减少放养，避免家禽与野禽接触。

第六节　家禽保险相关技术要点

一、家禽保险概况

家禽保险通常指家禽饲养生产过程中由于自然灾害、意外事故或疾病造成家禽死亡的损失保险，同时，禽产品市场价格受祖代引种补栏情况、养殖成本变化、家禽业突发事件、进出口贸易等因素影响，也面临着不确定的市场风险。目前，家禽保险未纳入中央财政补贴型险种，主要包括地方财政补贴型家禽保险和商业型家禽保险。由于标的品种、生产目的、饲养周期和生产特点等不同，家禽保险可分为肉用禽保险、种禽保险、蛋禽保险等。在市场经济条件下，参加家禽保险是家禽业生产者规避风险的重要途径，作为专业化、市场化风险管理手段，家禽保险可以对养殖企业和农户进行有效的经济补偿，但当前家禽保险业务规模未能较好匹配家禽产业快速发展的趋势，存在较大的潜力空间，在禽产品需求仍呈刚性增长的形势下，依托家禽保险，建立养禽业的市场化风险转移和应对机制具有重大意义。

二、家禽主要保险产品简介

开展家禽保险，可以根据不同的需求类别为家禽业提供风险保障服务方案。针对家禽生产过程，产品服务方案主要可以分为家禽养殖保险和家禽价格保险；针对标的品种，可以分为养鸡保险、养鸭保险、养鹅保险、养鸽保险及特种禽类（如鸵鸟）保险等；针对标的类别，产品服务方案通常又可以分为种禽保险、肉用禽保险、蛋禽保险。

（一）传统家禽养殖保险

传统家禽养殖保险投保品种必须在当地饲养1年以上，经畜牧相关管理部门验明无伤残、疾病，营养良好，饲养管理正常，按免疫程序预防接种且有记录，同时条款中应增加饲养日龄或体重作为承保起始条件。保险责任主要包括自然灾害、意外事故和疾病死亡。通常，肉鸡/肉鸭保险金额在6～30元，蛋鸡/蛋鸭保险金额在10～40元，种鸡/种鸭/鹅保险金额在30～60元，一般不超过投保品种市场价格的7成或8成。赔偿金额计算方式可根据地方实际情况设置不同生长期赔偿比例或依据死亡标的抽样平均体重设置赔偿比例。

（二）家禽价格指数保险

在保险责任期间内，当保险家禽或禽产品（禽苗、禽蛋）市场价格日平均值低于保险价格时，视为保险事故发生，保险人按保险合同的约定负责赔偿。市场价格以双方约定的第三方公布的家禽或禽产品（禽苗、禽蛋）价格为准。通常参照近年地方家禽饲养成本资料，每只保险家禽的保险金额按饲养成本的6成左右确定。

（三）鸡蛋期货价格保险

我国鸡蛋市场价格波动频繁，给蛋鸡养殖企业带来较大经营风险，加之中央文件多次释放“稳步扩大‘保险＋期货’试点”信号，近年来家禽保险市场逐渐开始试办鸡蛋期货价格保险。在保险期间内，因保险合同责任免除以外的原因造成保险鸡蛋的约定合约在约定期间的平均结算价低于保险约定价格时，视为保险事故发生，其中，保险约定价格根据约定合约在保险期间的期货盘面价格，由投保人、保险人和期货公司协商确定，并在保单中载明。鸡蛋期货价格保险旨在运用市场手段和金融衍生工具，实现跨界合作，为蛋鸡养殖户提供保障服务。

三、家禽保险承保理赔技术要点

（一）承保条件

保险家禽必须对被保险人具有保险利益，在设计保险条款和承保家禽时主要应从以下几方面考虑投保人是否具备投保条件。

1. 饲养条件

（1）家禽饲养场必须具备一定的规模。通常鸡只饲养数量至少在 2 000 只以上，鸭、鹅饲养数量相对较少。

（2）是否具有饲养该家禽品种的专业技术力量（包括高级管理人员和技术人员）。

（3）场址选择、场舍建筑布局是否合理。

（4）饲养管理设施、制度是否齐全，饲养密度是否合理。

（5）卫生、防疫、消毒等制度是否健全。

（6）投保的家禽是否有伤残、疾病，是否定期防疫、场舍定期消毒，禽舍内光照、温度、相对湿度等环境指标是否适宜，禽舍内噪音是否符合饲养标准（通常应低于 85 分贝），是否通风良好，有无防暑降温措施。

（7）禽类的均匀度是衡量禽群体型发育情况整齐与否的标准，可反映出禽群的健康状况和饲养人员水平。一般由体重和骨骼两个方面共同决定。如果平均体重和平均胫长与标准相符，说明禽群生长发育良好。

（8）符合或达到上述条件后，保险人在承保前还应注意：

①已发生传染病被划分为疫区的家禽不予承保。

②所要承保的家禽品种必须在当地饲养一定的年限（即引种成功）。

③由于不同禽种之间在生物学特性、饲养管理要求等方面存在较大差异，因此各自承保条件也有区别。同时，因为高龄种禽受精率、产蛋率低，承保种禽一定要有年龄限制。通常，种鸡的使用年限为 1～2 年，种鸭的使用年限为 2 年，种鹅的使用年限为 1～4 年。

④承保时还应注意除不符合承保条件外，一个单位的禽类应全部向保险人投保，不能选择投保。

⑤凡自繁、自养家禽（粗放经营），在承保时应与规模化饲养的家禽加以区分。

2. 饲养目的 由于蛋禽、肉禽、种禽的饲养用途各不相同，对保险期限、保险责任、保险金额的确定也存在差异，因此在设计条款和承保时，要考虑饲养目的，防止道德风险。

3. 饲养批次 承保时，如果保险家禽分多个批次，应按批次承保，同时对保险期限加以明确。

（二）保险责任和责任免除

家禽保险确定责任一般是采用列明（举）式的方式进行。在家禽养殖过程中遇到的风险主要有自然风险（如雷击、龙卷风、暴风、暴雨、洪水、雹灾、雪灾、泥石流等）、意外事故（如火灾、爆炸、触电、建筑物倒塌等）和疾病。通常，这些风险在特定的条件下均可作为保险责任。

在确定家禽保险责任时，还要剔除投保人因饲养管理不当或市价变化造成的道德危险，促进投保人精心饲养。此外，要了解风险事故的发生规律及保险家禽的生长发育规律，同时投保人的经济状况（即承受能力）以及饲养者对风险的需求等也是需要了解参考的内容。

在家禽保险的责任免除方面，通常包括以下内容：

（1）在疾病观察期内的家禽因疾病所致死亡。设置观察期的目的是为了防止被保险人把带病家禽向保险人投保以达到骗取赔款的目的以及避开某些疾病的潜伏期，观察期一般为7～15d左右。

（2）投保人及其家庭成员、被保险人及其家庭成员、投保人或被保险人雇用人员的故意行为造成家禽死亡。通常，家禽保险是以家禽死亡为损失标准的，若不以家禽死亡为损失标准，应在责任免除部分使用其他表述加以明确。

（3）因饲养管理人员管理不善所造成的损失，如违反卫生防疫制度、不按免疫程序要求对保险家禽进行免疫接种、发病后不及时治疗、发生疫情后不向防疫部门报告、发生保险责任范围内事故后不采取必要的保护与施救措施造成的损失等；因被盗、冻饿致死、夏季高温致死等人为可以控制的因素而导致的家禽死亡。

（4）由于禽群饲养集中、数量多、自然死亡率较高，通常条款中会设置较高的免赔条件，那么按保险合同中载明的免赔条件计算的免赔额也应列为责任免除内容。

（5）因不符合家禽饲养用途要求而被正常淘汰的家禽。

（6）其他不属于保险责任范围内的损失、费用，通常保险人也不负责赔偿。

（三）保险期间

家禽保险期间的长短和家禽的品种、生理特点、生产性能以及生产目的等要素联系密切。通常，家禽保险期间主要根据家禽的饲养周期来确定，在饲养周期不超过1年的情况下，按饲养周期确定；在饲养周期超过一年的情况下，除另有约定外，一般按年限（1年）确定。按保险家禽用途划分为以下3种：

1. 肉用禽保险期间 通常从8～10日龄开始至售前为止，一般不超过8周。

2. 蛋禽保险期间 一般从开始产蛋起至产蛋期结束，通常为1年。为避免道德风险，同一保险禽群不可续保，因为蛋禽的饲养周期一般为1年，当产蛋能力下降后，禽群丧失饲养价值，承保价值也随之消失，饲养者要进行自然淘汰。因此，在确定保险期间时还应注意，保险期间结束时，通常保险蛋禽不应超过70～72周龄。

3. 种禽保险期间 一般为1年。幼雏不予承保，因为在幼雏阶段，幼雏的消化机能不健全、体温调节机能不完善、敏感性强、抗寒能力低、抗病力差、死亡率高。

在设计条款时，还应考虑保险期间内保险家禽存栏数量发生改变的情况。例如：在保险期间内，保险家禽中途部分或全部出售、宰杀或调离约定的饲养地点，是否造成该部分或全部的保险责任终止，应在条款中予以明确，并对保险人和被保险人的权利和义务进行规定，同时要注意在承保时明确告知被保险人，避免引发保险纠纷。

（四）保险金额

确定家禽保险的保险金额应综合考虑家禽养殖的特殊性以及投保人的承受能力等诸多因素，一般以饲养投入的成本来确定。不同品种家禽、不同生产性能以及同一品种不同饲养阶段投入的生产成本均存在较大差异，因此，家禽保险的保额需根据投保人在不同品种、生产性能、生长阶段的投入成本和市场的供求变化情况等确定。通常，家禽保险会在条款中明确家禽各成长阶段（按饲养日龄划分）赔付金额百分比。

1. 肉用禽 肉用禽随着日龄的增长，生产投入不断增加。目前开展的肉禽保险大部分为定额保险，即保险金额和保险费都是固定的。保险金额按饲养成本确定，不同日龄保险金额不同。

2. 蛋禽 在开产前随着日龄的增长，其生产成本投入不断增加。产蛋后，其投入的生产成本逐日回收，价值逐渐下降。因此，保险金额一般要随产蛋量增减变化而变化，表现为先期低，随着全群产蛋率增加而增加，至产蛋高峰期保险金额最高，之后再逐渐降低。

3. 种禽 在确定保额时，要与种禽的年龄挂钩。通常采用变动保额，保额与种禽的年龄成反比。

在确定家禽保险的保险金额时，还要注意以下两点：

（1）保险金额设置不宜过高，以防止道德风险的发生和保费负担超出投保人的承受能力。

（2）同一地域的单位保额应尽量相同。

（五）保险费率

家禽保险费率的厘定要充分了解当地家禽养殖业的市场情况，同时考虑保险风险发生概率的大小、一次最大损失的程度以及保险责任时间的长短等因素。通常，市场家禽保险费率水平为2%～8%。

（六）保险数量

家禽保险标的数量多，承保数量较难核实。因此，在确定保险数量时，可以根据饲养场规模、饲养场地大小、有关账册、抽样调查等方式测算实际养殖数量。

（七）赔偿处理

1. 家禽保险查勘定损和赔偿处理的注意事项

（1）明确查勘办法、赔付办法等。

（2）查勘后要明确对保险家禽尸体的处理方式和意见，并做好标识记录，从而避免重复赔款的发生。

（3）合理确定免赔比例。在死亡家禽中，除了因保险事故致死外，还有其他原因造成的死亡和因生产而进行的正常淘汰，不同种类家禽应设置不同的免赔比例，需根据承保家禽所属饲养场的饲养管理、环境卫生等情况因地制宜地确定免赔比例。赔款按保险条款规定的保险金额扣除免赔额后进行计算。

（4）明确计算公式。通常，赔款和损失程度的计算公式在全部损失时如何赔付、部分损失时如何赔付等均应在条款中予以明确。

2. 家禽保险理赔方法

（1）确认出险原因。判断导致保险家禽死亡的直接原因是否属于保险责任，因疾病造成保险家禽死亡或扑杀，保险人必须请畜牧兽医部门进行技术鉴定，或采取具有代表性的样本送技术部门进行鉴定。具体方式可包括以下4种。

①询问调查。查勘人员赶赴现场后，应主动询问被保险人或饲养人员以下内容：最近是否有新的家禽引进；发病初期、中期、后期的症状及其变化特征；治疗情况，主要检查病程记录、医药单证和兽医诊断结果等；发生意外事故的时间、地点、经过，并做好记录请被保险人签字。

②禽舍检查。禽舍检查的目的主要是确认主诉情况和兽医诊断证明与实际是否相符。巡视禽舍时主要检查遗留物（如粪便、气味等）。禽舍内如果还有患病家禽，更是正确鉴定的活样本。如果出险原因是意外事故或自然灾害，则应有明显的现场痕迹。

③家禽尸体检查。如根据肌肉的丰满程度和皮下脂肪的积蓄量来判断尸体的营养状况，检查可视黏膜、皮肤和体表状态等。

④损失家禽内脏器官的检查。内脏器官的解剖检查是对一些疑难病症或争议问题的进一步鉴定和验证。检查中要认真细致客观地描述各种症状变化，特别是典型部位的典型症状，往往是确诊的主要依据。

内脏器官检查中的特殊病状或疑难症状，有时要采样，送有关部门做进一步的病理检验。

（2）确定出险日期。出险日期是确定保险家禽保险金额的重要依据。家禽发生疾病时，都有一定的过程（病程），在确定出险时间时有一定难度，一般以发现发病的时间为准。这是因为在发病后正常投入的饲养成本已经停止。

（3）确认出险地点。验证标的出险地点是否是保险单上载明的地点。

（4）确认保险标的。

①询问调查。依据保险单记载，通过查看有关资料、证明材料及向当事人、周围群众、现场目击者了解，确认标的物是否为保险标的。对事故人、证人做好调查询问工作，做好笔录，请被调查人签字认可。

②尸体检查。对照保险单，检查报险家禽品种、年龄、羽色、营养状况、皮肤等信息，验证投保标识，确认是否属于保险标的。

（5）确定损失数量。现场查勘时，一定要注意认真清点保险家禽损失数量，尤其是生长末期更要注意，以防止借机骗赔现象的发生。确定保险家禽损失数量的方法通常包括查验、清点家禽尸体，对难以清点尸体数量的案件多根据养殖场规模、有关账册、投放数量、饲养场地大小，以及季节、饲养规律和饲养周期、饲养日（月）龄、淘汰率（死淘率）、现场情况、抽样调查等方面因素来确定家禽损失数量和实际养殖数量。

（6）正确计算赔款。计算家禽保险赔款时应根据具体条款的具体规定，如扣除免赔额等。以鸡养殖保险为例，通常，每只肉鸡赔偿金额按饲养日龄成本计算赔付；对于蛋鸡保险，一般按照育雏期、育成期、产蛋期计算赔款，赔款金额＝每只保险金额（元/只）×保险数量（只）×死亡率×不同日龄赔付比例，其中，死亡率＝保险蛋鸡死亡数量/保险数量；种鸡保险赔偿方式类似于蛋鸡保险。①保险肉鸡、蛋（种）鸡饲养天数对应的最高赔偿比例见表 5-7、表 5-8。

表 5-7 保险肉鸡饲养天数对应的最高赔偿比例

阶段	1	2	3	4
饲养天数（d）	11～20	21～30	31～40	41 及以上
最高赔偿比例（%）	30	60	90	100

表 5-8 保险蛋（种）鸡饲养天数对应的最高赔偿比例

阶段		1	2	3	4	5	6	7	8
饲养天数（d）		11～20	21～30	31～60	61～90	91～150	151～350	351～500	501 及以上
最高赔偿比例（%）	蛋鸡	15	30	40	50	60	100	70	0
	种鸡	15	35	50	60	70	100	70	0

②保险肉用鸭不同日龄赔付比例示例见表5－9。

表5－9　保险肉用鸭不同日龄赔付比例

日龄（d）	赔偿比例（%）
11～20	20
21～30	40
31～40	60
41～50	80
51～60	100
61～70	80
71以上	50

③保险鹅饲养天数对应赔偿比例示例见表5－10、表5－11。

表5－10　保险肉鹅饲养天数对应赔偿比例

阶段	1	2	3	4	5
饲养天数（d）	7（含）～15（不含）	15（含）～29（不含）	29（含）～43（不含）	43（含）～57（不含）	57天（含）以上
赔偿比例（%）	30	45	65	85	100

表5－11　保险种（蛋）鹅饲养天数对应赔偿比例

阶段	1	2
饲养天数（d）	240日龄至3年	3年以上至淘汰
赔偿比例（%）	100	70

（7）在理赔时，发现实有家禽数量超过承保数量时，应分以下2种情况考虑。

①因自然灾害或意外事故造成保险家禽死亡时，扣除免赔数按承保数与实有数的比例计赔。

②因疾病造成家禽死亡时，首先要考虑饲养者有无违反饲养管理的有关规定（如卫生防疫制度等），若属除外责任或被保险人未履行其应尽的义务，应予拒赔。

（8）调查有无其他保险公司承保相同的保险标的和责任。如果有，应注意记录保险公司名称、保险金额和保险责任，以便于赔款分摊。

附录

附录 A　我国地方黄牛品种分布及存栏量

类型	品种名称	产地及分布	存栏量（万头）
中原型（8）	南阳牛	河南南阳市、唐河县、邓州市	190.00
	秦川牛	陕西省（秦川牛）、甘肃省（早胜牛）	42.50
	郏县红牛	河南省郏县、宝丰县	17.55
	鲁西牛	山东省菏泽市、济宁市	15.00
	晋南牛	山西省运城市和临汾市	4.00
	渤海黑牛	山东省滨州市	2.20
	平陆山地牛	山西省平陆县、夏县	0.56
	冀南牛	河北省南部地区	0.26
北方型（6）	西藏牛	西藏雅鲁藏布江中下游，喜马拉雅山东段和三江流域下游地区	95.00
	延边牛	吉林、黑龙江、辽宁，包括延边牛、朝鲜牛、沿江牛（辽宁）	53.50
	哈萨克牛	新疆北部地区	3.19
	蒙古牛	内蒙古，包括乌珠穆沁牛（内蒙古）、安西牛（甘肃）	0.28
	阿勒泰白头牛	新疆阿勒泰地区	0.13
	复州牛	辽宁省瓦房店市	0.03
南方型（40）	关岭牛	贵州省西南部，南北盘江流域滇、黔、桂接壤的广大山区	120.00
	巫陵牛	湖南、湖北、贵州交界处，包括湘西牛（湖南）、恩施牛（湖北）、思南牛（贵州）	114.00
	吉安牛	江西省吉安市泰和县	100.00
	锦江牛	江西省高安市、上高县	100.00
	凉山牛	四川省凉山彝族自治州、攀枝花市	84.34
	文山牛	云南省文山壮族苗族自治州	66.17
	黎平牛	贵州省东南部	63.00
	广丰牛	江西省上饶市广丰区	60.00
	威宁牛	贵州省威宁县	55.00

（续）

类型	品种名称	产地及分布	存栏量（万头）
南方型（40）	甘孜藏牛	四川省甘孜藏族自治州	43.11
	雷琼牛	广东省（徐闻牛）、海南省（海南牛）	42.02
	滇中牛	云南省楚雄、曲靖、大理、文山、思茅、昭通和临沧等地区	41.37
	昭通牛	云南省昭通市	35.23
	大别山牛	安徽、湖北交界的大别山区，包括大别山牛（安徽）和黄陂牛（湖北）	30.00
	川南山地牛	四川盆地南部	27.69
	闽南牛	福建省南部地区	27.50
	巴山牛	重庆、湖北、陕西交界大巴山区，包括宣汉牛（四川）、郧巴牛（湖北）、秦巴牛（陕西）、庙垭牛（湖北）、西镇牛（陕西）、平利牛（陕西）、赤崖牛（陕西）	17.01
	南丹牛	广西南丹县	15.27
	隆林牛	广西隆林各族自治县、西林县和田林县	13.03
	皖南牛	安徽省长江以南广大丘陵山区	10.00
	迪庆牛	云南省西北部迪庆州	6.70
	枣北牛	湖北省襄阳市	6.10
	务川黑牛	贵州省遵义市务川县	6.00
	云南高峰牛	云南省南部、西南部和中部热带及南亚热带地区	4.00
	平武牛	四川省平武县	4.00
	日喀则驼峰牛	西藏日喀则市	1.00
	台湾牛	台湾地区云林县、彰化县、屏东县、台南市	1.00
	柴达木牛	青海省柴达木盆地	0.96
	峨边花牛	四川省凉山彝族自治州	0.60
	阿沛甲咂牛	西藏林芝市	0.43
	三江牛	四川省阿坝藏族羌族自治州，汶川县的三江、白石、水磨等地	0.26
	涠洲牛	广西北海市涠洲、斜阳两岛	0.18
	温岭高峰牛	浙江省温岭市	0.10
	邓川牛	云南省洱源、邓川	0.06
	太行牛	河北省西部山区	0.05
	徐州牛	江苏省徐州市	0.04

（续）

类型	品种名称	产地及分布	存栏量（万头）
南方型（40）	樟木牛	西藏日喀则市	0.03
	舟山牛	浙江省舟山市	0.01
	蒙山牛	山东省中南部沂蒙山区	0.00
	拉萨牛	西藏拉萨市	不详

数据来源：《中国畜禽遗传资源志·牛志》（2011年版）

附录B 我国地方水牛品种分布及存栏量

品种名称	产地及分布	存栏量（万头）
贵州水牛	贵州全省	260.00
鄱阳湖水牛	江西省鄱阳湖	70.00
滇东南水牛	云南东部地区	48.50
信阳水牛	河南信阳、罗山	47.50
西林水牛	广西西林、隆林、田林等地	40.00
富钟水牛	广西富川和钟山	38.70
江淮水牛	安徽省滁州	30.40
德昌水牛	四川省的德昌、西昌等	28.40
峡江水牛	江西中部	27.00
信丰山地水牛	江西南部	25.00
兴隆水牛	海南万宁	23.49
宜宾水牛	四川省的宜宾、高县等地	20.90
江汉水牛	湖北江汉平原	16.10
滨湖水牛	湖南、江西洞庭湖畔	14.38
德宏水牛	云南德宏州	9.70
恩施山地水牛	湖北恩施、建始	7.97
涪陵水牛	重庆市的涪陵、南川等地	6.30
东流水牛	安徽沿江滨湖地区	5.00
福安水牛	福建福州、福安	4.80
盐津水牛	云南盐津和威信	3.05
陕南水牛	陕西南部地区	2.06
海子水牛	江苏苏北地区	1.44
盱眙山区水牛	江苏南京、镇江、扬州	0.90
温州水牛	浙江温州	0.71

（续）

品种名称	产地及分布	存栏量（万头）
槟榔江水牛	云南腾冲槟榔江上游	0.15
贵州白水牛	贵州黔北地区凤冈县	0.12

数据来源：《中国畜禽遗传资源志·牛志》（2011 年版）

附录 C 我国地方牦牛品种分布及存栏量

品种名称	产地及分布	存栏量（万头）
西藏高山牦牛	西藏西北部青藏高原和藏南三江流域	290.00
青海高原牦牛	青海省南、北部的高寒地区	280.00
麦洼牦牛	四川省阿坝藏族羌族自治州	132.88
甘南牦牛	甘肃甘南州的玛曲、碌曲、夏河	15.56
娘亚牛	西藏自治区那曲市	10.50
新疆牦牛	又名巴州牦牛，分布于新疆天山南麓	9.40
中甸牦牛	云南省迪庆藏族自治州	4.33
木里牦牛	四川省木里藏族自治县	4.29
九龙牦牛	四川省九龙、康定	3.96
天祝白牦牛	甘肃省天祝藏族自治县	3.94
帕里牦牛	西藏自治区日喀则市	2.34
斯布牦牛	西藏自治区的斯布山沟	0.35

数据来源：《中国畜禽遗传资源志·牛志》（2011 年版）

参 考 文 献

曹兵海，2008. 中国肉牛产业抗灾减灾与稳产增产综合技术措施［M］. 北京：化学工业出版社.
陈妍，孙景伟，王守峰，何凤艳，2011. 辽宁省部分地区禽病诊断及防治措施［J］. 吉林畜牧兽医，32（2）：27-28.
顾垚，刘光磊，2014. 世界各国荷斯坦种公牛育种方法及选育方向的变化趋势［J］. 中国奶牛，10：17-21.
郭爱珍，殷宏，2013. 肉牛常见病防治技术图册［M］. 北京：中国农业科学技术出版社.
国家畜禽遗传资源委员会，2011. 中国畜禽遗传资源·牛志［M］. 北京：中国农业出版社.
韩亮，田国宁，张金玲，2006. 禽病诊断索引［J］. 畜牧兽医科技信息（9）：68-69.
何凤琴，2014. 家禽养殖与防疫实用技术［M］. 北京：中国农业科学技术出版社.
胡功政，邱银生，2010. 家禽常用药物及其合理使用［M］. 郑州：河南科学技术出版社.
黄建新，刘喜雨，李艳平，等，2020. 浅析我国奶业发展现状［J］. 中国畜禽种业，016（001）：41-42.
李胜利，姚琨，曹志军，等，2020. 2019年奶牛产业技术发展报告［J］. 中国畜牧杂志.
李胜利，刘长全，夏建民，等，2019. 2018年我国奶业形势回顾与展望［J］. 中国畜牧杂志，55（3）：129-132.
李胜利，姚琨，曹志军，等，2019. 2018年奶牛产业技术发展报告［J］. 中国畜牧杂志，55（6）：164-170.
连京华，宋敏训，2014. 家禽现代化养殖新技术［M］. 北京：中国农业科学技术出版社.
林海，2013. 种禽选育与饲养管理技术［M］. 北京：化学工业出版社.
刘彦生，2013. 浅析禽病诊断中问诊的重要性［J］. 中国畜禽种业，9（5）：151.
梅克义. 2003. 安全生猪生产技术手册［M］. 北京：中国农业出版社.
莫放，2010. 养牛生产学［M］. 北京：中国农业大学出版社.
倪和平，2015. 奶牛疾病防治手册［M］. 北京：中国农业出版社.
潘耀谦，2015. 奶牛疾病诊治彩色图谱［M］. 北京：中国农业出版社.
全国畜牧总站，2012. 肉牛标准化养殖技术图册［M］. 北京：中国农业科学技术出版社.
全国畜牧总站，2019. 肉牛性能测定技术手册［M］. 北京：中国农业出版社.
山东省畜牧办公室，2003. 肉牛标准化生产［M］. 北京：中国农业出版社.
石艳会，2019. 肉牛常见疾病及其防治［J］. 饲料博览（11）：63.
宋恩亮，孔磊，2013. 肉牛养殖专家答疑［M］. 济南：山东科学技术出版社.
宋恩亮，万发春，2012. 肉牛产业先进技术全书［M］. 济南：山东科学技术出版社.
宋亮，2020. 2019年我国乳业市场形势回顾和2020年展望［J］. 中国乳业，000（001）：21-24.

王楚端，王晓凤，苏雪梅 . 2016. 种猪性能测定实用技术［M］. 北京：中国农业出版社 .
王宏伟，张建明，2002. 禽病诊断 望闻问切［J］. 中国家禽（6）：45 - 46.
王新谋 . 1989. 家畜环境卫生学［M］. 北京：中国农业出版社 .
徐桂芳，陈宽维，2003. 中国家禽地方品种资源图谱［M］. 北京：中国农业出版社 .
杨宁，2010. 家禽生产学［M］. 2 版 . 北京：中国农业出版社 .
张宏福，2010. 动物营养参数与饲养标准［M］. 北京：中国农业出版社 .
张洪让，2007. 家禽传染病防控技术［M］. 北京：中国农业出版社 .
赵强，孟醒，张正茂，2015. 禽病诊断新技术的研究进展［J］. 青海畜牧兽医杂志，45（4）：49 - 50.
赵兴绪，2010. 家禽的繁殖调控［M］. 北京：中国农业出版社 .
赵月兰，2015. 规范化健康养殖奶牛疾病防治技术［M］. 北京：中国农业大学出版社 .
朱庆，2019. 蛋鸡标准化规模养殖图册［M］. 北京：中国农业出版社 .
朱庆，2019. 肉鸡标准化规模养殖图册［M］. 北京：中国农业出版社 .
常宏志，2020. 羊场场址选择与基础设施建设［J］. 畜牧兽医科技信息（8）：103 - 104.
陈丽平，杜玉斌，2016. 羊小反刍兽疫的诊断和防控［J］. 甘肃畜牧兽医，57 - 58.
陈溥言，2006. 兽医传染病学［M］. 北京：中国农业出版社 .
陈杖榴，2002. 兽医药理学［M］. 北京：中国农业出版社 .
成青兰，2020. 羊布鲁氏杆菌病发生原因与防治措施［J］. 畜牧兽医科学（11）：114 - 115.
程子兵，李振明，2014. 羊狂犬病诊治［J］. 四川畜牧兽医，000（005）：52 - 52.
杜拉提，贾旭升，阿布力米提，等，2016. 浅谈绵羊养殖场的建设［J］. 新疆畜牧业（1）：54 - 55.
洑莹珠，2020. 畜牧养殖对环境污染的风险及治理对策［J］. 畜牧业环境（11）：14 - 31.
高爱芸，2013. 几种羊病毒性疾病和寄生虫病的症状与防控［J］. 畜牧与饲料科学，34（003）：126 - 128.
郭云才，2019. 羊场建设及防病［J］. 四川畜牧兽医，46（10）：54 - 56.
韩彩霞，吴长德，赵德明，2005. 羊痒病概述［J］. 中国畜牧兽医 .
胡红霞，2010. 内蒙古草原畜牧业自然灾害保险体系构建研究［D］. 内蒙古大学 .
贾志海，1997. 现代养羊生产［M］. 北京：中国农业大学出版社 .
冷尚集，王海丽，谭长江，王杰，2019. 畜牧养殖中风险的种类与管理要点探讨［J］. 中国畜禽种业，15（4）：53.
李强，2017. 羊群防治羊痘早动手［J］. 农业知识，15（No. 1561）：60 - 61.
李佑民，1993. 家畜传染病学 . 北京：蓝天出版社 .
力保涛，2009. 绵羊痒病的防治［J］. 当代畜禽养殖业，000（008）：53 - 53.
林孜，2012. 羊饲料配方几则［J］. 农村养殖技术（12）：39.
刘怀宝，2020. 羊猝狙的诊断与防控措施［J］. 中国畜禽种业（2）：72 - 73.
沈正达，1998. 羊病防治手册［M］. 北京：金盾出版社 .
孙新胜，赵娟娟，王超，等，2019. 河北省规模化羊场建筑结构及生产配套设施的调查与分析［J］. 黑龙江畜牧兽医（1）：62 - 65，176 - 177.
田树军，等，2000. 养羊与羊病防治［M］. 北京：中国农业大学出版社 .

王成章，王恬，2003. 饲料学 动物科学专业用［M］. 北京：中国农业出版社.
王翠芳，2015. 肉羊舍的建筑与设施［J］. 山东畜牧兽医，36（5）：15-16.
王玉，2017. 肉牛养殖市场风险变动及其影响因素分析［D］. 吉林农业大学.
吴渭，2015. 产业链和利益相关者视角下的农业风险研究［D］. 中国农业大学.
许栋，王梅，2016. 提高市场风险抵御能力增加肉羊养殖效益［J］. 新疆畜牧业（11）：15-17.
颜丙会，2017. 羊炭疽诊断及治疗［J］. 中国畜禽种业，13（9）：137.
杨志忠，施进文，2014. 肉牛和肉羊养殖风险的科学预测和管理［J］. 中国畜牧兽医文摘，30（12）：27，47.
余富江，2019. 畜牧养殖专业户的风险及风险管理［J］. 低碳世界，9（6）：306-307.
岳文斌，2001. 羊场疾病控制与净化. 北京：中国农业出版社.
张居农，2001. 高效养羊综合配套新技术［M］. 北京：中国农业出版社.
张伟，2017. 羊传染性脓疱病的诊断与防治［J］. 兽医导刊，000（019）：65.
张英杰，2015. 羊生产学［M］. 2版. 北京：中国农业大学出版社.
张宗双，2015. 规模化羊场选址与布局［J］. 中兽医学杂志（12）：101.
赵有璋，2011. 羊生产学［M］. 3版. 北京：中国农业出版社.
刘长全，韩磊，2020. 2019年中国奶业经济形势回顾及2020年展望［J］. 今日畜牧兽医，000（003）：25-28.
石自忠，王明利，崔姹，2016. 我国肉牛养殖成本收益与要素弹性分析［J］. 中国畜牧兽医文摘，32（10）：3-5.
魏庆信，郑新民，李莉，魏雁. 2002. 猪胚胎移植技术研究进展及其在生产中的应用［J］. 湖北畜牧兽医（4）：5-8.
孙永健，2020. 2019年我国奶业发展情况［J］. 中国乳业，217（1）：7-9.
陈清明. 2000. 仔猪早期隔离式断奶（SEW）技术［J］. 中国动物保健（1）：10-11.